i 教育·融合创新一体化教材　　组编◎上海市教

大学信息技术 2
数字媒体基础与实践

COLLEGE
INFORMATION TECHNOLOGY　|第四版|

总主编◎高建华　　主　审◎顾春华
主　编◎陈志云

华东师范大学出版社
·上海·

图书在版编目(CIP)数据

大学信息技术. 2 / 高建华总主编；陈志云主编.
4版. -- 上海：华东师范大学出版社，2024. -- ISBN
978-7-5760-5346-3

Ⅰ. TP3

中国国家版本馆 CIP 数据核字第 2024AY9674 号

大学信息技术 2
——数字媒体基础与实践(第四版)

组　　编	上海市教育委员会
总 主 编	高建华
主　　编	陈志云
副 主 编	顾振宇
责任编辑	范耀华　蒋梦婷
责任校对	陈梦雅　时东明
装帧设计	俞　越
出版发行	华东师范大学出版社
社　　址	上海市中山北路 3663 号　邮编 200062
网　　址	www.ecnupress.com.cn
电　　话	021-60821666　行政传真 021-62572105
客服电话	021-62865537　门市(邮购)电话 021-62869887
地　　址	上海市中山北路 3663 号华东师范大学校内先锋路口
网　　店	http://hdsdcbs.tmall.com
印 刷 者	浙江临安曙光印务有限公司
开　　本	787 毫米×1092 毫米　1/16
印　　张	20.25
字　　数	460 千字
版　　次	2024 年 7 月第 4 版
印　　次	2025 年 7 月第 2 次
书　　号	ISBN 978-7-5760-5346-3
定　　价	58.00 元

出 版 人　王　焰

(如发现本版图书有印订质量问题,请寄回本社客服中心调换或电话 021-62865537 联系)

序

XU

　　教材体现国家意志,是育人育才的重要依托。大学计算机课程面向全体在校大学生,是大学公共基础课程教学体系的重要组成部分,在高校人才培养中扮演着核心角色。为了不断提升高校计算机基础教育的教学质量,上海市教委一直十分关注相应的教材建设。

　　《大学信息技术(1—4)》(第四版)包含基础教程、数字媒体基础与实践、数据分析与可视化实践、人工智能基础与实践四个分册,精准对接智能时代对人才素质的新期待。教材秉承能力培养优先的教育理念,融合了移动互联网、物联网、云计算、大数据、人工智能、区块链等前沿信息技术,彰显了上海高校在计算机基础教育领域的创新理念与思想革新。

　　自1992年首次出版《计算机应用初步》到《大学信息技术(1—4)》(第四版),教材历经三十余年的演变,累计发行十多个版本。这一演变历程不仅见证了计算机科学与技术领域的迅猛发展,也展现了教材内容的持续更新与完善,这正是计算机学科动态特性的体现。本教材不仅映射了上海高校在计算机基础教育领域的成就与进步,更是编写团队不懈追求教学深度与广度的生动写照。

　　编写团队由上海市多所高校的资深教师组成。他们深耕在计算机基础教育与研究领域,始终站在教学的最前沿,定期组织全市范围内的教学研讨会,共同探讨如何推进计算机基础教育的改革与进步,以及如何更好地适应智能时代,培养具有创新能力的人才。在编写本教材时,团队成员紧密结合信息技术的最新发展趋势和学科特色,全面融入AIGC技术,遵循学生的认知发展规律,精心设计教材的结构和内容,确保教材的编排和表现形式能够激发学生的学习兴趣。

　　通过学习本教材,学生将能够掌握信息技术的核心知识,提升信息素养,增强对信息价值的判断力,并培养良好的信息道德。教材还鼓励学生发展计算思维、数据思维和智能思维,学会运用AIGC技术有效地表达和沟通思想。此外,教材还强调了信息技术与其他学科的交叉融合,旨在培养学生运用新技术解决复杂问题的能力,从而提升他们的创新思维和实践技能。

　　本教材在推动上海市高校计算机基础教育质量提升方面发挥了关键作用。多年来,它已成为上海市多数高校的首选教材,并在实际教学中赢得了师生的广泛赞誉,其成效是显而易见的。然而,随着时代的发展,教材也需要不断更新和完善。因此,热切期待广大师生在使用教材的过程中,积极提供宝贵的反馈和建议,共同致力于教材的持续改进,为上海高校计算机基础教育的持续进步贡献力量。

编写组

编者的话

党的二十大报告强调,"推动战略性新兴产业融合集群发展,构建新一代信息技术、人工智能、生物技术、新能源、新材料、高端装备、绿色环保等一批新的增长引擎"。随着人工智能大模型的出现与蓬勃发展,移动互联网、物联网、云计算、大数据、区块链等新一代信息技术的不断涌现,整个社会与人类生活发生了深刻的变化。各领域与信息技术的融合发展,产生了极大的融合效应与发展空间,这对高校的计算机基础教育提出了新的需求。如何更好地适应这些变化和需求,构建大学计算机基础教学框架,深化大学计算机基础课程改革,以达到全面提升大学生数字素养的目的,是智能时代大学计算机基础教育面临的挑战和使命。

为了显著提升大学生数字素养、强化大学生计算思维以及培养大学生运用人工智能技术解决学科问题的能力,适应智能时代对人才培养的新需求,在上海市教育委员会高等教育处和上海市高等学校信息技术水平考试委员会的指导下,我们组织编写了《大学信息技术(1—4)》(第四版)(含基础教程、数字媒体基础与实践、数据分析与可视化实践、人工智能基础与实践4个分册)。

在教材的编写过程中,我们结合信息技术的快速发展及学科特点,遵循学生的认知规律,注重教材编写的设计理念、内容选材、编排体系和呈现形式,将人工智能AIGC技术与教学内容有机结合。学生通过对本教材的学习,不仅可以掌握信息技术的知识与技能,增强信息意识,提高信息价值判断力,养成良好的信息道德修养,同时能够促进自身的计算思维、数据思维、智能思维,以及AIGC技术与各专业思维的融合,提升创新能力,获得运用信息技术解决学科问题及生活问题的能力。

教材的总主编为高建华;《大学信息技术1——基础教程》(第四版)的主编为陈志云;《大学信息技术2——数字媒体基础与实践》(第四版)的主编为陈志云,副主编为顾振宇;《大学信息技术3——数据分析与可视化实践》(第四版)的主编为朱敏,副主编为白玥;《大学信息技术4——人工智能基础与实践》(第四版)的主编为刘垚,副主编为宋沂鹏、费媛。教材可作为普通高等院校计算机应用基础教学用书。

在编写过程中,编委会组织了集体统稿、定稿,得到了上海市教育委员会及上海市教育考试院的各级领导、专家的大力支持,同时得到了华东师范大学、上海交通大学、复旦大学、华东政法大学、上海大学、上海建桥学院、上海师范大学、上海对外经贸大学、上海商学院、上海体育大学、上海杉达学院、上海立信会计金融学院、上海理工大学、上海应用技术大学、上海第二工业大学、上海海关学院、上海电力大学、上海开放大学、上海出版印刷高等专科学校、上海师范大学天华学院、上海城建职业学院、上海济光职业技术学院、上海思博职业技术学院、上海农林职业技术学院、上海东海职业技术学院、上海中侨职业技术大学、上海震旦职业学院、上海闵行职业技术学院、上海南湖职业技术学院、上海浦东职业技术学院等校有关老师的帮助,在此一并致谢。由于信息技术发展迅猛,加之编者水平有限,本套教材难免还存在疏漏与不妥之处,竭诚欢迎广大读者批评指正。

高建华、陈志云

前 言

信息技术的发展使人类社会进入了新媒体时代,数字媒体已逐步替代传统媒体形式,成为人们获取信息和发布信息的有效手段,也成为人与人之间快捷交流沟通的利器。对数字媒体的认识与运用已经成为现代人不可或缺的基本生存技能,根据党的二十大精神,这也是作为全面建成社会主义现代化强国的新一代接班人未来不断推进社会主义现代化建设的利器。党的二十大报告中强调,"高质量发展是全面建设社会主义现代化国家的首要任务。发展是党执政兴国的第一要务。没有坚实的物质技术基础,就不可能全面建成社会主义现代化强国。"要推动高质量发展,需做大做强做优数字经济,深入推进传统产业数字化转型和数字产业创新发展。

本教材围绕各类数字媒体的特征,配合各种应用场景展开教学,使学生认识数字媒体在信息社会的价值和重要性,认识数字媒体的本质,掌握数字媒体的基本处理方法和集成多种数字媒体的技术,能理解不同数字媒体所表达的信息,并能将恰当的数字媒体形式应用于日常生活、学习和工作中。

本教材共6章。第1章从总体上认识各类媒体数字化的相关技术,探讨数字媒体的本质,并从发展的角度,探讨数字媒体领域的新技术带来的社会变化;第2章针对数字化声音媒体,从获取、处理、应用、发展等不同角度展开介绍,并提供大量实践范例;第3章围绕数字化图形和图像,从获取途径、处理技术展开介绍,并提供大量实践练习题,方便学生掌握;第4章围绕计算机动画特征,对计算机中二维动画的制作方法以理论结合实践的方法展开介绍,对三维动画的基本制作过程也进行了简单介绍;第5章围绕数字化视频的基本原理,通过简单的视频处理体验,讲解数字视频的基本获取和处理方法;第6章围绕互联网、移动环境中各种数字媒体的集成和表达方法,引导学生灵活运用。

本教材由陈志云任主编,顾振宇任副主编。第1章由陈志云、顾振宇编写,第2章由顾振宇编写,第3章由王维、李建芳、陈志云、高爽编写,第4章由陈志云、李建芳、王维编写,第5章由高爽、赵欣编写,第6章由陈志云、顾振宇编写。本教材可作为普通高等院校和高职高专院校的计算机基础课程教学用书。

本教材由顾春华教授主审。本教材在编写过程中还得到了华东师范大学计算中心多位师生的帮助,在此表示诚挚感谢。由于时间仓促和水平有限,书中难免存在不妥之处,竭诚欢迎广大读者批评指正。

编　者

目录

MU LU

第 1 章
数字媒体技术概述 / 1

1.1 认识数字媒体 / 3
1.2 数字媒体处理系统 / 17
1.3 数字媒体新技术 / 27
1.4 综合练习 / 43

第 2 章
数字声音 / 45

2.1 数字声音的获取 / 47
2.2 数字化声音的处理 / 59
2.3 语音识别技术 / 74
2.4 AIGC 技术与语音处理 / 78
2.5 语音处理技术在行业中的应用 / 80
2.6 综合练习 / 85

第 3 章
数字图像 / 87

3.1 图像的数字化 / 89
3.2 图像处理基础 / 93
3.3 图像处理 / 101
3.4 图像识别与图像检索 / 146

3.5 综合练习 / 156

第 4 章
动画基础 / 163

4.1 传统动画与数字动画 / 165
4.2 二维动画的制作 / 170
4.3 简单三维动画的制作 / 215
4.4 综合练习 / 219

第 5 章
视频处理基础 / 223

5.1 视频基础 / 225
5.2 视频编辑 / 235
5.3 综合练习 / 251

第 6 章
数字媒体的集成与应用 / 253

6.1 数字媒体集成基础 / 255
6.2 HTML 网页数字媒体集成 / 260
6.3 移动终端中的数字媒体应用 / 289
6.4 数字媒体集成平台 / 300
6.5 综合练习 / 309

第 1 章
数字媒体技术概述

本章概要

当今社会,Pad、手机已经十分普及,公交车上、地铁上,到处可以看到人们手持电子设备娱乐、学习。在家里,人们一起看电视、争抢电视频道的现象也越来越少了,长辈都可以轻松地观看手机上或 Pad 上的视频。现在通过联网的计算机、Pad 或智能手机等各种智能终端设备,人们可以随时随地更自由地获取广播、电视这些传统的大众媒体中的信息。那么,在享受高科技带来的生活便利的同时,作为大学生,是否会好奇其背后的技术是如何发展的以及将来又会是怎样的发展趋势呢?本章将围绕数字媒体技术及其发展带领大家找到答案。

学习目标

通过本章学习,要求达到以下目标。
1. 能说出什么是数字媒体,数字媒体有哪些类型,它们各自有哪些特点。
2. 能说出图如何数字化,能区分数字图形与数字图像在存储方面的区别。
3. 能说出声音如何数字化,能区分波形声音与合成声音在存储方面的区别。
4. 能说出计算机中动画和视频是怎样数字化的。
5. 能说出什么是数字水印技术,其意义何在。
6. 能说出为什么数字媒体数据需要压缩,有哪几类压缩方法,它们的特点各是什么。
7. 能说出数字媒体传输技术主要指什么,其关键技术是什么。
8. 能说出数字媒体相关的硬件设备及其技术指标的含义。
9. 能说出与数字媒体处理相关的软件有哪些,它们各起到什么作用。
10. 能说出数字媒体在互联网和移动互联网上有哪些方面的应用。
11. 能说出多媒体云计算是怎样的一种技术,其存在的意义何在。
12. 能说出目前已有哪些人机交互技术,它们各自有哪些优缺点。
13. 能说出什么是 3D 打印,能运用简单的三维建模工具进行建模尝试。
14. 能说出人工智能技术能推动数字媒体哪些方面的发展与应用。

本章导览

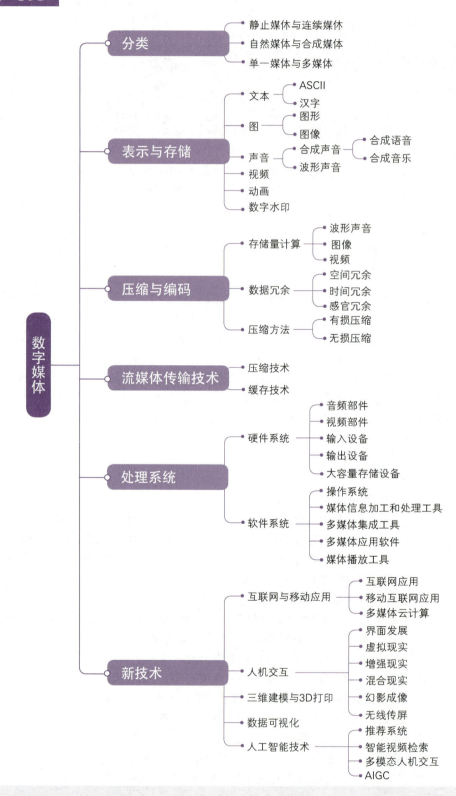

1.1 认识数字媒体

数字媒体(Digital Media)是指以二进制数的形式获取、记录、处理、传播信息的载体,这些载体包括数字化的文字、图形、图像、声音、视频影像和动画等感觉媒体,以及表示这些感觉媒体的编码,通称为逻辑媒体,也包含存储、传输、显示逻辑媒体的实物载体。

数字媒体技术是实现数字媒体的表示、记录、处理、存储、传输、显示、管理等各个环节的软硬件技术,一般分为数字媒体表示技术、数字媒体存储技术、数字媒体创建技术、数字媒体显示应用技术、数字媒体管理技术等。

数字媒体技术的发展以信息科学技术与现代艺术相结合为基础,是将信息传播技术应用到文化、艺术、商业、教育和管理领域的科学与艺术高度融合的综合交叉学科。数字媒体已经成为继语言、文字和电子技术之后的最新信息载体。

❖ 1.1.1 数字媒体的分类

根据数字媒体的属性特点,可将它们分成不同的种类。

根据媒体展示时间属性的不同,数字媒体可分成静止媒体(Still Media)和连续媒体(Continuous Media)。静止媒体也被称为非连续媒体,是指内容不会随着时间而变化的数字媒体,比如文本和图片。连续媒体是指内容随着时间而变化的数字媒体,比如音频、动画和视频。

根据媒体来源的不同,数字媒体可分成自然媒体(Natural Media)和合成媒体(Synthetic Media)。自然媒体是客观世界存在的物质(如声音、景象等),经过专门的设备进行数字化和编码处理之后得到的内容,比如麦克风采集的音频、数码相机拍摄的照片。合成媒体则指的是以计算机为工具,采用特定符号、语言或算法表示的,由计算机生成(合成)的文本、音乐、语音、图像和动画等,比如用3D制作软件制作出来的动画角色。

根据计算机应用的组成元素,可以将其包含的数字媒体分成单一媒体(Single Media)和多媒体(Multimedia)。顾名思义,单一媒体就是指单一信息载体组成的媒体;而多媒体则是指该软件应用中包含了多种信息载体的表现形式和传递方式。

我们平时所说的数字媒体一般是指多媒体,而多媒体也是当今应用很广泛的一门技术。

❖ 1.1.2 数字媒体的表示与存储

计算机中的信息以二进制形式进行存储,数字媒体也不例外。本节中,分别对文本、图像与图形、声音、动画与视频的表示与存储方法进行阐述,并介绍数字媒体所特有的数字水印技术。

1. 文本

数字化的文本分为西文的半角字符文本和中文的全角字符文本,其内部虽然都是以二进制形式存储,但编码方式不同。

（1）ASCII 码

半角的西文字符以 ASCII 码的形式存储,ASCII（American Standard Code for Information Interchange,美国信息交换标准代码）主要用于存储键盘上的英语、数字和各种控制符号,是现今最通用的单字节编码系统。它以一个字节的低 7 位存储编码,总共有 128 个编码,分别表示键盘上的各种控制符、标点符号、数字、大写字母与小写字母等。表 1-1-1 所示为 ASCII 码表。

▼ 表 1-1-1　ASCII 码表

H\L	0000	0001	0010	0011	0100	0101	0110	0111
0000	NUL	DLE	SP	0	@	P	`	p
0001	SOH	DC1	!	1	A	Q	a	q
0010	STX	DC2	"	2	B	R	b	r
0011	ETX	DC3	#	3	C	S	c	s
0100	EOT	DC4	$	4	D	T	d	t
0101	ENQ	NAK	%	5	E	U	e	u
0110	ACK	SYN	&	6	F	V	f	v
0111	BEL	ETB	'	7	G	W	g	w
1000	BS	CAN	(	8	H	X	h	x
1001	HT	EM	)	9	I	Y	i	y
1010	LF	SUB	*	:	J	Z	j	z
1011	VT	ESC	+	;	K	[	k	{
1100	FF	FS	,	<	L	\	l	|
1101	CR	GS	-	=	M	]	m	}
1110	SO	RS	.	>	N	^	n	~
1111	SI	US	/	?	O	_	o	DEL

在表 1-1-1 中,将 H(代表高 4 位)与 L(代表低 4 位)的编号组合之后,表示了对应交叉点上的字符的实际存储编码。从该表中可以看出,西文字符的大小关系实际由 ASCII 码的大小关系决定。00100000B(20H)是 SP 的编码,表示键盘上的空格键,除了最大的删除符(DEL)之外,其他控制符都小于 SP,因此,存储在计算机中的各种西文字符具有"控制符<标点符号<阿拉伯数字<大写字符<小写字符"的规律。

通过键盘输入的字符,在计算机中被转换成该字符的 ASCII 码用于进一步的处理或输出。

(2) 汉字编码

汉字有 15 000 多个,常用的汉字也有 7 200 多个,根本无法使用 1 个字节全部表示出来,也无法通过直接按键盘上的按钮对应逐个输入,因此计算机等设备中需要完整的汉字处理系统,才能完成汉字的输入、存储、处理和输出。

汉字的输入可以通过汉字扫描识别(OCR:Optical Character Recognition,光学字符识别)、键盘输入和语音识别输入三种途径,输入之后,转换为汉字机内编码进行存储与处理,完成后再转换为字型码进行打印或显示输出,也可以通过语音合成输出,如图 1-1-1 所示。

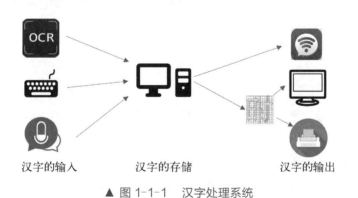

▲ 图 1-1-1　汉字处理系统

无论使用哪种方法,计算机中汉字的表示,最终也是用二进制编码。根据应用目的的不同,汉字编码分为外码、交换码、机内码和字形码。

外码即输入码,是用来将汉字输入到计算机中的一组键盘符号。常用的输入码有拼音码、五笔字型码、自然码、表形码、认知码、区位码和电报码等。一种好的编码应有编码规则简单、易学好记、操作方便、重码率低、输入速度快等优点,每个人可根据自己的需要进行选择。

为了使各种计算机等设备中的软件都能识别和理解汉字,国家标准化管理委员会 1981年制定了中华人民共和国国家标准 GB2312—80《信息交换用汉字编码字符集——基本集》,即国标码。国标码的出现方便了各种软件理解汉字,并进行汉字信息交换,因此国标码也称为交换码。

汉字数量众多,区位码表将国标 GB2312—80 中的汉字、图形符号以一个"94 区×94 位"方阵的形式罗列出来,以便汉字的查找和使用,如图 1-1-2 所示。

区\位	01	……	19	20	21	22	23	……	94
01	……	……	……	……	……	……	……	……	……
……	……								
16	啊	……	吧	笆	八	疤	巴	……	剥
17	薄	……	鄙	笔	彼	碧	蓖	……	炳
……	……								
40	取	……	痊	却	鹊	榷	确	……	叁
……	……								
94	……								

▲ 图 1-1-2　汉字区位码表

其中"区"的序号由 01 至 94，"位"的序号也是从 01 至 94。94 个区中位置总数 = 94 × 94 = 8 836 个，其中 7 445 个汉字和图形字符中的每一个占一个位置后，还剩下 1 391 个空位，这 1 391 个位置空下来保留备用。从汉字区位码表中的数量来看，区和位各需要一个字节的低 7 位，即总共 2 个字节的低 7 位组合，可以表示出全部的常用汉字。因此，汉字在计算机等设备中的存储是 2 个字节的。

为了避免与 ASCII 码中特殊控制符的冲突，国标码的 2 个字节是将区位码对应的两个字节分别加 20H 后得到的，即国标码 = 区位码 + 2020H 得到。而在实际的汉字编码系统中，为了避免与 ASCII 的冲突（ASCII 字节的最高位都是 0），将国标码的两个字节又加了 80H 后（即字节的最高位设置为 1），才转换为实际存储的机内码，即汉字机内码 = 国标码 + 8080H = 区位码 + A0A0H。

（3）将存储的文本输出

无论是汉字还是西文字符，在显示器或打印机上输出，使用的都是字形码，即以图形方式进行输出。无论文字的笔画多少，每个汉字都可以显示在同样大小的方块中，而西文字符则显示在汉字方块二分之一宽度的矩形中，这也是中文字符（汉字以及中文标点符号）被称为全角字符、西文字符被称为半角字符的原因。

汉字显示时方块点阵数通常包含 8×8、16×16、24×24、32×32 等，图 1-1-3 所示为一个 16×16 点阵的汉字及其实际点阵的存储形式，可以看出，点阵数越高，文字的笔画可以显示出更多细节，但所占的存储空间会越大。机内码对应的每个汉字都需要显示输出，都会有对应的编码，组合在一起被称为字库，如果将显示输出的汉字分为不同的字体，则字库就可以分为不同字体，如宋体、楷体、黑体等。

在汉字信息系统中，为了方便获取某个汉字的字形，字库中的每个汉字字形都对应着逻辑地址，被称为地址码。

除了使用显示器或打印机进行文字输出之外，通过语音合成技术，还可以将文本内码转换成语音进行输出。

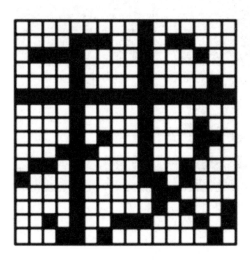

00000000B	(00H)	01000000B	(04H)
00001110B	(0EH)	01011000B	(58H)
01111000B	(78H)	01000100B	(44H)
00001000B	(08H)	01000000B	(40H)
00001000B	(08H)	01000010B	(42H)
11111111B	(FFH)	11111111B	(FFH)
00001000B	(08H)	01000000B	(40H)
00001000B	(08H)	01000100B	(44H)
00001010B	(0AH)	01000110B	(46H)
00011100B	(1CH)	01000100B	(44H)
01101000B	(68H)	01001000B	(48H)
10001000B	(88H)	01101000B	(68H)
00001000B	(08H)	00110000B	(30H)
00001000B	(08H)	00101001B	(29H)
00101001B	(29H)	11000101B	(C5H)
00011010B	(1AH)	00000010B	(02H)

▲ 图 1-1-3　16×16 点阵的汉字举例

2. 图像与图形

图的数字化又分为图像数字化和图形数字化两大类,它们在计算机等设备中的存储方式是不同的。

（1）图像

图像也称为位图图像(bitmap),是由被称作像素(图片元素)的单个点组成的。这些点可以进行不同的排列和着色以构成图样。当放大位图时,可以看见构成整个图像的无数单个方块。扩大位图尺寸的效果是增大单个像素,从而使线条和形状显得参差不齐,因此,图像放大到一定程度后看起来会显得模糊。如图 1-1-4 所示。

位图图像的每个像素由若干位二进制进行存储,二进制位数的多少决定了其能表现的颜色数量的多少,如每个像素 1 位二进制能表示黑白二色位图, 8 位二进制则可以表示 256 色灰度或彩色图像。如图 1-1-5 所示为一幅同样大小(像素数量相同)的位图图像,每个像素的二进制位数不同所保存结果的效果对比,该图像的色彩数量与所占存储空间大小的对比如表 1-1-2 所示。

▲ 图 1-1-4　位图图像及其局部放大

(a) 单色位图　　　　　(b) 16色位图　　　　　(c) 256色位图　　　　　(d) 真彩色位图

▲ 图 1-1-5　同样像素数量不同二进制位数存储的图像效果对比

▼ 表 1-1-2　位图存储空间与色彩数量的对比

图　像　名　称	每像素二进制数	能表现的色彩数	文件占的空间
(a) 单色位图	1 位	$2^1 = 2$ 种	77 KB
(b) 16 色位图	4 位	$2^4 = 16$ 种	302 KB
(c) 256 色位图	8 位	$2^8 = 256$ 种	602 KB
(d) 真彩色位图	24 位	$2^{24} = 16\ 777\ 216$ 种	1 796 KB

一幅 a×b 像素、每像素 c 位二进制的图像，在没有压缩时，理论上说，其所占存储空间 size 可以通过以下公式计算得到：

$$\text{size}(B) = a \times b \times c \div 8$$

例如：一幅 1 024×768 大小的真彩色图像，其所占空间为：

$$\text{size} = 1\ 024 \times 768 \times 24 \div 8 \div 1\ 024 \div 1\ 024 = 2.25\ \text{MB}$$

（2）图形

图形也被称为矢量图，是指由计算机绘制的直线、圆、矩形、曲线、图表等。

图形用一组指令集合来描述内容，如描述构成该图的各种图元位置、形状等。描述对象可任意缩放不会失真。在显示方面，图形使用专门软件将描述图形的指令转换成屏幕上的形状和颜色。适用于描述轮廓不很复杂，色彩不是很丰富的对象，如几何图形、工程图纸、CAD、3D 造型等。图 1-1-6 所示为矢量图形举例。

 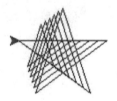 

▲ 图 1-1-6　软件绘制的矢量图形

3. 声音

计算机或电子设备中的声音来源于两种渠道，一种是由麦克风录制的模拟声音通过数字化得到的波形声音；一种是利用合成设备合成的电子音频，如合成语音或合成音乐。

（1）波形音频

在空气中传播的声音，经麦克风转换成模拟声音电信号，是一种连续波形。这种波形通过计算机声卡设备，采样、量化和编码，成为数字化的音频信号，这就是常说的数字音频。图 1-1-7 所示为模拟声音波形采样过程，可以发现，采样频率越高，单位时间内采样得到的波形声音节点就越多。还原时，这些采样点相连后的波形与原始波形越接近。如果采样频率过低，则声音还原后会有比较大的失真。

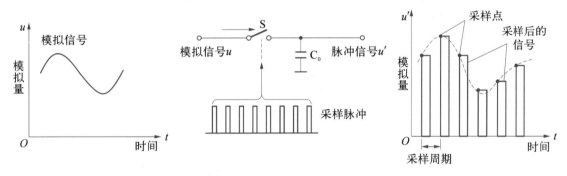

▲ 图 1-1-7　模拟波形音频采样过程示意图

由于存储空间有限，采样得到的离散音频数据需经过量化后，才能进行编码保存。图 1-1-8 为量化示意图，从图中可以看到，量化时，可以通过不同的策略将不规范的数据规范化，而量化阶的划分则取决于每个采样点数据能够占据的二进制位数。例如：如果采用一个字节作为每个采样点数据的存储空间，量化阶为 256。可以看出，量化阶越大，量化时数据的精度会越高，但需要占据的存储空间也会越大。图 1-1-9 所示为采样后的数据经 16 位量化后编码的示意图。

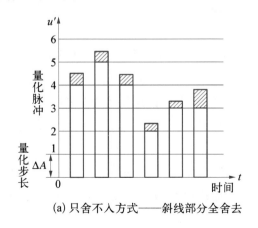
(a) 只舍不入方式——斜线部分全舍去

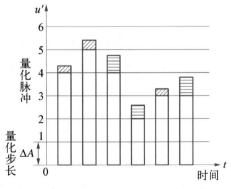
(b) 四舍五入方式——斜线部分舍去，横线部分进一个量化电平

▲ 图 1-1-8　量化过程示意图

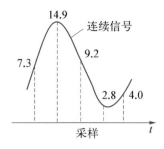

▲ 图 1-1-9　采样、量化和编码示意图

量化之后得到规范化的声音数据,可以转换成二进制编码存储在计算机中。计算机中存储的音频经处理,还原为模拟音频后,再通过扬声器或耳机播放出来。图 1-1-10 所示为原始模拟音频与采样量化后音频还原波形的对比,量化位数为 4 位。

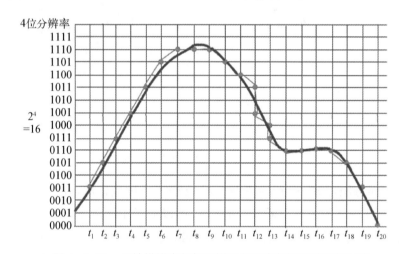

▲ 图 1-1-10　原始模拟音频与采样量化后音频还原波形的对比

（2）合成声音

使用计算机可以合成的声音分为语音和音乐两大类。

① 语音合成。

语音合成,又称文语转换(Text to Speech)技术,是通过电子计算机或类似专门装置,将文字信息实时转化为标准流畅的语音朗读出来,相当于给机器装上了人工嘴巴。它涉及声学、语言学、数字信号处理、计算机科学等多个学科技术,是中文信息处理领域的一项前沿技术,与传统的声音回放系统有着本质的区别,能在任何时候将任意文本转换成具有高自然度的语音,从而真正实现让机器"像人一样开口说话"。

对语音合成的研究已有两百多年历史,早期的研究方向之一是模拟人的发声器官和发声方式,采用参数合成方法,企图通过精确调整参数,使合成器合成出逼真的语音效果,但无法达到能够实际使用的效果。

另一研究方向是采用波形拼接的方法进行语音合成,通过大量采集语音,存入语音库中,使用时进行相应的选取和拼接。这种方法受语音库存储空间的限制,早期无法达到实际预期效果,随着计算机技术的发展,近年来有了比较快的发展。但作为一种有调语言,汉语的韵律特征非常复杂。汉语拼音对于同样一个音节,出现在不同的环境下,其韵律参数都是各不相同的。需要用有限的存储单元存储汉语的基本语音单元,进而从有限的存储单元中合成出无限的词汇,组成连续汉语语句,使发音具有自然表现力。还要通过对韵律规则的研究,利用语音合成器,对音库单元的韵律参数进行调整,以得到符合当前语言环境的语音库单元。

图 1-1-11 所示为在计算机中,将文本转换成语音合成应用的示意图。中文语音合成系统实现时,除清晰度、能懂度和自然度外,还要求合成算法具有较低的运算复杂度和尽量小的语音库,以减少对有限存储空间的占用程度。

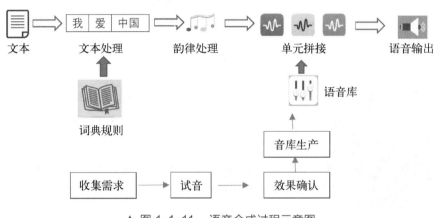

▲ 图 1-1-11　语音合成过程示意图

② 数字合成音乐。

数字合成音乐的产生取决于音乐合成器(Musical Synthesizer),这是一种用来产生并修改正弦波形并叠加,然后通过声音产生器和扬声器发出特定的声音的设备。

通过音乐合成器产生数字合成音乐的途径有两种:FM 合成法和采样回放合成法。

FM 合成法是 20 世纪 70 年代由斯坦福大学的研究团队所开发的。其原理是,通过振荡器产生基本的波形声音,然后采用频率调制的方法,通过一些波形(调制信号)改变载波频率的相位实现。从其原理来看,该分成法可以模拟任何声音信号。

采样回放合成法的原理是,首先从一种乐器中取下一个或多个周期的波形作为基础,然后确定该周期的起点和终点,对该采样波形的振幅进行处理和测试,以满足声音回放的要求。调整波形振幅,以模拟自然乐器自然演奏时的效果,对波形进行滤波等再处理,然后把波形和相应的合成系数写入电子合成器的 ROM 存储器中。由于这些波形及合成系数是以波形表形式存储在合成器的 ROM 中,所以采样合成器又称为波表合成器。图 1-1-12 所示为波表合成器工作原理示意图。

采样回放合成器仍然保留了 FM 合成法中的一些调制方法,这样的话,使用者便不仅仅可以进行回放,而且还可以进行创造。

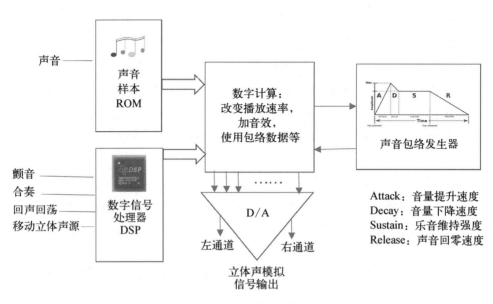

▲ 图 1-1-12　波表合成器工作原理示意图

▲ 图 1-1-13　MIDI 标准接口

在计算机中,电子音乐被称为 MIDI 音乐。"MIDI"是英文 Musical Instrument Digital Interface(乐器的数字化接口)的缩写,是一种数字乐器接口标准,也是电子音乐编码标准。符合该标准的电子乐器设备可以通过计算机声卡上的 MIDI 标准接口(如图 1-1-13 所示)与计算机设备相连接。

MIDI 是编曲界最广泛的音乐标准格式,可称为"计算机能理解的乐谱"。它用音符的数字控制信号来记录音乐。一首完整的 MIDI 音乐只有几十 KB 大,而能包含数十条音乐轨道。几乎所有的现代音乐都是用 MIDI 加上音色库来制作合成的。MIDI 存储和传输的不是波形声音,而是音符、控制参数等指令,它指示 MIDI 音乐合成设备要做什么、怎么做,如演奏哪个音符、多大音量等。它们被统一表示成 MIDI 消息(MIDI Message)。

4. 动画与视频

与音频相似,动画与视频都是与时间相关的数字媒体。它们利用了人眼的视觉暂留特征:每当一幅图像从眼前消失的时候,留在视网膜上的图像并不会立即消失,还会延迟约 1/16—1/12 秒。在这段时间内,如果下一幅图像又出现了,眼睛里就会产生上一画面与下一画面之间的过渡效果,从而形成连续的画面。电影、电视和动画都是利用这一原理制作的。

(1) 数字视频

通过摄像机之类的视频捕捉设备,将外界影像的颜色和亮度信息转变为电信号,再记录到储存介质中,被称为数字视频。

数字视频是以数字形式记录的视频。它可以通过数字摄像机拍摄获取,也可以通过模拟视频信号经模拟/数字(A/D)转换采集获得。数字视频可以以不同的格式进行存储,在计算机中,使用特定的播放器可以进行播放。

模拟视频的数字化涉及不少技术问题,如电视信号具有不同的制式而且采用复合的 YUV(Y 代表亮度,UV 代表色差)信号方式,而计算机工作在 RGB 空间;电视机是隔行扫描,计算机显示器大多逐行扫描;电视图像的分辨率与显示器的分辨率也不尽相同;等等。因此,模拟视频的数字化主要包括色彩空间的转换、光栅扫描的转换以及分辨率的统一。

模拟视频一般采用分量数字化方式,先把复合视频信号中的亮度和色度分离,得到 YUV 或 YIQ 分量,然后用三个模/数转换器对三个分量分别进行数字化,最后再转换成 RGB 空间。

(2) 动画

与数字视频通过摄像机拍摄,或通过采集模拟视频转换成数字视频的方式不同,动画可以使用计算机软件制作得到。根据画面的视觉效果,计算机动画可以分为在二维空间中显示二维画面的二维动画,在二维空间中显示三维效果的三维动画,还可以通过计算机软件将动画制作成能与操作者交互的形式。三维交互式动画与头盔显示器及手持交互设备相结合,则可以制作虚拟现实交互式动画。

5. 数字水印技术

由于互联网的普及,数字媒体除了通过外部设备模/数转换的方式获取以外,利用网络途径使得它们可以更广泛地传播。为了保护数字媒体的版权,数字水印技术应运而生。

数字水印(Digital Watermarking)技术是将一些标识信息(即数字水印)直接嵌入数字载体中(包括数字媒体、文档、软件等),且不影响原载体的使用价值,也不容易被探知,但可以被生产方识别和辨认。通过这些隐藏在载体中的信息,可以达到确认内容创建者及购买者、传送隐秘信息或者判断载体是否被篡改等目的。

数字水印是保护信息安全、实现防伪溯源、版权保护的有效办法,是信息隐藏技术研究领域的重要分支和研究方向。按水印的特性可以将数字水印分为鲁棒数字水印(这种水印能抵抗恶意攻击,主要用于版权保护)和脆弱数字水印(当遭到攻击时,这种水印容易发生改变,从而可以鉴定原始数据是否被篡改,主要用于防伪)两类。根据水印所附载的媒体,可以将数字水印划分为图像水印、音频水印、视频水印、文本水印,以及用于三维网格模型的网格水印等。图 1-1-14 简要描述了数字水印的嵌入过程以及数字水印的提取过程。

1.1.3 数字媒体的压缩与编码

数字化后各种媒体数据量十分庞大,直接存储和传输这些原始信源数据是不现实的。在这些庞大的数据中,实际也存在着大量的数据冗余。通过数据压缩与编码技术,可以在保持数据不损失,或者损失不大的情况下,进行数字媒体的存储与传输,使用时再加以恢复。

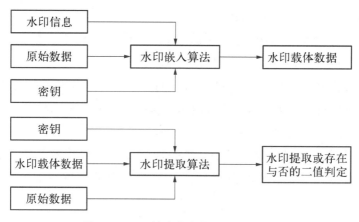

▲ 图 1-1-14　数字水印的嵌入和提取过程

1. 数字媒体数据的特点

（1）庞大的数据量

数字媒体数据具有庞大的数据量。例如：1 分钟的立体声双声道音乐，若采样频率为 44.1 kHz，量化位数为 8 位，不压缩的数据量为 44.1×1 000×8×60÷8×2＝5 292 000 字节＝5 167.97 MB；一幅分辨率为 1 024×768 的真彩色图像，如果每个像素用 24 位二进制存储，数据量为 1 024×768×24÷8＝2 359 296 字节＝2.25 MB。如果以每秒钟 24 幅这种图像组成视频，1 分钟视频的数据量为 2.25×24×60＝3 240 MB＝3.16 GB。这样庞大的数据量给数据的传输、存储都会带来麻烦。

（2）数据冗余

数字化后的多媒体数据中存在着大量的冗余数据。例如：图像画面在空间上存在大量相同的色彩信息，被称为空间冗余；视频等连续媒体中，相邻画面也存在大量的相似特征数据，被称为时间冗余；而对于人的感官来说，无论是色彩，还是声音，都存在着无法感受到的内容，这些数据被数字化后，得到的就属于感官冗余信息。这些冗余信息的存在，使得数据压缩成为可能。

（3）数据压缩

数据压缩的实质是在确保还原信息质量能满足要求的前提下，采用代码转换或消除信息冗余量的方法来实现对采样数据量的大幅缩减，从而减少数字媒体所占的存储空间，或者传输带宽。在使用时，需要将压缩的数字媒体解压还原，它是将压缩数据通过一定的解码算法还原到原始信息的过程。通常，人们把包括压缩与解压缩的技术统称为数据压缩技术。

2. 数字媒体数据压缩方法

数据压缩技术可以分为有损压缩和无损压缩两种。衡量一种压缩编码方法优劣的重要指标有：压缩比、压缩与解压缩速度、算法的复杂程度。压缩比高、压缩与解压缩速度快、算法简单、解压还原后的质量好，则被认为是好的压缩算法。

(1) 无损压缩

还原后的数字媒体与压缩前一样的压缩方式称为无损压缩。最典型的例子是游程长度编码(Run Length Encoding, RLE),其基本原理是相邻数据如果是相同的,那么只需保存一次数据信息和它们重复的次数。例如:字符"aaaaaabbccccddddffffff",以 ASCII 编码方式直接存储,需要 21 个字节;使用 RLE 将一组相同的数据序列转换为一对二元组,指出重复的成分以及其在序列中的重复次数,如(x,n),重复的数据越多,可以压缩掉的空间就越多。本例数据表达成"6a2b4c3d6f",只需要 10 个字节,使用时仍然可以还原成原来的样子,没有任何信息损失。

事实上,传真、TIFF 格式存储的图像、PDF 格式存储的文档都使用 RLE 方法压缩数据。压缩图像的软件首先会确定图像中哪些区域的颜色是相同的,哪些是不同的。包括了重复数据的图像就可以被压缩。从本质上看,无损压缩的方法可以删除一些重复数据,大大减少数字媒体在存储介质上保存的空间。但是,无损压缩的方法并不能减少这些媒体的内存占用量,这是因为,当从存储介质上读取数字媒体时,软件又会把丢失的数据用适当的信息填充进来。如果要减少数字媒体占用内存的容量,就必须使用有损压缩的方法。

无损压缩方法的优点是能够比较好地保存原始数字媒体的质量,但是相对来说这种方法的压缩率比较低。对于需要作为原始素材保存或要用高分辨率的打印机打印等情况,比较适合使用这种方法压缩。

(2) 有损压缩

数据在压缩过程中有丢失,无法还原到与压缩前完全一样的状态的压缩方法称为有损压缩。有损压缩的目标是减少数字媒体数据在内存和存储介质中占用的空间,但前提是还原后数字媒体数据的质量不能损失太大。例如:在屏幕上观看 JPEG 技术压缩的照片时,感觉照片的质量还是很好,MP3 音乐给人的感受也很不错,它们都是利用有损压缩的方法处理的。

由于人的眼睛对光线比较敏感,即图像亮度信息的作用比色彩信息更为重要,JPEG 压缩技术便利用人眼的这种特点,在压缩时,丢掉了部分颜色高频成分,保留表示亮度的低频成分,使得图像的数据量变小。MP3 技术则利用人耳对一些高频的声音不敏感的特点,丢掉了部分高频音频,从而使压缩比提高到 12∶1。

◆ 1.1.4 数字媒体传输技术

当前互联网上有大量的声音、视频等数字媒体信息,人们也可以方便地收听、观看互联网上的这些数字媒体信息,这些数字媒体的数据量虽然十分巨大,但也不需要等待它们完全下载才能使用,不需要在自己的计算机或电子设备上有很大的空间用于存储这些数字媒体数据,这完全依赖于流媒体传输技术的发展。

所谓数据的流媒体传输技术,是指声音、视频或动画等数字媒体由媒体服务器向用户计算机连续、实时地传送,通过用户计算机中的缓冲存储空间,存储刚发送过来的数据,并同时开始播放缓冲区中的数据,播放过的信息便从缓冲区中删除,以便后面的数据可以源源不断地传送过来放入存储区中。由于所传输的媒体几乎可以立即开始播放,从而不存在下载延时的问题。

流媒体技术发展的基础在于数据压缩技术和缓存技术。通过数据压缩技术,使得需要传输的数字媒体数据量尽可能减少;通过缓存技术,在网络传输速率出现波动时,可以从缓存中取到接下来需要播放的数据,使得媒体数据能平稳地展现在用户面前。

✦ 1.1.5 习题与实践

1. 简答题

(1) 根据自己使用数字媒体的经验,说说可以怎样对数字媒体进行分类,每种类型的数字媒体有哪些特点。

(2) 请说明 ASCII 码在计算机等信息系统领域存在的意义。

(3) 请说明计算机中汉字系统的处理过程。

(4) 请说明计算机中图形与图像的区别。

(5) 利用互联网查找资料,解答数字音频的采样频率范围一般是怎样选择的。

(6) 举例说明图像可以怎样使用 RLE 方法进行压缩。

2. 实践题

(1) 利用计算机中的画图工具绘制一幅图像,并分别保存为 24 位位图、8 位位图、黑白位图,比较它们的显示质量、所占的存储空间大小。

(2) 访问妙音网(http://www.miaoyin365.com/b/2/2018495.html),输入一段文字,通过文语转换,使其合成为语音,体验语音合成技术。(使用该网站合成音频需要付费,本练习只需要在线试听。)

(3) 访问 ABLETIVE 电子音乐社区网站(http://www.abletive.com/music),了解电子音乐相关技术,欣赏其他人上传的电子音乐作品。

(4) 使用浏览器访问爱奇艺网站,观看《美丽中国》纪录片(https://www.iqiyi.com/v_19rrifne1x.html),体会流媒体技术的应用。

(5) 访问网上电商,如淘宝,寻找带有数字水印的数字媒体,并举例说明其实际应用的意义所在。

1.2 数字媒体处理系统

数字媒体的采集、存储、处理和输出离不开众多的硬件设备和软件系统。

❖ 1.2.1 硬件系统

数字媒体硬件系统包括支持各种媒体信息的采集、存储、展现所需要的各种外部设备，例如：用于实现声音采集和播放的声卡、用于实现各种数字媒体显示的视频卡和显示器、用于各种数字媒体信息存储的大容量存储设备，以及种类繁多的各种数字媒体输入、输出及综合设备。

1. 音频部件及设备

除了耳机、麦克风或音响等声音输入输出设备外，在计算机中，声卡是最基本的多媒体部件，是实现声音 A/D（模/数）、D/A（数/模）转换的硬件电路。来自麦克风的模拟声音电信号，经过声卡的采样、量化和压缩等处理，转换成由 0 和 1 组成的数字信号，才能在计算机中进行存储和处理；反之，对于需要输出的声音，也是经过声卡将数字化的信号转换成连续的电信号，再通过喇叭或耳机输出，如图 1-2-1 所示。

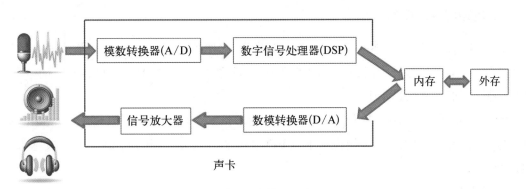

▲ 图 1-2-1　声卡的工作原理

声卡分为插在计算机底板上的内置声卡（如图 1-2-2 所示）和与底板集成在一起的集成声卡，还有独立的外置声卡（如图 1-2-3 所示）。内置声卡一般接口较少，用于一般的电脑音频的输入与输出；外置声卡可以通过 USB 接口与计算机或其他智能设备相连，还可以包含多个音频的输入输出接口，用于连接麦克风和各种电子乐器。

▲ 图 1-2-2　内置声卡

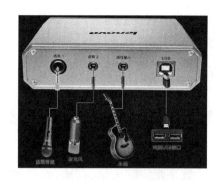
▲ 图 1-2-3　外置声卡

麦克风采集的模拟音频,经过声卡的采样、量化和编码,就可以成为二进制的数字声音信号了。

声卡可支持的采样频率有 11.025 kHz、22.05 kHz、44.1 kHz、48 kHz 等,量化位数有 8 位、16 位甚至更高,采样频率越大、量化位数越高,则声音的保真度越好,但声音所占存储空间也会越大。传统 CD 唱片的采样频率是 44.1 kHz,量化位数是 16 位的,被认为是高保真音响质量。

计算机中所安装的声卡的功能与性能直接影响到数字媒体系统中的音频效果。一般来说,声卡除了具有录制和播放音频文件的功能外,还具有压缩和解压缩音频文件的功能,并能与 MIDI 设备和光盘驱动器相连接。

高档的声卡中会包含单独用来处理声音的集成电路芯片,称为数字信号处理器(Digital Signal Processing,DSP),在提高声音处理的速度和改善音质的同时,还能减轻 CPU 的负担。

2. 视频部件及设备

视频技术是数字多媒体技术的重要组成部分,它使得色彩鲜艳的动态图像能在计算机中进行输入、编辑和播放。视频设备除了显示器、摄像头、数码摄像机等设备外,还包括用于数模转换、图形加速的显示卡。

显示器是用来显示影像的装置。目前比较常见的是液晶显示器 LCD(Liquid Crystal Display),而在笔记本电脑、平板电脑上,LED 显示器(Light Emitting Diode)也被越来越多地使用。

显示卡(Video card,Graphics card)又称显示适配器,简称显卡,是计算机的重要组成部分,它分为集成显卡和独立显卡。集成显卡与电脑主板相集成,是一种具备基本功能的显卡;独立显卡具备 GPU(Graphic Processing Unit,图形处理器)和独立的显示内存,具有高效的处理 3D 图像的能力。独立显卡一端通过 PCI 接口插入在电脑主板上,另一端则通过 VGA(Video Graphics Array,视频图形阵列)、DVI(Digital Video Interface 数字视频接口)、S-Video 或 HDMI(High Definition Multimedia Interface,高清晰度多媒体接口)等对外接口,与显示器相应的接口相连。图 1-2-4 所示的显卡上包含了三种对外接口。

计算机的显示屏幕的画面质量不仅取决于显示器本身,也取决于显示卡的性能指标。其中色彩位数和显示分辨率是显示卡最基本的性能指标。各种不同的系统中都可以看到目前的分辨率情况,例如:在Windows 桌面上右击,执行快捷菜单中的"显示设置"命令,可以打开如图 1-2-5 所示的窗口,从分辨率下拉列表中可以选择合适的分辨率设置。

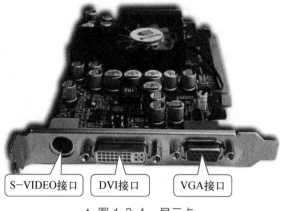

▲ 图 1-2-4　显示卡

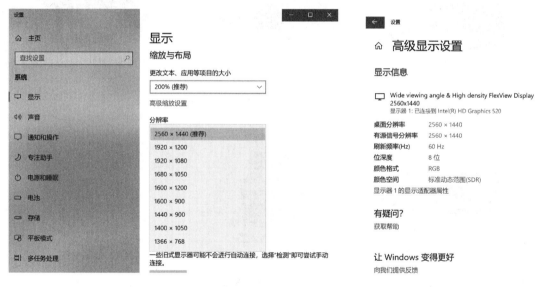

▲ 图 1-2-5　Windows 的显示分辨率　　　　▲ 图 1-2-6　高级显示设置

从显示设置右边拖拽滚动条找到并单击"高级显示设置"命令,可以打开如图 1-2-6 所示的"高级显示设置"对话框,了解当前计算机所使用的显卡相关设置。

3. 其他常见的数字媒体输入和输出设备

除了以上这些处理数字媒体的计算机所必须的硬件之外,图像扫描仪、电子笔、数字化仪等是常见的数字媒体输入设备,如图 1-2-7 所示;打印机、绘图仪、投影仪等则是常见的数字媒体输出设备,如图 1-2-8 所示;而数码相机、数码摄像机、触摸屏、智能手机以及各种平板设备等既具有输入功能,也同时具有输出功能,都是十分普遍的数字媒体综合设备,如图 1-2-9 所示。

扫描仪

电子笔 数字化仪

▲ 图 1-2-7　各种数字媒体输入设备

打印机　　　　　　　　　　　投影仪　　　　　　　　　　　绘图仪

▲ 图 1-2-8　各种数字媒体输出设备

数码相机　　　　　　　　　平板电脑　　　　　　　　　智能手机

▲ 图 1-2-9　各种数字媒体综合设备

4. 各种大容量存储设备

数字媒体产生之后，会占据大量存储空间，除了保存在计算机的硬盘等自带存储设备中，或者上传到网盘里之外，在数码相机、数码摄像机、智能手机等设备中，也需要临时保留大量的数字媒体数据，这些数据可以通过各种存储卡进行保存。

市场上配合不同的综合数字媒体设备有种类繁多的存储卡，不仅仅容量不同，外观样式、存储空间、安全系数等也大不相同，常见的存储卡有 SD 卡、CF 卡、MMC 卡、TF 卡、记忆棒等。图 1-2-10 为各种不同的存储卡在外观上的差异，购买时应先确认所用设备的存储卡类型和外观。图 1-2-11 为外观近似的不同存储卡在接口上的细微差异。

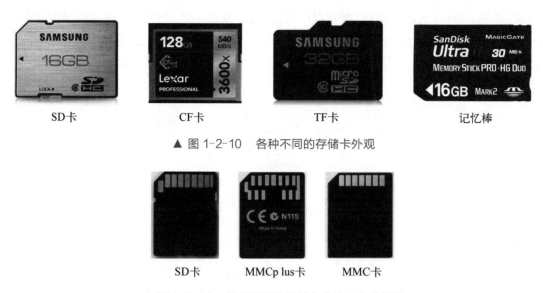

▲ 图 1-2-10　各种不同的存储卡外观

▲ 图 1-2-11　外观相似的存储卡在接口上的差异

❖ 1.2.2　软件系统

多媒体软件系统包括支持各种多媒体设备工作的操作系统，各种媒体的采集、创作和处理工具，将各种媒体集成起来的各种多媒体创作工具，以及提供给最终用户使用的各种多媒体应用软件。这些软件可以通过光盘、U 盘的形式或网络的形式发布到用户的计算机中使用。

1. 操作系统中的多媒体功能

操作系统是计算机人机信息交流中必不可少的系统软件之一。为了使包含多种数字媒体的多媒体计算机能够处理和表现诸如声音、视频等多种数字媒体信息，操作系统一般需要具有多任务的特点；而数字媒体信息的大数据量特征，则需要有大容量的存储器相配套，因此操作系统必须具有管理大容量存储器的功能；计算机在运行大数据量的程序或多个程序同时运行时，需要有大的内存空间的支持，在内存容量有限的情况下，操作系统需要通过虚拟内存技术，借硬盘等辅助存储器的能力来达到这一目的。

目前常用的操作系统，都支持同时处理多种数字媒体的功能，具有多任务的特点，并能控制和管理与多种媒体有关的输入、输出设备。例如，对计算机硬件的检测和设置是智能化的，当在计算机上增加某种多媒体设备时，操作系统能感受到新设备的增加，并提示安装驱动程序，使该设备能够方便地进入可使用状态，这就是所谓的"即插即用"功能，这一功能大大方便了新硬件的添加。

操作系统中的虚拟内存管理技术，使许多大程序可以借助硬盘的剩余空间得以运行。

例如打开 Windows 的设置窗口，在查找中输入"查看高级系统设置"，找到并执行该命令，便可打开图 1-2-12 所示的对话框。从该对话框中可以得知当前的虚拟内存设置情况，并可进行相应的修改。

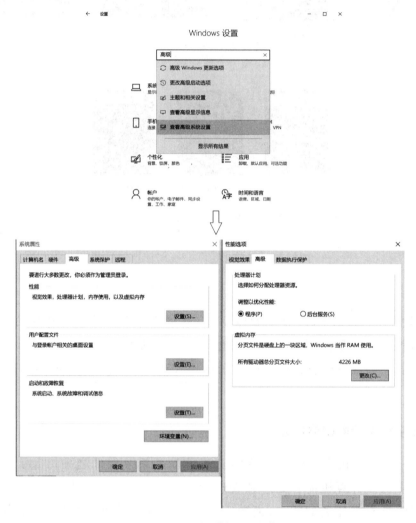

▲ 图 1-2-12 了解"虚拟内存"的情况

2. 媒体信息加工与处理工具

数字媒体信息处理主要就是把通过外部设备采集来的各种数字媒体信息，包括文字、图像、声音、动画、影视等，用软件进行加工、编辑、合成、存储，最终形成一个综合多种数字媒体的多媒体软件产品。在这一过程中，会涉及各种数字媒体加工工具和多种数字媒体集成工具。针对不同的媒体，加工软件具有不同的特色。

文字是使用频率最高的一种媒体形式，对文字的处理包括输入、文本格式化、文稿排版、添加特殊文本效果、在文稿中插入图形和图像等。常用的文字处理软件有 Windows 中的记事本和"写字板"软件、Word 和 WPS 等。

图形图像的处理包括：改变图形图像的大小、图形图像的合成、编辑图形图像、添加诸如马赛克、模糊、玻璃化、水印等特殊效果，图形图像打印输出等。常用的图形图像处理软件有美图秀秀、Windows10 中的画图 3D 等工具、Photoshop、PhotoDraw、CorelDraw、Freehand、Illustrate 等；手机操作系统中也有诸如 Snapseed 等图像处理 App。

声音的处理包括录音、剪辑、去除杂音、混音、合成等。声音处理的软件有 Audacity、Ulead Audio Edit、Creative 录音大师、Adobe Audition、Goldwave、CakeWalk 等。

计算机中的动画可分为二维动画和三维动画两大类。计算机制作动画时，通常先制作动画角色，二维动画的角色是平面的，三维动画中的角色则通常需要通过建模、设置纹理、光照效果等处理后建立起来，使其具有立体感。完成角色设计和制作后，需要安排画面变化的顺序。对于有规律的变化过程，可先安排若干关键画面，而关键画面之间的其他画面，则可让计算机通过计算后插补得到。

常见的二维动画制作软件有 Flash、Gif Animation、TVPaintAnimation、Toon Boom Studio、万彩动画大师等，三维动画制作软件主要有 3DS MAX、Lightwave 3D、Maya、Cinema 4D、Blender 等，以及苹果电脑上的 Shake 三维动画制作软件。利用这些软件，能产生效果逼真的场面，如大片《金刚》中的电脑特技效果是用 Shake 制作的，功夫熊猫是用 Maya 制作的。

视频是多媒体系统中主要的媒体形式之一，利用计算机进行视频处理，可以完成传统视频编辑机所能完成的视频剪切、过渡设置、配音、增加文字解说等各种视频的非线性编辑功能。如快剪辑、Ulead Video Editor、Camtasia、Vegas Pro、Adobe Premiere 等都是常见的视频编辑工具。

▲ 图 1-2-13　Adobe 公司主要出品多种数字媒体处理软件

3. 多媒体集成工具

除了单个数字媒体的加工处理软件外，设计和制作多媒体应用软件作品时，可以通过多媒体集成软件把各种数字媒体有机地集成起来成为一个统一的整体。除了像 VB、Java、Delphi 等程序设计语言外，也可以利用 PowerPoint 演示文稿、网页制作工具（如 Dreamweaver）、Flash 等进行多媒体元素的合成，或利用专门的多媒体集成软件来完成多媒体元素的合成,例如：以图标规划为特点的多媒体制作软件 Authorware；基于时间顺序的多媒体制作软件 Director、Animate；基于页或卡片式的 Multimedia ToolBook 等都是进行多媒体集成的主要工具。

在制作多媒体作品的时候,不可能只使用到以上的某一种软件,涉及的各类文件格式也很多,常会用到一些诸如魔影工厂、视频格式转换器等格式转换工具。针对不同的媒体要采用不同的处理软件,只有这些软件相互配合使用,才能制作出图、声、文并茂的富有感染力的多媒体作品。

4. 多媒体应用软件

多媒体应用软件是利用数字媒体加工和多媒体集成工具制作的,运行于计算机、平板、智能手机等智能设备上的具有某种具体功能的软件,如辅助教学软件、游戏软件、电子百科全书、视频会议、聊天软件,以及各种虚拟现实、增强现实软件等。这些软件一般具有多种数字媒体的集成、超媒体结构(如图1-2-14所示)、强调交互操作的特点。

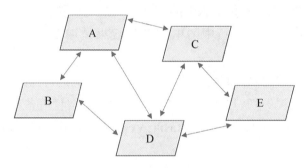

▲ 图 1-2-14 超媒体结构示意图

5. 媒体播放工具

▲ 图 1-2-15 Groove 音乐播放器

部分多媒体应用软件是可以独立安装和播放的,但有些需要借助于网页浏览器进行播放,还有些需要利用媒体播放工具进行播放。Windows 操作系统中整合了 Microsoft Edge 浏览器、Groove 音乐播放器(如图1-2-15所示)、相机、照片(如图1-2-16所示)、3D 查看器(如图1-2-17所示)、小娜语音对话工具(如图1-2-18所示)、电影和电视等多媒体应用工具。如果在系统中安装了其他数字媒体软件,也会像系统本身提供的工具那样无缝地整合到系统中,使用户可以便捷地获取和使用。

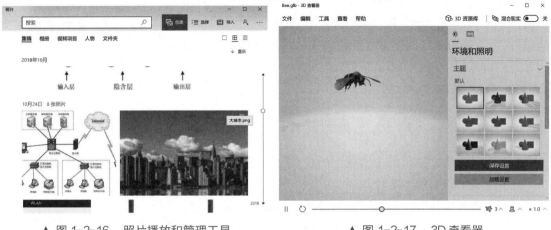

▲ 图 1-2-16　照片播放和管理工具　　　　▲ 图 1-2-17　3D 查看器

在手机应用中，可以找到更多的数字媒体播放器工具，如图 1-2-19 所示，它们使用便捷，在访问时不仅可以在线收听或收看应用网站中提供的媒体资源，也可以通过缓存的方式方便离线使用。应用网站提供的资源有些是免费的，也有些是收费的。除了媒体资源本身外，可以看到其他用户对资源的评论，注册登录后，也可以参与评论。有些应用网站通过手机端媒体播放工具已经吸引了大量用户，并通过提供各种服务和出售相关商品获取其应得的利润。

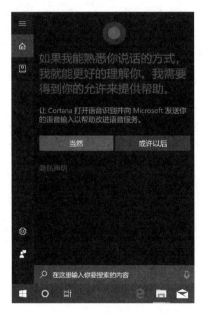

▲ 图 1-2-18　Windows 语音对话工具　　　▲ 图 1-2-19　手机上的大量媒体播放 App

由于各种多媒体数据是经过压缩存储和传输的，在播放时，需要进行实时解压缩，因此在媒体播放器中就需要包含相应的解压缩（或称为解码）功能，才能使媒体得以正常播放。

由于多媒体应用涉及的媒体种类众多,各种媒体存储时可以有不同的压缩方式,形成多种格式,针对不同的媒体格式,许多公司和个人开发了不同的媒体播放器,在打开和播放多媒体应用时,可以利用互联网搜索找到符合需要的媒体播放器。

❖ 1.2.3 习题与实践

1. 简答题

(1) 观察所用计算机的声卡属于哪种,是独立声卡还是与底板集成在一起的集成声卡。

(2) 请说出声卡的主要作用。

(3) 观察所用计算机的显卡涉及的性能指标。

(4) 说明所用计算机的显示器属于哪一类,利用互联网查找资料,说明该显示器的基本显示原理。

(5) 请以图文并茂的方式,分别介绍一款教材上没有提到的数字媒体输入设备和输出设备。

(6) 请介绍一下所用手机的型号、存储系统。

2. 实践题

(1) 通过互联网商城,找到一款目前你认为比较高档的声卡,罗列其功能指标,并说明这些功能指标的含义。

(2) 通过观察,罗列所用操作系统软件的名称、版本和其所支持的数字媒体方面的各种功能。

(3) 尝试找到所用计算机的 Windows 操作系统中的虚拟内存空间设置为多少,将相应的对话框截图保存下来。

1.3 数字媒体新技术

随着互联网的应用越来越广泛,数字媒体技术也成为当今信息技术领域发展得最快、最活跃的分支之一,虚拟现实、3D打印、大数据可视化等数字新技术层出不穷,应用场景日益丰富。

✦ 1.3.1 互联网与移动应用

1. 互联网上的数字媒体应用

当今社会,互联网成了人们获取信息的重要渠道之一,当使用浏览器进入互联网的时候,纯粹的文字新闻报道已经无法满足人们的需要,视频、购物、游戏、出行等,各种应用都会涉及数字媒体。

图1-3-1所示为利用互联网观看视频,可以通过视频网站搜索找到自己喜欢的视频,观看视频的同时还可以点赞、分享、评论等,比传统通过电视观看有更多的互动功能,也会更有趣。

图1-3-2所示为互联网上的购物网站,各种商品以图片、视频形式展现,与图像识别技术相结合,使得网站的强大搜索功能发挥得淋漓尽致,用户不仅可以通过关键字搜索需要的商品,还可以扫描自己见到的物品,用网站搜索出相似的商品。

▲ 图1-3-1 互联网上的视频

▲ 图1-3-2 互联网上的购物平台

图1-3-3所示为互联网上看到的上海地图,地图上会动态标出拥堵情况,并在右侧给出相关数据,出行前查这样的地图,可以了解实时路况,做好相应的时间安排。

▲ 图 1-3-3　互联网上的动态地图

2. 移动互联网应用

移动互联网是以移动通信网作为介入的互联网,是移动通信技术、终端技术与互联网技术的聚合。其具有移动性、个性化、私密性和融合性的特征。据《2014 移动互联网数据报告》显示,我国移动智能终端用户比 2013 年增长 231.7%,移动互联网的应用前景十分广阔,已经深刻改变了人们的生活和沟通方式,也在影响着商业和经营模式的发展。

移动互联网创造了新的媒体传播方式,社交媒体已经成为人们交流和获取信息最重要的媒介,越来越多的人通过微博和微信获取信息,自媒体也层出不穷。自媒体也叫个人媒体,是以现代化和电子化的手段,向不特定的大多数或者特定的个人传递规范性及非规范性信息的新媒体总称。这些新媒体的内容大多以图片、视频、音频等数字媒体形式展现。图 1-3-4 所示为微信中的自媒体举例。

移动互联网创造车联网时代,车联网借助装载在车辆上的传感设备,搜集车辆和车内乘员的信息,通过网络共享,实现驾驶员、车、乘客、行人、车联网平台、城市网络的互连,从而实现安全驾驶,使用户更好地享受技术和生活服务等。图 1-3-5 所示为车联网示意图。

▲ 图 1-3-4　微信中的自媒体举例

▲ 图 1-3-5　车联网示意图

移动互联网创造出互联网金融,互联网金融主要包括余额宝式的投资理财项目,支付宝、微信的个人支付项目,众筹平台的创业项目。图 1-3-6 所示为支付宝移动端主界面,包含了投资理财、移动支付等多项功能。

▲ 图 1-3-6　支付宝移动端

▲ 图 1-3-7　移动游戏

移动互联网促进移动游戏的发展,随着智能终端和 4G 网络的普及,移动游戏的用户规模和市场份额都呈现爆发式增长。图 1-3-7 所示为某移动游戏界面。

3. 多媒体云计算

多媒体云计算(Multimedia Cloud Computing)是提供多媒体服务和应用的新兴技术,用于生成、编辑、处理、搜索各种数字媒体内容,如图像、视频、音频和图形。在这种基于云的新型计算模式中,用户分布式地存储和处理数据,避免了在用户设备上进行多媒体计算。云渲染(Cloud Render)是多媒体云计算技术的重要应用,它利用高速互联网,将 3D 模型传输到远程服务器集群(因配备了 GPU 而具备了强大的计算能力)中渲染,解决了在手机或其他计算能力受限的终端上进行 3D 渲染的时效问题。指令从用户终端中发出,服务器根据指令执行对应的渲染任务,渲染结果被传送回用户终端加以显示。云渲染不仅可广泛应用于互联网 3D 游戏产业,而且在大型企业的产品协同设计中发挥着重要的作用。图 1-3-8 给出了多媒体云渲染的示意图。

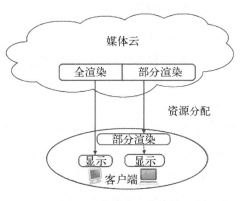
▲ 图 1-3-8　多媒体云渲染的示意图

✦ 1.3.2　人机交互新技术

人机交互技术(Human-Computer Interaction Techniques)是指通过计算机输入、输出设备,以有效的方式实现人与计算机对话的技术。人机交互技术包括机器通过输出或显示设备给人提供大量有关信息及提示或请示等;人通过输入设备给机器输入有关信息,回答问题及提示或请示等。人机交互技术是计算机用户界面设计中的重要内容之一。

人机交互与认知学、人机工程学、心理学等学科领域有密切的联系,也指通过电极将神经信号与电子信号互相联系,达到人脑与电脑互相沟通的技术。可以预见,电脑甚至可以在未来成为一种媒介,完成人脑与人脑意识之间的交流,即心灵感应。

1. 人机交互界面

最初的人机交互界面是 WIMP 界面,WIMP 界面是 Xerox Palo 研究中心于 20 世纪 70 年代中后期研制出原型机 Star,形成了以窗口(Windows)、图符(Icons)、菜单(Menu)和指示装置(Pointing Devices)为基础的图形用户界面。

Apple 最先采用了这种图形界面,斯坦福研究所 20 世纪 60 年代的发展计划也对 WIMP 界面的发展产生了重要的影响。该计划强调增强人的智能,把人而不是技术放在了人机交互的中心位置。该计划的结果促使了许多硬件的发明,众所周知的鼠标就是其中之一。

基于 WIMP 技术的图形用户界面,从本质上讲,是一种二维交互技术,不具有三维直接操作的能力。要从根本上改变这种不平衡的通信,人机交互技术的发展必须适应从精确交互向非精确交互、从单通道交互向多通道交互以及从二维交互向三维交互的转变,发展用户与计算机之间快速、低耗的多通道界面。在传统的人机系统中,人被认为是操作员,只是对机器进行操作,而无真正的交互活动。在计算机系统中人还是被称为用户。只有在 VR 系统中的人才是主动的参与者。

2. 虚拟现实

虚拟现实(Virtual Reality,简称 VR)是利用计算机仿真技术与计算机图形学、人机接口技术、多媒体技术、传感技术、网络技术等多种技术相结合模拟一个三维的虚拟世界,给使用者身临其境的感觉,但使用者看到的场景和人物全是虚拟的。

VR 主要由模拟环境、感知、自然技能和传感设备等方面组成。模拟环境是由计算机生成的、实时动态的三维立体逼真图像;感知是指理想的 VR 应该具有一切人所具有的感知,除视觉感知外,还有听觉、触觉、力觉、运动等感知,甚至还包括嗅觉和味觉等;自然技能是指人的头部转动、眼睛、手势、或其他人体行为动作,由计算机来处理与参与者的动作相适应的数据,对用户的输入作出实时响应,并分别反馈到用户的五官;传感设备是指三维交互设备。VR 通过对现实世界进行 3D 建模,再通过对用户信息的检测与反馈,从而让用户体验到身临其境的感觉。如图 1-3-9 所示为 VR 构成示意图,图 1-3-10 所示为典型的 VR 眼镜。

虚拟现实技术除了要求有高度自然的三维人机交互技术外,由于受交互装置和交互环境的影响,不可能也不必要对用户的输入做精确的测量,而是一种非精确的人机交互。三维人机交互技术在科学计算可视化和三维 CAD 系统中占有重要的地位。

虚拟现实作为近年来最为火热的一种三维人机交互技术,已经愈发的成熟。

▲ 图 1-3-9　VR 构成示意图　　　　　　　▲ 图 1-3-10　VR 眼镜

3. 增强现实

增强现实（Augmented Reality，简称 AR）是通过计算机技术将虚拟的信息应用到真实世界，将真实的环境和虚拟的物体实时地叠加到同一个画面或空间，被人类感官所感知，从而达到超越现实的感官体验。在视觉化的增强现实中，参与者利用头盔显示器，把真实世界与电脑虚拟世界合成在一起。

增强现实技术包含了多媒体、三维建模、实时视频显示及控制、多传感器融合、实时跟踪及注册、场景融合等新技术。

AR 系统具有三个突出的特点：

① 真实世界和虚拟世界的信息集成；

② 具有实时交互性；

③ 在三维尺度空间中增添定位虚拟物体。

AR 技术可广泛应用到军事、医疗、建筑、教育、工程、影视、娱乐等领域。图 1-3-11 所示为头戴增强设备观看比赛时获得的效果。

▲ 图 1-3-11　头戴增强现实设备观看比赛

4. 混合现实

混合现实（Mixed Reality，简称 MR）是增强现实和增强虚拟的组合，是合并了现实和虚拟世界而产生的新的可视化环境。在 MR 环境里，物理和数字对象共存并实时互动。增强现实（AR）是将虚拟信息加在真实环境中，来增强真实环境；增强虚拟（Augmented Virtuality）是将真实环境中的特性加在虚拟环境中。举个例子，手机中的赛车游戏与射击游戏，就是通过重力传感器、陀螺仪等设备将真实世界中的重力、磁力等特性加到了虚拟世界中。

VR、AR、MR 存在一定区别，如果一切事物都是虚拟的那就是 VR；如果展现出来的虚拟信息只能简单叠加在现实事物上，那就是 AR；MR 的关键点就是与现实世界进行交互和信息的及时获取，如图 1-3-11 中，比赛时的场馆介绍、运动员介绍、动作技术规范、比赛规则等，都可以实时叠加在现实场景之上。

5. 幻影成像

幻影成像是基于实景造型和幻影的光学成像结合，将所拍摄的影像（人、物）投射到布景箱中的主体模型景观中，演示故事的发展过程。该技术绘声绘色，非常直观，能给人留下较深的印象。幻影成像系统由立体模型场景、造型灯光系统、光学成像系统（应用幻影成像膜作为成像介质）、影视播放系统、计算机多媒体系统、音响系统及控制系统组成，可以实现大场景的逼真展示。

幻影成像技术催生出许多新的应用，如：金字塔式全息幻影成像、幻影环幕、幻影球幕、幻影沙盘、幻影翻书等。图 1-3-12 所示是金字塔式全息幻影成像展示柜，它由透明材料制成四面锥体，四面视频影像从金字塔尖投射到这个锥体中的特殊棱镜上，汇集到一起后形成立体影像。观众从任意侧面观看，能从锥形空间里看到自由飘浮的影像。

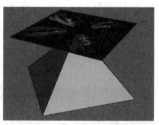

▲ 图 1-3-12　全息幻影成像展示柜（左）和四面视频（右）

6. 无线传屏

一般家庭中都有多个屏幕，如电视机屏幕、电脑屏幕、手机屏幕和 Pad 屏幕等。利用无线技术把一个屏幕上的内容即时同步地投放到另一个屏幕上就称为无线传屏。例如：把电脑屏幕画面显示到电视机的屏幕上，把手机屏幕画面显示到电视机屏幕上等。目前有四种较为成熟的无线传屏技术，包括苹果的 Airplay、Wifi 联盟的 Miracast、因特尔的 WiDi(Intel WirelessDisplay)，以及其他公司联盟的 DLNA。图 1-3-13 是无线传屏示意图。

✤ 1.3.3　三维建模与 3D 打印

1. 什么是 3D 打印

▲ 图 1-3-13　无线传屏示意图

3D 打印(3D Printing)，是快速成型技术的一种，它是一种以数字模型文件为基础，运用粉末状金属或塑料等可粘合材料，通过逐层打印的方式来构造物体的技术。过去经常被用在模具制造、工业设计等领域，现在正在朝着产品制造的方向发展，形成"直接数字化制造"。

3D 打印技术以计算机三维设计模型为蓝本，通过软件分层离散和数控成型系统，利用激光束、热熔喷嘴等方式将金属粉末、陶瓷粉末、塑料、细胞组织等特殊材料进行逐层堆积粘结，最终叠加成型，制造出实体产品。与传统制造业通过模具、车铣等机械加工方式对原材料进行定型、切削以最终生产产品的方式不同，3D 打印将三维实体变为若干个二维平面，通过对材料处理并逐层叠加进行生产，大大降低了制造的复杂度。这种数字化制造模式不需要复杂的工艺，不需要庞大的机床，不需要众多的人力，直接从计算机图形数据中便可生成任何形状的零件，使生产制造得以向更广的生产人群范围延伸。3D 打印通常是采用数字技术材料打印机来实现的。

3D 打印机与普通打印机的工作原理基本相同，只是打印的材料有所不同。普通打印机的打印材料是墨水和纸张，而 3D 打印机内部装有金属、陶瓷、塑料、砂等不同的打印材料，是实实在在的原材料。打印机与电脑相连后，通过电脑控制可以把"打印材料"一层层叠加起来，最终把计算机上的蓝图变成实物。通俗地说，3D 打印机是可以打印出真实的 3D 物体的一种设备。如图 1-3-14 所示为一台 3D 打印机打印出由计算机通过三维建模设计的作品。

▲ 图 1-3-14　3D 打印三维设计模型

2. 3D打印的发展

3D打印来源于100多年前美国研究的照相雕塑和地貌成型技术，20世纪80年代已有雏形，其学名为"快速成型"。1995年，麻省理工学院创造了"3D打印"这个名词，随后3D打印便开始在实验室萌芽。慢慢地，3D技术开始被应用在更广泛的领域。

从20世纪80年代到今天，3D打印技术走过了一条漫长的发展之路。1986年，查克·赫尔（Chuck Hull）开发了第一台商业3D印刷机。1993年，麻省理工学院获3D印刷技术专利。1995年，美国Zcrop公司从麻省理工学院获得唯一授权并开始开发3D打印机。2005年，首个高清晰彩色3D打印机SpectrumZ510由Zcorp公司研制成功。

3. 3D打印的应用

在医学上，科学家们使用3D打印机，可以制造出很多人体组织，具体包括细胞打印、组织工程支架和植入物、假体、手术器械、牙齿等。2013年初，就有欧洲的医生和工程师利用3D打印机制造出一个人造下骸骨替换病人的受损骨骼，而且病人术后使用良好，并未影响日常生活。

在工业制造业中，3D技术应用相当广泛，可以直接用来制作模具原型或直接打印模具、产品等。在汽车制造行业，可以直接打印汽车，当然造价也相当昂贵。

在航空航天、国防军工方面，3D打印技术更是可以直接用来制造形状复杂、尺寸细微、有特殊性能的零部件。

在消费品方面，3D打印技术也发挥着它的功能，利用3D打印技术，可以进行珠宝、服饰、鞋类、玩具和一些创意DIY作品等的设计和制造。

4. 3D打印的未来

3D打印技术的前景是一种新型的生产方式，能够促成新的工业革命。从中长期来看，3D打印产业具有较为广阔的发展前景，但目前距离成熟阶段尚有较大的距离，还有诸如成本太高、社会道德风险、机器材料的限制、精度和效率、知识产权等困难都需要一一克服。

❖ 1.3.4 数据可视化

1. 什么是数据可视化

数据可视化（Data Visualization），是指将一些抽象的数据以图形图像的方式来表示，并利用数据分析和开发工具发现其中未知信息的处理过程。

数据可视化为各种数据应用创造了一个最终展现的窗口。由于人类的大脑对视觉信息的处理优于对文本的处理，数据可视化更易于理解和展示数据的模式、趋势和相关性。在现有的各种数据应用中，可视化模块作为数据和模型触达用户的最末端环节，其呈现方式和触达途径将直接影响数据的实际应用效果，并影响用户对数据系统的使用体验、对数据的直观感受以及对数据隐含信息的发现和理解,以至于进一步左右用户基于数据的判断和决策,最终对数据和模型所能够发挥的效用和价值产生巨大影响。

数据可视化的定义非常宽泛,凡是将数据以某种视觉形式加以展现,均可视为数据可视化。广义的数据可视化,包括了数据图表(Data Chart,如图 1-3-15 所示)、信息图(Infographic,如图 1-3-16 所示)、思维导图(Mindmap,如图 1-3-17 所示)、文字云(Word Cloud)等多种类型,数据来源包括了各类结构化、半结构化、非结构化等数据,生成形式包括了自动化、半自动化、手动等多种方式,色彩、形状、交互等艺术化的处理方式更是千变万化。

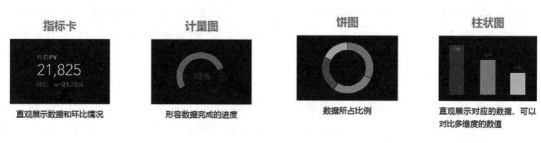

▲ 图 1-3-15　数据图表

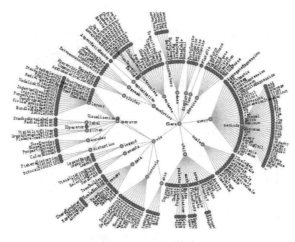

▲ 图 1-3-16　信息图

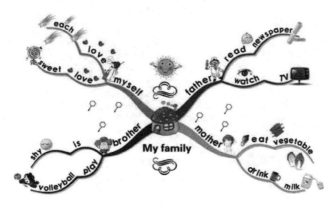

▲ 图 1-3-17　思维导图

大数据时代来临,可视化作为大数据的"显示器",可以为用户全面呈现数据背后的价值。大数据可视化就是指将海量的结构或非结构数据转换成适当的可视化图表,将隐藏在数据中的信息直观展示在人们面前。大数据可视化技术已经在政府治理、金融监管、医疗预测、App应用分析、电商运营等领域发挥了巨大的作用。

2. 数据可视化工具简介

工欲善其事必先利其器,大数据是大容量、高速度,且数据之间差异很大的数据集,因此需要新的处理方法来优化决策的流程。大数据的挑战在于数据采集、存储、分析、共享、搜索和可视化。传统的数据可视化工具不足以被用来处理大数据,这里简单介绍两种工具。

(1) ECharts

ECharts 是一个纯 Javascript 的图表库,可以流畅地运行在 PC 和移动设备上,兼容当前绝大部分浏览器(IE8/9/10/11、Chrome、Firefox、Safari 等),提供直观、生动、可交互、可高度个性化定制的数据可视化图表,具有丰富的图表类型、支持多个坐标系、支持大数据量的可视化和特效绚丽的特点。

ECharts 不仅提供了常规的折线图、柱状图、散点图、饼图、K线图和用于统计的盒形图,还有用于地理数据可视化的地图、热力图、线图,用于关系数据可视化的关系图、TreeMap、多维数据可视化的平行坐标,以及用于 BI 的漏斗图、仪表盘,并且它还支持图与图之间的混搭。

ECharts 支持了直角坐标系(Catesian,同 Grid)、极坐标系(Polar)、地理坐标系(Geo)。图表可以跨坐标系存在,例如折、柱、散点等图可以放在直角坐标系上,也可以放在极坐标系上,甚至可以放在地理坐标系中。图 1-3-18 所示为散点图在直角坐标系上的例子。

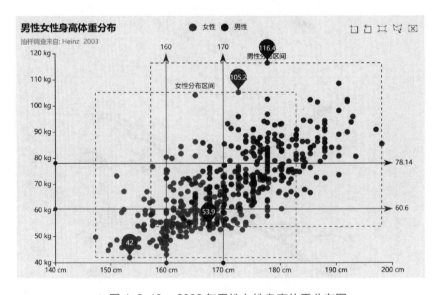

▲ 图 1-3-18 2003 年男性女性身高体重分布图

借助 Canvas 的能力，ECharts 在散点图中能够轻松展现上万甚至上十万的数据。图 1-3-19 所示为百万点的模拟星云图。

ECharts 针对线数据、点数据等地理数据的可视化提供了吸引眼球的特效，如图 1-3-20 所示为某一时刻互联网上各结点类型及相互关系图，图 1-3-21 所示为某一时刻的北京公交路线实时流量图特效。

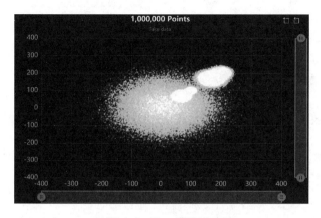

▲ 图 1-3-19 模拟星云图

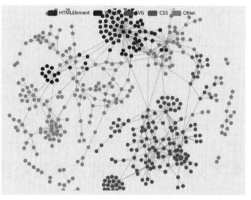

▲ 图 1-3-20 互联网上各节点类型及相互关系（某一时刻）

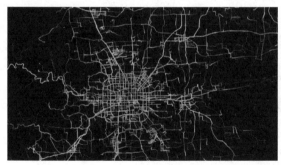

▲ 图 1-3-21 北京公交路线实时流量（某一时刻）

（2）Tableau

Tableau 是一个能将数据运算与美观的图表完美地结合在一起的软件，它既能连接本地数据，也可以连接云端数据，无论是大数据、SQL 数据库、电子表格还是类似 OneDrive 的云应用，无需编写代码，即可访问和合并离散数据。高级用户可以透视、拆分和管理元数据实现优化数据源。通过将大量数据拖放到数字画布上，转眼间就能创建好各种图表。其所提供的交互式仪表板，能帮助用户即时发现隐藏的信息，如图 1-3-22 所示。

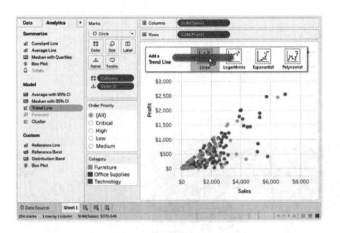

▲ 图 1-3-22　Tableau 操作面板

✦ 1.3.5　人工智能技术推动数字媒体的发展

数字媒体的发展已不再是局限于互联网和 IT 行业的事情，而是成为全产业未来发展的驱动力和不可或缺的力量。数字媒体的发展通过影响消费者行为来深刻地影响着各个领域的发展，其中消费业等受到了来自数字媒体极其强烈的冲击，那么反过来消费业的茁壮成长，也对数字媒体的发展提出了更多的要求。

1. 推荐系统

近年来最为流行的消费形式无疑就是网购，无论是国内的淘宝、京东，还是国外的Amazon、eBay，相信大家都有在这些电子商务网站上消费的经历。当你在这些电子商务网站上消费的时候，是否经常会注意到一些标有"为您推荐""猜你喜欢"（如图 1-3-23 所示）等字样的商品？网站的推荐是否刚好就是你所需要的呢？支撑它的是受人工智能技术推动的推荐系统技术。

▲ 图 1-3-23　网站推荐的商品

推荐系统在电子商务网站上的作用是巨大的,在业内有着"推荐系统之王"之称的 Amazon,其 35% 的销售额与推荐系统相关。当今的电子商务网站,利用推荐系统将用户和信息联系到一起,一方面帮助消费者发现自己感兴趣的商品,另一方面让商品能够呈现在对它感兴趣的消费者面前。一个完整的推荐系统一般包含三个参与方:用户、物品提供者和提供推荐系统的网站,如图 1-3-24 所示。

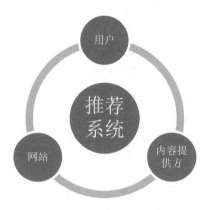
▲ 图 1-3-24　推荐系统示意图

▲ 图 1-3-25　啤酒与尿布的故事

那么推荐系统怎么实现推荐呢？在解答这个问题之前,先来看"啤酒与尿布"的故事(如图 1-3-25 所示):20 世纪 90 年代的全球零售业巨头沃尔玛对顾客的行为分析发现,年轻的父亲在购买婴儿尿片的时候,经常都会买几瓶啤酒犒劳自己,于是店员便将啤酒和尿布这两款完全风马牛不相及的产品放到一起,这一意外的发现让两种商品的销量都大大提高。从这个例子中可以看到,将一些相似的消费者(年轻的父亲)都喜欢购买的商品(啤酒和尿布)组合在一起,那么这种组合就能很好地吸引其他相似的用户来购买。用更通俗的语言来形容就是,如果一种商品被很多消费者购买,那么与这些消费者很相似的人也有可能会购买这一商品。这样的思路也体现在如今的推荐系统中,被称为"基于项目的协同过滤"。当然这只是推荐系统中最为基础的一项推荐方法,其余还有"基于用户的协同过滤""基于社交关系的推荐系统"等。

在大部分电子商务网站上所利用到的推荐系统都是复合了多种推荐系统的方法,用以满足各个参与方的各种各样的需求。以推荐图书为例,推荐系统需要先满足用户的需求,向用户推荐他们感兴趣的图书,然后在此基础上,考虑让不同出版社的图书都有被推荐给用户的机会,而不是只有大型出版社的图书被推荐。所以最后推荐系统提供给消费者的推荐是对各个参与方做出了各种让步后的结果。

2. 智能视频检索

智能视频检索技术是利用视频分割、自动数字化、语音识别、镜头检测、关键帧抽取、内容自动关联、视频结构化等技术,以图像处理、模式识别、计算机视觉、图像理解等领域的知识为基础,通过自动化的智能分析预处理,将杂乱无章、毫无逻辑的监控视频内容(运动目标、行人、车辆)进行梳理,自动获取视频内事件及目标的关键信息,并根据这些信息生成视频内容及索引。为了提高计算速度,可采用集群方式来提高计算能力。智能视频检索技术在维护社会公共安全、加强社会管理等领域大有作为。如图1-3-26所示,智能视频检索系统正在对运动目标进行智能检索。

▲ 图 1-3-26　智能视频检索系统对运动目标进行智能检索

3. 多模态人机交互

模态(Modality)指的是感官,多模态就是将多种感官融合。人工智能机器人操作系统Turing OS将机器人与人的交互模式定义为多模态交互,即通过文字、语音、视觉、动作、环境等多种方式进行人机交互,大大拓宽了传统PC式的键盘输入和智能手机的点触式交互模式。多模态交互方式定义了下一代智能产品机器人的专属交互模式,为相关硬件、软件及应用的研发奠定了基础。

4. AIGC

AIGC(Artificial Intelligence Generated Content,人工智能生成内容)是一种新兴技术,它通过人工智能技术自动生成各种形式的内容,如文本、图像、视频和音频等。AIGC的发展基于深度学习、自然语言处理和计算机视觉等技术的进步,能够模仿人类的创作风格和思维方式,提供高效、定制化的内容生成服务。这项技术在新闻写作、广告创意、教育内容、艺术创作等多个领域展现出广泛的应用潜力。随着AIGC技术的不断发展,预计它将在内容生成领域发挥越来越重要的作用,同时人们也需要关注相关的伦理、法律和社会问题,确保技术的可持续和负责任的发展。

✦ 1.3.6　习题与实践

1. 简答题

(1) 举例说明本章未提及的互联网上的数字媒体应用。

(2) 举例说明移动互联网中数字媒体存在的意义。

(3) 请描述虚拟现实、增强现实、混合现实的区别,并说明它们存在的意义。

(4) 通过市场调研,说明哪些类型的智能电子终端具有无线传屏的功能。

(5) 除了本章介绍的数据可视化工具,还有哪些方法可以进行数据可视化?

(6) 举例说明推荐系统除了网站商品推荐之外,还可以有哪些地方可以使用。

2. 实践题

(1) 在智能手机上寻找和下载一个你认为对你的学习或生活会有帮助的虚拟现实或增强现实 App,体验后,以图文并茂的形式向其他同学推荐你所使用的该 App。

(2) 访问踏得网站(http://techbrood.com/),里面有许多虚拟现实的作品和对应的代码,如果有兴趣,可以从网站上找到相应的学习资料进行进一步的学习。

(3) 尝试游玩"我的世界"(MineCraft)虚拟现实游戏,构建一个简单的故事。

(4) 下载和安装 3D One 软件家庭版,利用网上的 3D One 视频教程,熟悉该软件,然后利用该软件尝试设计一个 3D 作品,并将自己设计完成作品的过程步骤记录下来,以图文并茂的方式介绍给同学。

(5) 根据本实验所提供的电影数据集,该数据集中的数据按{用户名称:{电影名称:用户对该电影的评分…}…}格式排列,使用推荐程序,向用户推荐最相关的电影。

① 数据集和推荐程序可以使用记事本打开"配套资源\第 1 章\SY1-1-1.py",如图 1-3-27 所示,将所有代码全选(按 Ctrl+A 键),然后复制(按 Ctrl+C 键)。

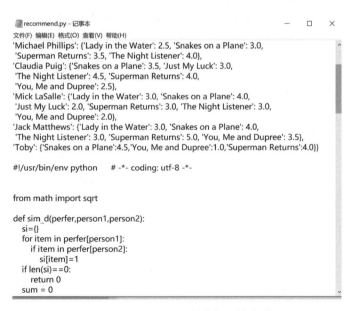

▲ 图 1-3-27　需要单击打开的文件

② 再打开一个浏览器窗口,访问 https://c.runoob.com/compile/9 在线编译器,删除原先左边窗口中的内容,将刚才复制的内容粘贴进去。

③ 单击在线编译器窗口中的"点击运行"按钮运行后,在右边的窗格中,可以看到运行结果。在线编译器窗口如图 1-3-28 所示。

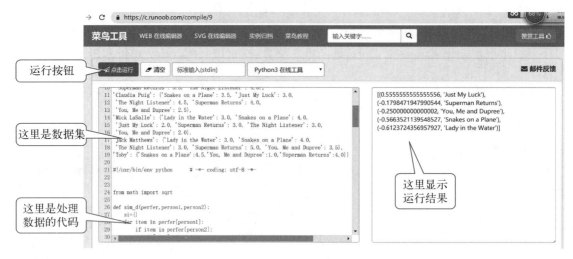

▲ 图 1-3-28　在线编译窗口

实验结果说明:在实验过程中,通过计算皮尔逊相关系数(用于度量两个变量 X 和 Y 之间的线性相关,其值介于 -1 与 1 之间)来计算两两物品之间的相似度,并且将相似度按从大到小顺序排列,这样就得到了输出结果,其格式为[(相似度,电影名称)]。例如,本实验是以电影"The Night Listener"为输入数据,从右侧得到的结果可以看出,与"The Night Listener"相似度最高的电影是"Just My Luck",相似度为 0.555 6。得到这个结果后,那么系统就能向对电影"The Night Listener"有很高评分的用户推荐电影"Just My Luck"。

1.4 综合练习

❖ 一、单选题

1. 以下不是数字媒体类型的是_____。
  A. 静止媒体　　　　B. 动态媒体　　　　C. 连续媒体　　　　D. 合成媒体

2. 关于半角文本比较大小,以下顺序正确的是_____。
  A. 大写字符＜小写字符＜阿拉伯数字＜控制符＜标点符号
  B. 控制符＜标点符号＜阿拉伯数字＜小写字符＜大写字符
  C. 控制符＜标点符号＜阿拉伯数字＜大写字符＜小写字符
  D. 大写字符＜小写字符＜阿拉伯数字＜标点符号＜控制符

3. 以下关于汉字编码的说法中,正确的是_____。
  A. 汉字国标码是实际存储在计算机中表示汉字的编码
  B. 汉字区位码是实际存储在计算机中表示汉字的编码
  C. 拼音码属于汉字机内码
  D. 汉字区位码的每个字节增加 20H 后变成了国标码

4. 以下关于位图的说法正确的是_____。
  A. 256 色位图需要 8 位二进制存储一个像素
  B. 16 色位图需要 16 位二进制存储一个像素
  C. 表示图像的色彩位数越少,图像质量越好,占的存储空间也越小
  D. 位图放大时,其像素数量会增加

5. 以下关于声音数字化的说法正确的是_____。
  A. 声音数字化时,采样频率越高越好
  B. 采样得到的数据通常使用 256 位二进制进行量化
  C. 声音的采样量化指标越大,占的存储空间越大
  D. 只要采样量化指标足够高,数字化声音还原后可以与原先数字化前的数据完全一样

6. 以下关于计算机中动画与视频的说法中错误的是_____。

A. 动画与视频一样，可以通过模拟视频转换得到

B. 可以通过二维空间显示三维动画

C. 视频的 YUV 包含了一个亮度信号和两个色度信号

D. YUV 信号可以通过模/数转换得到 RGB 信号

7. 以下不是属于数字水印作用的是_____。

    A. 防伪   B. 美观   C. 版权保护   D. 保护信息安全

8. 以下不属于衡量数据压缩编码方法优劣的指标是_____。

    A. 压缩比   B. 解压速度   C. 算法复杂度   D. 是否有损

9. 以下属于流媒体技术的发展基础的关键技术是_____。

    A. 数据压缩与解压技术   B. 数据压缩与缓存技术

    C. 数据传输技术   D. 数据存储技术

10. 以下不属于数字媒体输入设备的是_____。

    A. 投影机   B. 鼠标   C. 扫描仪   D. 数字化仪

❖ 二、是非题

请在以下正确的说法前打√，错误的说法前打×。

1. 能借助内存空间来扩大硬盘的操作系统技术是虚拟内存技术。
2. 自媒体属于移动互联网应用。
3. 将各种数字媒体的处理分布在网络不同地方进行渲染的技术属于多媒体云计算技术。
4. 通过计算机技术将虚拟的信息应用到真实世界的技术被称为虚拟现实技术。
5. 在进行 3D 打印之前，需要将自己设想的物品先在计算机中进行三维建模。

第 2 章 数字声音

本章概要

　　声音是人类表达思想和情感的重要媒介。在数字媒体技术领域,声音主要表现为语音、声效、音乐等音频信号。人们平时在机场、高铁车站,或者是商场,总能听到甜美的语音播报,其实,这其中有相当一部分采用了语音合成技术,惟妙惟肖的语音效果让人真伪难辨。还有车载语音导航系统、智能音箱等,都给生活带来了便捷和乐趣。手机端常备的百度翻译、有道翻译官等 App 已经能够提供语音到语音的即时翻译,为出国旅游和国际交流带来了巨大便利。影视剧、数字媒体作品或游戏中也使用了震撼人心的场景音效以及充满磁性的语音对白。本章通过介绍数字声音的获取、处理方法以及语音合成技术,让大家了解各个主流应用。

学习目标

通过本章学习,要求达到以下目标。
1. 掌握声音的录制方法。
2. 了解从视频中提取声音的方法。
3. 掌握语音合成的常用方法。
4. 了解合成音乐的制作方法。
5. 了解常用的音频压缩编码方法。
6. 熟悉声音格式以及相互转换的方法。
7. 掌握声音的常用编辑方法。
8. 掌握添加音效的方法。
9. 了解语音识别的基本原理。
10. 能在日常生活和学习场景中自如运用语音识别产品。

本章导览

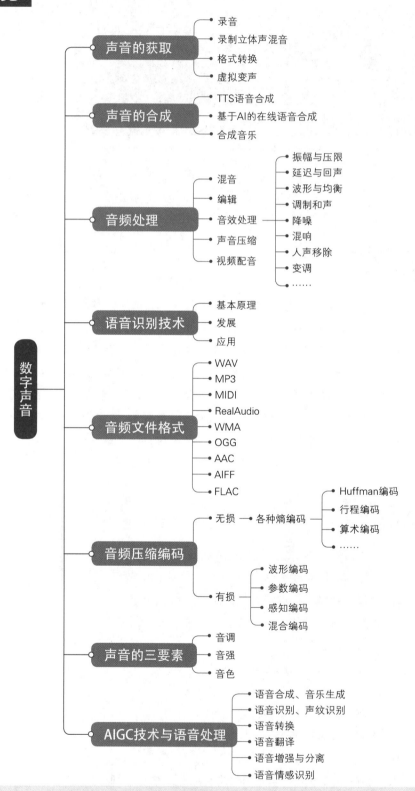

2.1 数字声音的获取

✦ 2.1.1 声音的获取

1. 通过麦克风录制声音

录音是声音编辑软件最基本的功能之一。这里利用 Adobe Audition 进行录音作为示例。在录音前先连接好麦克风(或电脑自带),设置好音量。录音时新建音频文件,设置采样率、声道数、位深度(即采样精度)等参数,如图 2-1-1 所示。

单击红色录音按钮进入录音状态。结束录音时可以再次单击录音按钮,如图 2-1-2 所示。

▲ 图 2-1-1 新建音频文件

▲ 图 2-1-2 声音的录制

例 2-1

用 Adobe Audition 录制《沁园春·雪》，并保存录制的语音文件

（1）录音前的准备

电脑连接麦克风设备（也可以是计算机内置的麦克风）。

鼠标右击 Windows10 界面右下角系统托盘区中的扬声器图标，在弹出的快捷菜单中选择"声音"命令，打开"声音"对话框。

切换到"声音"对话框的"录制"选项卡，如图 2-1-3 所示。选择"麦克风阵列"设备，单击"属性"按钮进入"麦克风阵列属性"对话框，在其中的"级别"选项卡中设置麦克风阵列音量为 100，若具有麦克风加强设置则可按需调节，如图 2-1-4 所示。

▲ 图 2-1-3　选择音源

▲ 图 2-1-4　设置音源参数

单击"确定"按钮完成设置并退出。

> 提示：如果"麦克风阵列属性"对话框有"增强"选项卡，如图 2-1-5 所示，则可以进一步设置以增强录制效果。例如，回声消除（消除从扬声器传递到麦克风的声学回声）、按键声压制（压制键盘输入时产生的敲击噪声）、拾音束形成（增强语音信号，抑制噪声）等。可用的增强选项因声卡类型及其驱动程序的差异而有所不同。

（2）新建音频文件

启动 Adobe Audition，选择"窗口/工作区/经典"菜单命令调整窗口布局，选择"文件/新建/音频文件"命令，打开"新建音频文件"对话框。

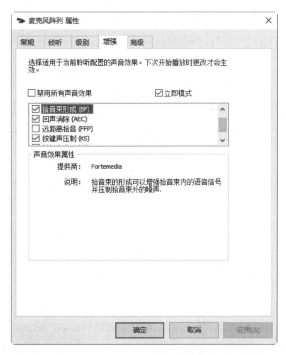

▲ 图 2-1-5　设置音源的增强效果

设置采样率 44 100 Hz，声道为立体声，位深度 32 位，单击"确定"按钮进入波形编辑视图。

(3) 录制语音

打开"配套资源\2\L2-1-1.txt"，内容为毛主席的诗词《沁园春·雪》。

> 提示：为方便朗读和录音，可调整记事本窗口和 Audition 窗口的大小和位置，使它们平铺在屏幕上，如图 2-1-6 所示。

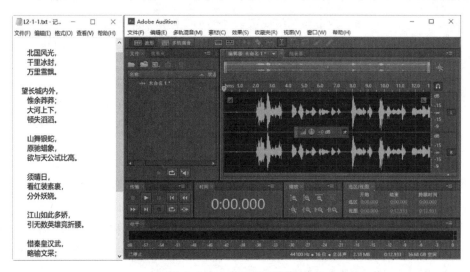

▲ 图 2-1-6　打开需录制的文本

▲ 图 2-1-7　录音操作

保持录制环境的安静,在波形编辑视图中,将播放头移到开始处,单击"传输"面板中的红色录音按钮进行录音,"传输"面板如图 2-1-7 所示。

提示:建议先静音空录 1 至 3 秒,然后再录制语音。空录若干秒是为了在之后的声音降噪时提供足够的环境噪声样本。

继续朗读,当录音结束时,可以单击"传输"面板中的"停止"按钮,或再次单击"录音"按钮。

(4) 保存声音文件

选择"文件/另存为"菜单命令,在"存储为"对话框中设置所需的保存位置,文件命名为"LJG2-1-1.mp3",格式为 MP3 音频,如图 2-1-8 所示。

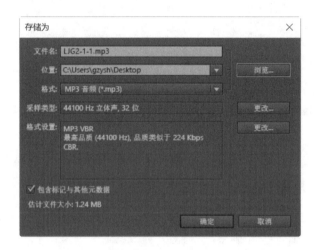

▲ 图 2-1-8　保存音频文件

在"存储为"对话框中,单击"格式设置"右侧的"更改"按钮可进一步设置音频的比特率。比特率有恒定和可变两种类型,高比特率的音频有较高的品质,但需要较大的存储空间。

单击"确定"按钮,完成音频的保存。

2. 获取视频中的声音

(1) 通过 Adobe Audition 获取视频中的声音

Adobe Audition 可以直接读取视频中的声音。启动 Adobe Audition,切换到波形编辑视图,选择"文件/打开"命令,打开一个视频文件,可以看到文件加载的进程,Adobe Audition 同步进行声音的提取,如图 2-1-9 所示。值得一提的是,如果视频格式无法识别,则不能提取到其中的声音,建议先利用格式工厂等格式转换工具将视频转换为 MP4 等常用格式。图 2-1-10 是从视频中提取的声音波形。

▲ 图 2-1-9　Audition 正在提取视频中的声音

▲ 图 2-1-10　从视频中提取出的声音波形

（2）通过录制立体声混音获取视频中的声音

通常，录音的默认音源为"麦克风阵列"，只能用来录制从麦克风输入的声音。将录音的音源改为"立体声混音"就能获取视频中的声音，操作的一般步骤如下。

启用立体声混音：右击任务栏托盘位置的扬声器图标，选择"声音"快捷命令，在出现的"声音"对话框中，切换到"录制"选项卡，可以看到系统中罗列的录制设备。如果此时"立体声混音"设备处于"已停用"状态，则右击"立体声混音"设备，在弹出的快捷菜单中选择"启用"命令，如图 2-1-11 所示。

▲ 图 2-1-11　启用立体声混音

调节录音音量：在上述对话框中选择"立体声混音"设备，单击右下角"属性"按钮，进入"立体声混音属性"对话框，在其中的"级别"选项卡中设置级别为 75。

在 Adobe Audition 中进行音频硬件设置：启动 Adobe Audition，选择"编辑/首选项/音频硬件"命令。在弹出的"首选项"对话框中，选择左侧列表中的"音频硬件"，在右侧设置默认输入为"立体声混音"。

录制视频中的声音：选择"文件/新建/音频文件"命令，打开"新建音频文件"对话框，设置文件名、采样率、声道、位深度等参数，单击"确定"按钮进入波形编辑视图。切换到 Windows 中包含原始视频的文件夹，双击播放视频文件，并迅速单击 Adobe Audition 中的红色"录制"按钮，对视频中的声音进行录制。单击"停止"按钮结束录制。如图 2-1-12 所示。

保存声音文件：选择"文件/另存为"命令，打开"存储为"对话框，设置文件名、位置、格式、采样类型等参数，单击"确定"按钮完成声音文件的保存。

▲ 图 2-1-12　在 Audition 波形编辑视图完成录音

▲ 图 2-1-13　单击"开始"按钮提取视频中的声音

（3）通过格式工厂提取视频中的声音

提取视频中的声音还有一种简便的方法，就是利用格式工厂软件直接将视频中的声音提取出来，步骤如下。

启动格式工厂软件，在左侧列表中单击"音频"选项卡，选择其中的"－＞MP3"图标按钮，弹出"－＞MP3"对话框。

单击对话框中的"添加文件"按钮，打开原始视频文件。再设置输出文件夹的位置。单击"确定"按钮后返回主界面，如图 2-1-13 所示。在主界面中单击"开始"按钮进行格式转换。

3. 虚拟变声

变声软件在视频配音和网络聊天中被广泛使用，它可以实现各种变声效果，几乎以假乱真。

MorphVOX Pro 是一款超强的变声软件，包含男人、女人、小孩、机器人、小狗等多个可选的变音，可直接试听。如果不满意，还可以对音调、音色、合成音效等进行调节，并且可以选择背景声音来烘托气氛和营造环境。MorphVOX Pro 提供现场录音（选择"文件/录制你的声音"命令），还可以对声音文件进行变声（选择"文件/变形一个文件"命令），帮助配音人员创建多种语音角色，节省时间和金钱。比如在线教育中，可使用 MorphVOX Pro 让声音听上去符合人物设定，或一人扮演多个角色来讲述故事。MorphVOX Pro 的界面如图 2-1-14 所示。

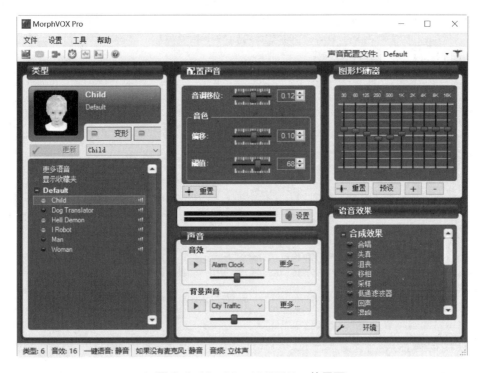

▲ 图 2-1-14　MorphVOX Pro 的界面

❖ 2.1.2　声音的合成

声音合成是利用计算机技术来产生和输出声音，主要包括语音、音效和音乐等内容的合成。

1. TTS 语音合成

语音合成技术可将文本转换为自然语音流，让机器开口说话。这里介绍一款名为"语音合成工具（TTS）"的实用软件（界面如图 2-1-15 所示），它提供了中英多语种发音，音量、语速、音调可调，支持国标一、二级汉字，自动识别中、英文，支持中英文混读，实现 120—150 个汉字/分钟的快速语音合成，朗读速度达 3—4 个汉字/秒，使用户可以听到清晰悦耳的音质和连贯流畅的语调。语音合成可运用于文字校对、新闻播报、语音导航、帮助有视觉障碍的人阅读计算机上的文字信息等，并常与声音识别一起使用。

▲ 图 2-1-15　语音合成工具 TTS

2. 在线语音合成

随着语音导航、新闻播报、智能音箱等强需求应用场景的出现，人们对语音合成技术寄予更大的期待。让机器拥有自然、有情感、高表现力的声音，是语音合成技术的发展方向。在此背景下，在线语音合成云平台如雨后春笋般涌现出来，其中，国内最具代表性的是科大讯飞开放平台和百度 AI 开放平台。

科大讯飞开放平台提供在线语音合成有偿服务（http：//peiyin.xunfei.cn/make/）。通过它可将文本转换为流畅、清晰、自然和具有表现力的语音，超过了普通人的朗读水平。它可提供中英多语种、粤川豫多方言、男女声多风格的选择，音量、语速、音高等参数也支持动态调整。通过在线方式访问云端音库，合成效果出色。

百度 AI 开放平台提供出色的在线语音合成服务（https://ai.baidu.com/tech/speech/tts）。百度语音合成支持多种语言、多种音色。在语言方面，中文普通话、中英混读均可支持。在音色方面，有标准男声、标准女声、度逍遥（情感男声，比较适合读小说）、度丫丫（童声）四大选择。此外，语速、音调、音量、音频码率也可根据用户需求进行设置。与传统意义上冰冷的机器模拟声效相比，百度的语音合成能够让应用拥有更甜美、更磁性的声音。如图 2-1-16 所示是百度 AI 开放平台在线语音合成的功能演示区，允许输入 200 字以内的文本进行语音转换，并提供下载 MP3 格式的语音文件。

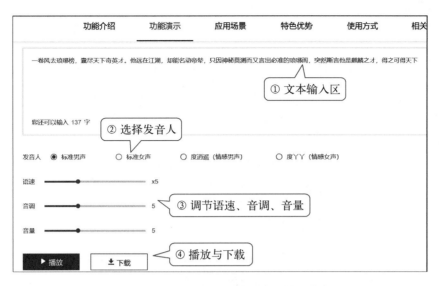

▲ 图 2-1-16　百度 AI 开放平台在线语音合成

3. 合成音乐

音乐合成软件是一种能够将各种乐器音频转换合成的音乐合成工具，支持实时进行编辑及试听，主要应用于影视剧背景音乐、游戏音效、语音广告等的制作。这里介绍的是 FL Studio(全称：Fruity Loops Studio)，一个多功能的音乐录音合成软件。FL Studio 提供音符编辑器，可以针对作曲者的要求编辑出不同音律的节奏，例如鼓、镲、锣、钢琴、笛、大提琴、筝、扬琴等乐器的节奏律动。FL Studio 并且提供音效编辑器，可以编辑出各类音效，例如，各类声音在特定音乐环境中所要展现出的高、低、长、短、延续、间断、颤动、爆发等特殊音效。FL Studio 还提供方便快捷的音源输入，对于在音乐中所涉及的特殊乐器声音，只要通过简单外部录音后便可在 FL Studio 中方便调用，这些造就了 FL Studio 丰富的编辑功能。FL Studio(12.5 版)的主界面如图 2-1-17 所示。

▲ 图 2-1-17　FL Studio 主界面

例 2-2

制作背景音乐

本案例使用 FL Studio 软件,运用其 MIDI 编辑、鼓组编排、混音效果等基本功能,制作一段可以在多媒体作品(尤其是 HTML5、Director 放映机等交互式作品)中用作背景音乐的循环乐段(Loop)。

(1) 建立工程并进行基本设置

选择"File/New from template/Minimal/Empty"菜单命令,建立一个空白的新工程文件。在乐曲曲速设置栏 `140.000` 右击,选择"Type in value",输入"92"确认,将乐曲曲速修改为每分钟 92 拍。

(2) 素材的导入

在资源管理器窗口中打开"Packs\Drums\Percussion"文件夹,从中选中"RD Tamb 2"打击乐器素材并拖拽到样式编辑窗口中"Sampler"下方的空白处将其导入。同样的方法,将同文件夹的"Grv Clap 06"素材导入。在导入的"Grv Clap 06"素材左侧的音轨控制区中,右击音量控制钮(音轨控制区最右边的一个控制钮),选择"Type in value",输入"0.6"将音量设置为 60%。

(3) 鼓组编排

在样式编辑窗口中已导入的"RD Tamb 2"上右击,选择"Fill each 4 steps";再为"Grv Clap 06"选择"Fill each 8 steps",之后按住键盘 Ctrl+Shift 键,按四下向右方向键后松开,将鼓点移至小节中的弱拍,效果如图 2-1-18 所示。

切换到播放列表窗口,单击该窗口左上角的填充按钮 ,在窗口中第一行第 1 小节到第 4 小节区域内拖拽鼠标,将刚刚编排好的鼓点填充到第一条音轨的开头 4 小节中,效果如图 2-1-19 所示。

▲ 图 2-1-18　在样式编辑窗口中编排鼓组

▲ 图 2-1-19　播放列表窗口中的第一条音轨

(4) 旋律编写

在样式编辑窗口中的"Sampler"上右击,选择"Replace/FL Keys"命令,调用 FL 软件自带的钢琴音色,并参考之前的方法,将其音量设为 100%。单击工具栏中的样式指示器 `Pattern 1` 右侧的加号,新建一个乐段样式。在样式编辑窗口中右击"FL Keys",在快捷菜单中选择"Piano Roll"调出钢琴窗(MIDI 编辑窗口),并如图 2-1-20 所示编写旋律(也可编写自己的旋律)。

将旋律添加到播放列表的第二个音轨,如图 2-1-21 所示。

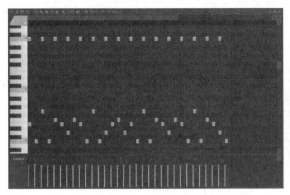

▲ 图 2-1-20　在钢琴窗编写旋律

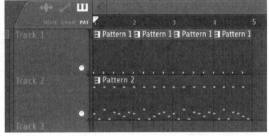

▲ 图 2-1-21　播放列表的两条音轨

(5) 简单混音处理

双击样式编辑窗口中"FL Keys"左侧的音轨指示器 ，打开混音台。单击并选择混音台右侧的"Slot 1/Select/Fruity Reeverb 2"命令,加载 FL 混响器插件。在弹出的混响设置窗口右上角的预设选择器 处单击,选择"Large Hall"厅堂混响效果。

(6) 生成音频文件

选择"File/Export/MP3 file"菜单命令,选择文件名和保存位置后,在弹出窗口中进行设置,如图 2-1-22 所示。

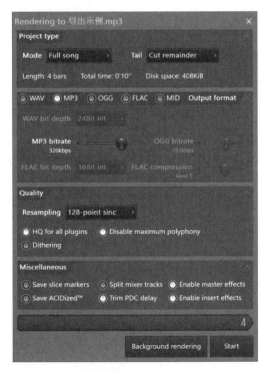

▲ 图 2-1-22　保存音乐

单击"Start"按钮导出 MP3 文件,文件名为"LJG2-2-1.mp3"。最后选择"File/Save"命令,保存工程文件,取名"LJG2-2-1.FLP"。

✦ 2.1.3 习题与实践

1. 简答题

(1) 录制语音时先空录若干秒的作用是什么?

(2) 简述从视频中获取声音的常用方法。你认为哪种方法最便捷?

(3) 在线教育中虚拟变声软件如何发挥作用?

(4) 语音合成技术可将文本转换为自然语音流,试说出三个以上语音合成技术的应用场景。

(5) 简述百度 AI 开放平台在线语音合成服务的内容和特点。

2. 实践题

(1) 参照配套资源"SY2-1-1.txt"诗词的原文,使用 Adobe Audition 录制成语音文件"SYJG2-1-1.mp3"。

(2) 提取配套资源视频"SY2-2-1.mp4"中的声音信息,保存为"SYJG2-2-1.mp3"。

(3) 通过语音合成软件,或者在线语音合成,或者虚拟变声软件,将配套资源"SY2-3-1.txt"的内容以童声朗读。

2.2 数字化声音的处理

声音是人类表达思想和情感的重要媒介,是用于传送信息的媒体之一。在数字媒体技术领域,声音主要表现为语音、自然声和音乐等音频信号。数字化声音的处理技术是数字媒体技术的一个重要分支。

❖ 2.2.1 声音处理基础

1. 声音的物理特征

声音在物理学上称之为声波,是通过一定介质(如空气、水等)传播的一种连续振动的波,如图 2-2-1 所示。

声音有三个重要的物理量,即振幅、周期和频率。振幅是波的高低幅度,表示声音的强弱;周期指两个相邻波之间的时间长度;频率(周期的倒数)指每秒振动的次数,以 Hz 为单位。

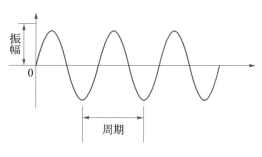

▲ 图 2-2-1 声音的特性

2. 声音的三要素

声音具有三个要素:音调、音强和音色。它们分别与声音的频率、振幅、波形等相关。

(1) 音调

音调与声音的频率有关,频率越快,音调越高。例如,20 Hz 表示物体每秒振动 20 次所传播出的声波。

并不是所有频率的声音信号都能够被人们感觉到,人的听觉范围大约为 20—20 kHz,数字媒体技术主要研究的是这部分音频信息的使用,如图 2-2-2 所示。频率范围小于 20 Hz 的信号被称为次声波,这个范围内的信号人们一般感受不到。频率范围高于 20 kHz 的信号被称为超声波,超声波具有很强的方

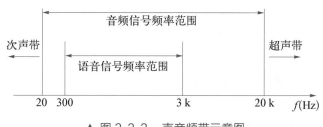

▲ 图 2-2-2 声音频带示意图

向性,并且可以形成波束,利用这种特性,人类发明了超声波探测仪、超声波焊接设备等。另外,人的发声器官可以发出 80—3 400 Hz 频率范围的声音,但人们平时说话的频率范围在 300—3 000 Hz 之间。

(2) 音强

音强又称为响度,它取决于声音的振幅。振幅越大,声音就越响亮。

(3) 音色

在介绍音色之前,先给出几个有关的概念。

① 纯音:一般的声音由几种正弦振动频率的波组成,若该声音只有一种正弦振动频率,就叫做纯音。

② 复音:由许多纯音组成,复音的频率用组成这个复音的最低纯音频率表示,一般的乐音都是复音。

③ 基音:复音中频率最低部分的纯音。

④ 泛音:在一个复音中,除去基音外,所有其余的纯音都是泛音。

音色是由泛音决定的,每个声音有其固有的基音和不同音强的泛音,从而使得每个声音具有特殊的音色效果。比如,每个人讲话的声音以及钢琴、提琴、笛子等各种乐器所发出的不同声音,都是由音色不同造成的。

声音的传播是以声波形式进行的。由于人类的耳朵能够判别出声波到达左、右耳的相对时差、声音强度,所以能够判别出声音的来源方向。同时又由于空间作用使声音来回反射,从而造成声音的特殊空间效果。这也正是人们在音乐厅与在广场上聆听音乐感觉效果不一样的原因之一。因此,现在的音响设备都在竭力模拟这种立体声和空间感效果。

3. 音频压缩编码技术

音频的编码是为了解决声音信息的大数据量存储和传输问题,国际上制定了许多相关标准,以规范数字音频处理和传输。声音处理的基本过程包括采样、量化、编码压缩、编辑、存储、传输、解码、播放等环节。

音频数据压缩编码方法可分为无损压缩和有损压缩两大类。无损压缩主要包含各种熵编码(利用信源的统计特性进行码率压缩的编码,也叫统计编码);而有损压缩则可分为波形编码、参数编码、感知编码和同时利用多种技术的混合编码,图 2-2-3 给出了音频数据压缩编码的主要方法。

波形编码是在模拟声音数字化(采样和量化)的过程中,根据人耳的听觉特性进行编码,并使编码后的音频信号与原始信号的波形尽可能匹配,实现数据的压缩。

参数编码把音频信号表示成某种模型的输出,利用特征提取的方法抽取必要的模型参数和激励信号的信息,且对这些信息编码,最后在输出端合成原始信号。

混合编码介于波形编码和参数编码之间,集中了这两种方法的优点,可在较低的码率上得到较高的音质。

对经过压缩处理的数字声音,引入音频编码算法的数据压缩比来衡量压缩效果:

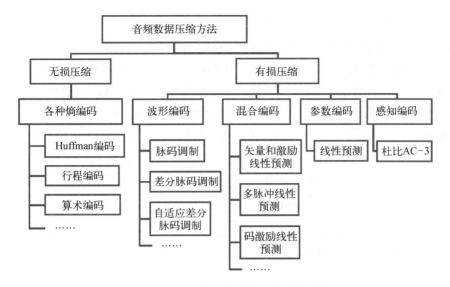

▲ 图 2-2-3　音频主要编码方法的分类

$$音频数据压缩比 = \frac{压缩前的音频数据量}{压缩后的音频数据量}$$

4. 音频文件格式

音频(Audio)是指频率在 20 Hz—20 kHz 范围内的可听声音。计算机中的音频主要有波形音频、CD 音频和 MIDI 音乐等形式。常见的音频文件格式除了 WAV、MID、MP3 和 WMA 以外,还有 RM、OGG、AAC、AIFF、FLAC 等。

(1) WAV 格式

WAV 是微软公司开发的一种声音文件格式,它符合 RIFF(Resource Interchange File Format)文件规范,用于保存 Windows 平台的音频信息资源,被 Windows 平台及其应用程序所广泛支持。由于 WAV 格式一般存放的是未经压缩处理的音频数据,所以占存储空间相对较大(1 分钟的 CD 音质的 WAV 文档需要 10 M 字节),不适合在网络上传播。

在 Windows 平台下,基于 PCM 编码的 WAV 格式常作为一种中介格式,用在其他编码的相互转换之中,例如 MP3 转换成 WMA 的过程中。

(2) MP3 格式

MP3 格式诞生于 20 世纪 80 年代的德国,所谓的 MP3,指的是 MPEG(Moving Picture Expert Group,运动图像专家组,是国际标准化组织成员,专门制定 MPEG 压缩标准)标准中的音频部分,也就是 MPEG 音频层。MPEG 音频根据压缩质量和编码处理的不同可分为 3 层,分别对应 MP1、MP2 和 MP3 文件格式。

MPEG 音频文件的压缩是一种有损压缩,MP1 的压缩率为 4∶1,MP2 的压缩率为 6∶1—8∶1,而 MP3 的压缩率则高达 10∶1—12∶1,能基本保持低音频部分不失真,用牺牲 12 KHz 到 16 KHz 这部分高音频的质量来换取文件尺寸的减小。相同时间长度的音乐文件,用 MP3 格式来储存,一般只有 WAV 文件的 1/10。

(3) MIDI 格式

乐器数字接口标准 MIDI（Musical Instrument Digital Interface）是 20 世纪 80 年代初为解决电声乐器之间的通信问题而提出的。MIDI 文件是一种描述性的"音乐语言"，它将所要演奏的乐曲信息用字节进行描述。譬如在某一时刻，使用什么乐器，以什么音符开始，以什么音调结束，加以什么伴奏等等。也就是说 MIDI 文件本身并不包含波形数据，所以 MIDI 文件非常小巧。例如：一首 4 分钟长度的 MIDI 乐曲，容量只有 100 KB 左右，而同样长度的波形音乐文件（*.WAV）则高达 40 MB，即使是经过高比例压缩处理的 MP3 也有 4 MB 大小。游戏、娱乐软件有不少使用了 MID、RMI 为扩展名的 MIDI 格式音乐文件。

MIDI 文件具有以下优点：MIDI 文件比较小，因为 MIDI 文件存储的是命令，而不是声音波形；MIDI 文件容易编辑，因为编辑命令比编辑声音波形要容易得多；MIDI 文件可作为背景音乐播放，同时不影响其他波形音频的播放，实现音乐与语音同时输出。

(4) RealAudio 格式

RealAudio 又称即时播音系统，由 Progressive Networks 公司开发，是一种流式音频（Streaming Audio）文件格式。它包含在 RealMedia 中，主要用于在低速的广域网上实时传输音频信息。

Real 文件的格式主要有：RA（RealAudio）、RM（RealMedia，RealAudio G2）和 RMX（RealAudio Secured）等。这些格式的特点是可以随网络带宽的不同而改变声音的质量，但前提是让大多数人能听到流畅的声音。

(5) WMA 格式

WMA 格式（Windows Media Audio）是微软开发的，它是以减少数据流量但保持音质的方法来达到比 MP3 压缩率更高的目的，压缩率一般可以达到 18∶1 左右。WMA 的另一个优点是内容提供商可以通过 DRM（Digital Rights Management）方案加入防拷贝保护。这种内置的版权保护技术可以限制播放时间、播放次数，甚至播放的机器等。

WMA 支持音频流（Stream）技术，适合在网络上在线播放。在 Windows 操作系统中，WMA 是默认的音频编码格式。

(6) OGG 格式

OGG 全称是 OGG Vorbis，一种音频压缩格式，OGG 是完全免费、开放和无专利限制的。OGG 音频文件可以不断地进行大小和音质的改良，而不影响原有的编码器或播放器。

MP3 是有损压缩格式，因此压缩后的数据与标准的 CD 音乐相比是有损失的。OGG 也是有损压缩，但通过使用更加先进的声学模型去减少损失，因此，数字音频在相同位速率（Bit Rate）编码情况下，OGG 比 MP3 音质更好一些。

(7) AAC 格式

AAC 全称 Advanced Audio Coding，是一种基于 MPEG-2 的高级音频编码技术。由 Fraunhofer IIS、杜比、苹果、AT&T、索尼等公司共同开发，以取代 MP3 格式。2000 年，MPEG-4 标准出台，AAC 重新整合了其特性，故又称 MPEG-4 AAC，即 M4A。

作为一种高压缩比的音频压缩算法,AAC 压缩比可达 18∶1,远胜 MP3。AAC 格式能同时支持 48 个音轨、15 个低频音轨,具有多种采样率和比特率、多种语言的兼容能力,以及更高的解码效率。AAC 在手机上的应用相对多一些,此外电脑上很多音频播放软件都支持 AAC 格式,如苹果 iTunes。

(8) AIFF 格式

AIFF 是 Audio Interchange File Format 的英文缩写,是苹果公司开发的一种数字音频交换文件格式,可以使用暴风影音、iTunes 等软件工具来播放 AIFF 格式的文件。

AIFF 是苹果电脑的标准音频格式,属于 QuickTime 技术的一部分。

(9) FLAC 格式

FLAC 是 Free Lossless Audio Codec 的缩写,意为免费的无损音频压缩编码。不同于其他有损压缩编码如 MP3 及 AAC,FLAC 不会破坏任何原有的音频信息,可以还原音乐光盘音质。FLAC 已被很多软件及硬件音频产品(如汽车播放器和家用音响设备)所支持。

✤ 2.2.2 音频处理

数字声音的处理涉及内容、格式、效果等方面。内容处理主要是通过选择、裁剪、粘贴等操作实现声音内容的拼接、剪辑等;格式处理主要是实现各种音频格式之间的格式转换;效果处理则是对声音施加各种特效,比如降噪、均衡、变调、混响等,最终达成声音处理的目的。

随着数字媒体技术的发展,声音处理技术得到了广泛的应用。声音处理软件也层出不穷。常用的声音处理软件有 Adobe Audition、Audacity、GoldWave、Sonar 等。本节主要基于 Adobe Audition CS6 的功能展开介绍。

1. 混音

混音是将多音轨上的数字音频混合在一起,并输出混合后的声音。首先新建多轨混音项目,设置采样率、位深度和声道类型,如图 2-2-4 所示。

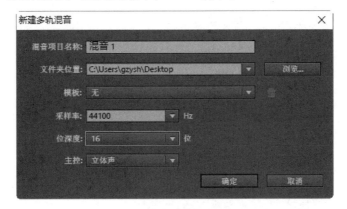

▲ 图 2-2-4　新建多轨混音项目

在多轨编辑视图中插入多轨音频,如图 2-2-5 所示。经编辑后,选择"多轨混音/缩混为新文件/完整混音"菜单命令,混音后的音频出现在波形编辑视图中,如图 2-2-6 所示。

▲ 图 2-2-5　多轨编辑视图

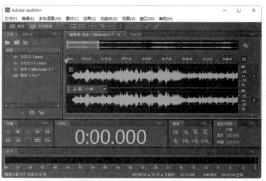

▲ 图 2-2-6　波形编辑视图

例 2-3

将给定的朗读语音和背景音乐合成为配乐朗诵

(1) 新建多轨混音项目

启动 Adobe Audition CS6,选择"文件/新建/多轨混音项目"菜单命令打开"新建多轨混音"对话框。

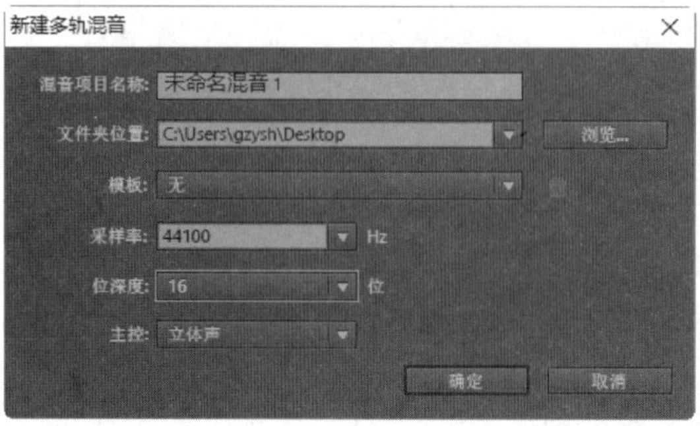

设置"采样率"为 44 100 Hz,"位深度"为 16 位,"主控"为立体声,如图 2-2-7 所示,单击"确定"按钮进入多轨编辑视图。

(2) 插入多轨音频

在轨道 1 中右击,选择"插入/文件"快捷命令,导入配套资源"L2-3-1.mp3",内容为朗诵徐志摩的诗《再别康桥》。在轨道 2 中插入配套资源中的背景音乐"L2-3-2.wma"。

▲ 图 2-2-7　新建多轨混音

拖动轨道 1 中的音频,使起始处与时间刻度第 5 秒处对齐;同理,轨道 2 中的音频起始处与时间刻度第 0 秒处对齐。如图 2-2-8 所示。

> 提示:查看音频的不同部分,有两种常用方法。一是用"缩放"面板中的"放大(时间)"工具 🔍 或"缩小(时间)"工具 🔍;二是水平拖动时间滑杆或拖动时间滑杆两端(时间滑杆位于所有轨道的上方),定位到所需的时间片段。

(3) 调整背景音乐长度

在时间标尺 2 分钟处单击,将播放头定位于此,如图 2-2-9 所示。

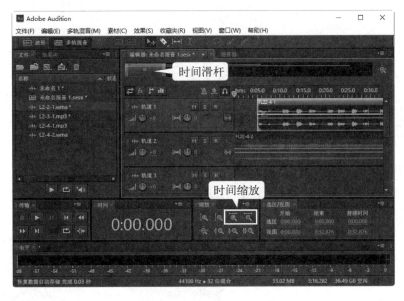

▲ 图 2-2-8　插入多轨音频

在轨道 2 的第 2 分钟位置处右击，选择"拆分"快捷菜单命令，将背景音乐一分为二，选中分割线右侧部分，按 Delete 键将其删除。

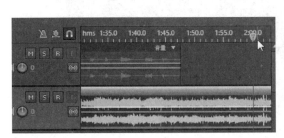

▲ 图 2-2-9　拆分音频

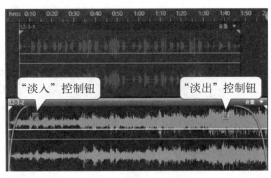

▲ 图 2-2-10　设置背景音乐淡入淡出

(4) 设置背景音乐淡入淡出效果

拖动轨道 2 波形开始处的"淡入"控制钮，设置波形开始 5 秒的淡入线性值为 27。

拖动轨道 2 波形末端的"淡出"控制钮，设置波形最后 12 秒的淡出线性值为 27，如图 2-2-10 所示。

> 提示：水平拖动这两个控制钮可以改变淡入或淡出的持续时间，垂直拖动则可以改变淡入或淡出的变化速度。

(5) 调整背景音乐的音量

背景音乐的音量太高会破坏朗读效果，可以将其调低。右击轨道 2 中的波形（注意不要右击水平方向的黄色音量包络线和蓝色声像包络线),选择"匹配素材音量"快捷菜单命令,打开"匹配素材音量"对话框。

"匹配素材音量为:"设为响度,"目标音量"设为 -30 dB,如图 2-2-11 所示。

单击"确定"按钮完成背景音乐的音量设置。

(6) 缩混到新文件

在多轨编辑视图的任意波形上右击,选择"导出缩混/完整混音"快捷菜单命令,打开"导出多轨缩混"对话框。

格式设为 MP3,文件名为"LJG2-3-1.mp3",设置相应的保存位置。

单击"确定"按钮完成缩混,如图 2-2-12 所示。

▲ 图 2-2-11　调整背景音乐的音量

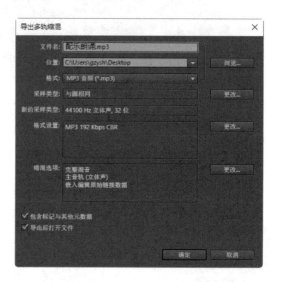

▲ 图 2-2-12　缩混到新文件

2. 声音的编辑

声音编辑操作包括声音的淡入淡出、声音的复制和剪辑、音调调整、播放速度调整等。淡入是指音量由弱变强的过程,淡出是指音量由强变弱的过程,对上图中的波形进行淡入操作时的画面如图 2-2-13 所示。水平方向拖动波形左端的淡入控制块,可以设定音频淡入的时间范围;垂直方向拖动淡入控制块可以设定淡入线性值(音量渐变的方式)。同理,拖动波形右端的淡出控制块可完成淡出的操作。

3. 音效处理

Audition 自带了几十种效果器,还可以添加更多的 VST 音效插件(Virtual Studio Technology)。常用的音效处理包括:振幅与压限、延迟与回声、滤波与均衡、调制、降噪、混响、立体声声像、时间与变调等。

例如,图 2-2-14 所示的是原始声音的波形,可以对其进行各种音效处理。

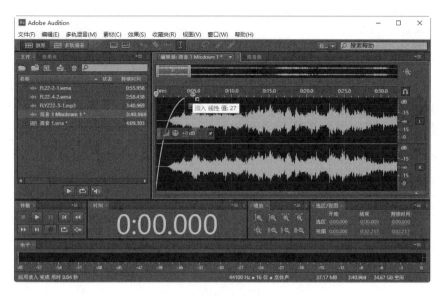

▲ 图 2-2-13　音频的淡入操作

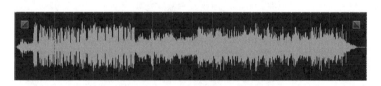

▲ 图 2-2-14　原始声音的波形

（1）振幅与压限

对原始声音执行"效果/振幅与压限/淡化包络/贝尔曲线"菜单命令后的波形如图 2-2-15 所示。可以看出，声音的振幅随着时间的推移逐渐衰减。

▲ 图 2-2-15　音频的振幅与压限

（2）延迟与回声

对原始声音执行"效果/延迟与回声/回声/危险-老科幻题材入侵氛围"菜单命令后的波形如图 2-2-16 所示。通常，延迟效果用于产生单个回声以及大量其他效果；回声效果则可向

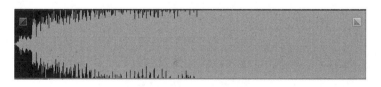

▲ 图 2-2-16　回声特效

声音添加一系列重复的衰减回声,创建从大峡谷类型的"Hello ello llo lo o"到金属的水管叮当声等各种效果。

(3) 波形与均衡

对原始声音执行"效果/波形与均衡/图示均衡器(30段)/目标-家庭影院"菜单命令后的波形如图 2-2-17 所示。均衡就是调整各频段信号的增益值,对声音进行针对性优化,增强人们的临场感。"图形均衡器"使用预设频段进行快速简单的均衡,频段越少,调整就越快;频段越多,则精度越高。

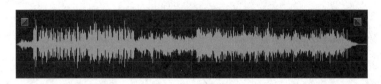

▲ 图 2-2-17 家庭影院特效

(4) 调制和声

对原始声音执行"效果/调制/和声/10 个声音"菜单命令后的波形如图 2-2-18 所示。和声可一次模拟多个语音或乐器,增强人声音轨或为单声道声音添加立体声空间感。

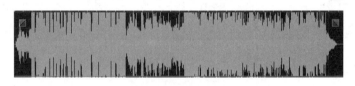

▲ 图 2-2-18 和声特效

(5) 降噪

对原始声音执行"效果/降噪/消除嗡嗡声"菜单命令后的波形如图 2-2-19 所示。降噪效果可显著降低背景和宽频噪声,并且尽可能不影响信号品质。

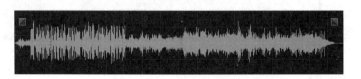

▲ 图 2-2-19 消除嗡嗡声

例 2-4

对录制的语音进行降噪处理,消除环境噪声

(1) 选定环境噪声

启动 Adobe Audition,选择"视图/波形编辑器"菜单命令进入波形编辑视图,选择"文件/打开"命令,打开配套资源"L2-4-1.mp3"。使用"缩放"面板的"放大(时间)"工具 和"放大(振幅)"工具 调整波形文件,使音频前端的环境噪声部分清晰可见。选择前端的噪声,准备对其采样,如图 2-2-20 所示。

▲ 图 2-2-20　选取音频前端的环境噪声

(2) 采样环境噪声,获取噪声样本

选择"效果/降噪(N)/恢复/降噪(N)(处理)"菜单命令,打开"效果-降噪"对话框,单击左上角"捕捉噪声样本"按钮,对所选噪声进行采样。采样完成的效果,如图 2-2-21 所示。

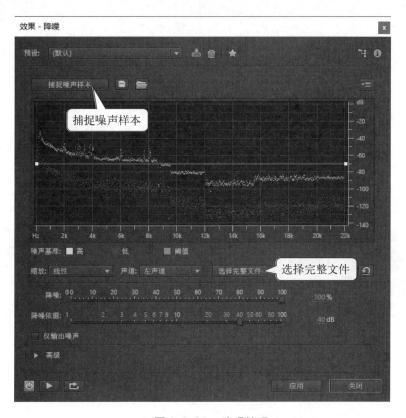

▲ 图 2-2-21　降噪处理

(3) 降噪

单击"效果-降噪"对话框中的"选择完整文件"按钮,此时,波形编辑窗口中当前音频被整体选中,再单击"应用"按钮完成降噪,降噪后的波形如图2-2-22所示。对比原来的波形,发现所有噪声处的振幅归零或变小,环境噪声已基本消除。最后,将音频另存为"LJG2-4-1.mp3"。

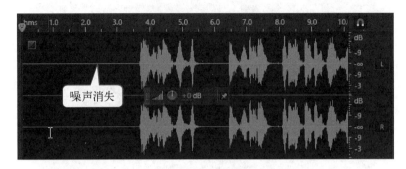

▲ 图 2-2-22　降噪后的声音波形

(6) 混响

对原始声音执行"效果/混响/室内混响/大厅"菜单命令后的波形如图 2-2-23 所示。混响效果可以用来模拟各种声学空间环境。

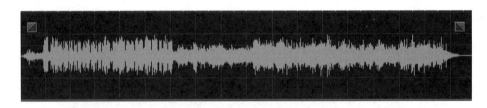

▲ 图 2-2-23　混响特效

(7) 人声移除

对原始声音执行"效果/立体声声像/中置声道提取/人声移除"菜单命令后的波形如图 2-2-24 所示。"中置声道提取"效果可保持或删除左右声道共有的频率,即中置声场的声音。"人声移除"效果可以消除人声的音量,创建卡拉 OK 伴奏音效果。

▲ 图 2-2-24　人声移除

例 2-5

消除歌曲中的人声,提取伴奏音

(1) 打开需要消除人声的音频

在 Adobe Audition 的波形编辑视图中打开配套资源"L2-5-1.mp3",波形如图 2-2-25 所示。可以先播放一下,听到声音中包含清晰的演唱和伴奏音。双击音频波形可以进行全选。

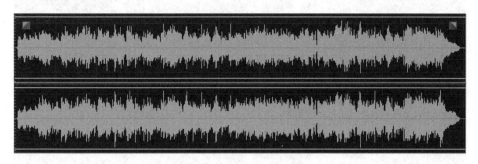

▲ 图 2-2-25 含人声的声音波形

(2) 人声移除

选择"效果/立体声声像/中置声道提取"命令,打开"效果-中置声道提取"对话框。"预设"参数设为"人声移除","提取"参数设为"中置",单击下方的"试听"按钮感受效果(也可微调其他选项,但建议保持默认值)。单击"应用"按钮,完成消除人声的处理,如图 2-2-26 所示。人声移除后,再播放一遍音频,只剩下清晰的伴奏音。消除人声后的伴奏音波形如图 2-2-27 所示。最后将音频保存为"LJG2-5-1.mp3"。

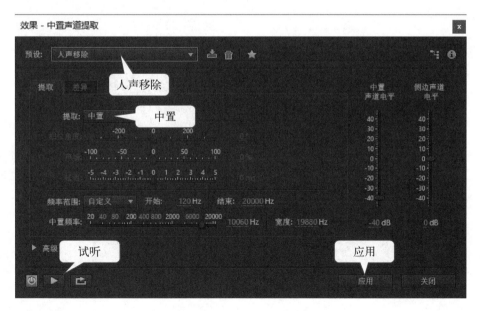

▲ 图 2-2-26 人声移除的操作

(8) 变调

对原始声音执行"效果/时间与变调/伸缩与变调/氦气"菜单命令后的波形如图 2-2-28 所示。伸缩与变调效果可以随着时间改变节奏从而改变音调。

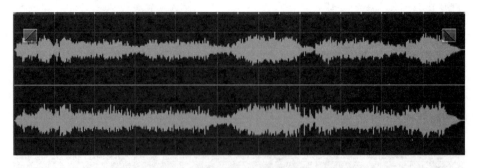

▲ 图 2-2-27　消除人声后的伴奏音波形

▲ 图 2-2-28　变调特效

4. 声音的压缩

Audition 可以将声音文件压缩并另存为 MP3、OGG、AIFF 等格式，可按需设置声音的音质，如图 2-2-29 所示。

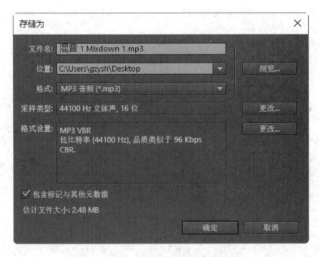

▲ 图 2-2-29　音频的压缩保存

5. 视频配音

Audition 不仅能编辑声音文件，还能在多轨编辑视图中导入视频，与声音文件同步播放，方便用户为视频配音，如图 2-2-30 所示。

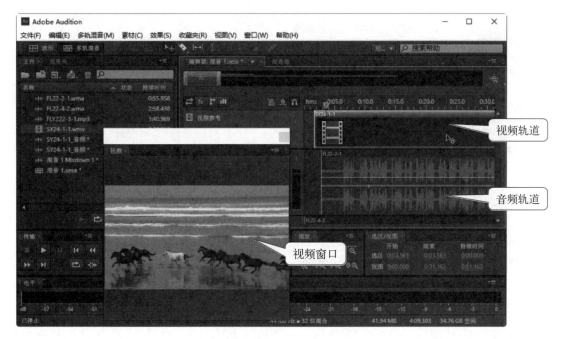

▲ 图 2-2-30　为视频配音

✤ 2.2.3　习题与实践

1. 简答题

（1）简述声音的三要素及其含义。

（2）数字媒体技术主要处理的声音频率范围是多少？该频率范围与人类语音的频率范围是什么关系？

（3）简述声音的有损压缩主要采用哪些压缩编码技术。

（4）数字音频在相同位速率编码情况下，MP3 格式与 OGG 格式的音质哪个更好一些？说出理由。

（5）在 Adobe Audition 多轨编辑视图中，如何快速设置声音的淡入淡出效果？

（6）Adobe Audition 有哪些常用的音效处理方法？"均衡"音效有什么作用？

2. 实践题

（1）打开配套资源"SY2-4-1.txt"，内容为唐朝诗人王维的《山居秋暝》，用 Adobe Audition 录制朗诵，再进行降噪处理，消除环境噪音，保存为"SYJG2-4-1.mp3"。

（2）打开配套资源"SY2-5-1.mp3"，尝试消除其中的原唱，将伴奏音保存为"SYJG2-5-1.mp3"。

（3）将录制的古诗《山居秋暝》的语音与配套资源背景音乐"SY2-6-1.wma"合成配乐诗朗诵，实现背景音乐淡入淡出效果，保存为"SYJG2-6-1.mp3"。

2.3 语音识别技术

❖ 2.3.1 语音识别的基本原理

语音识别技术,也被称为自动语音识别(Automatic Speech Recognition,ASR),其目标是让机器能够"听懂"人类的语音,将人类的语音数据转化为可读的文字信息。语音识别技术所涉及的领域包括:信号处理、模式识别、概率论和信息论、发声机理和听觉机理、人工智能等。

语音识别系统主要包含特征提取、声学模型、语言模型以及字典与解码四大部分,其中为了更有效地提取特征往往还需要对所采集到的声音信号进行滤波、分帧等预处理工作,把要分析的信号从原始信号中提取出来;之后,特征提取工作将声音信号从时域转换到频域,为声学模型提供合适的特征向量;声学模型中再根据声学特性计算每一个特征向量在声学特征上的得分;而语言模型则根据语言学相关的理论,计算该声音信号对应可能词组序列的概率;最后根据已有的字典,对词组序列进行解码,得到最后可能的文本表示。如图2-3-1所示。

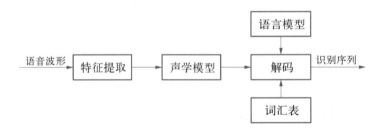

▲ 图2-3-1 语音识别的基本原理

❖ 2.3.2 语音识别技术的发展

语音识别技术的发展历程是一个长期而复杂的过程,经历了多个阶段和技术突破。

1. 20世纪50年代至60年代

1952年:贝尔实验室开发了第一个语音识别系统"Audrey",它可以识别单个数字0—9的发音,并且对熟悉的声音有较高的识别率(90%以上)。

1950年代至1960年代:这一时期的研究主要集中在基础技术探索上,包括信号处理和模式识别的基础理论。早期的语音识别系统主要用于军事和研究。

2. 20世纪70年代至80年代

这一时期出现了更多的商业化尝试，语音识别技术开始逐渐进入商业领域和日常生活中。

研究人员开始使用基于统计的方法来改进识别精度，例如动态时间规整DTW（一种衡量两个长度不同的时间序列相似度的方法，可用在识别两段语音是否表示同一个单词）和隐马尔科夫模型HMM（能够建模序列数据的动态特性，并将声学模型和语言模型结合起来，以确定最可能的单词序列，在语音识别和分词领域中发挥着重要作用）等技术被引入。

3. 20世纪90年代

神经网络：神经网络开始被应用于语音识别，进一步提高了系统的准确性和鲁棒性。

大型词汇量系统：随着计算能力的提高，语音识别系统开始支持更大的词汇量。

4. 21世纪初

深度学习：随着深度学习技术的发展，特别是深层神经网络DNN（一种由多个神经元层组成的机器学习模型，每个神经元层接收上一层的输出作为输入，并通过一系列非线性变换和权重调节来计算输出）、递归神经网络RNN（能够处理具有递归结构的数据，如树状结构、图结构等，这使得递归神经网络在自然语言处理中能够灵活地处理句子的语法结构）和长短时记忆网络LSTM（适用于序列建模和时间序列分析）等技术的应用，语音识别系统的性能有了显著的提升。

端到端模型：端到端的模型包括CTC、Transformer等。其规模小，不需要额外的语言模型，很容易部署到移动设备上。这些模型能够直接从原始音频到文本进行训练，简化了传统语音识别管道中的多个步骤。

5. 近几年

个性化和自适应学习：语音识别系统越来越能够根据个人的语音特征进行个性化调整，并能够在使用过程中自我学习和改进。

多模态融合：结合视觉和其他传感器的信息来增强语音识别的能力，尤其是在噪声环境中。

边缘计算：为了提高响应速度和保护用户隐私，越来越多的语音识别功能被实现在设备端而不是云端。

多语言支持：随着全球化的发展，语音识别系统需要支持更多的语言和地区方言。

6. 发展趋势

超大规模预训练模型：使用大规模数据集进行预训练的大规模语言模型，如BERT（来自Transformer的双向编码器表示）、GPT（一种基于互联网的、可用数据来训练的、文本生成的深度学习模型）系列被应用于语音识别，进一步提高了识别的准确性和自然度。

深度学习和神经网络的持续优化：继续探索新的神经网络架构，以提高识别准确率和降低计算成本。利用大量的未标注数据来训练模型，以减少对昂贵的标注数据的依赖。

多模态和情感感知：结合视觉信息（如唇形）和音频信号来提高识别准确率，尤其是在嘈杂环境中。还可以结合用户的动作、表情等其他模态信息来增强语音识别的效果。

端到端建模的普及：更多的研究和实践将转向端到端的建模方法，简化传统语音识别管道中的多个步骤，提高系统的整体效率。

个性化和自适应学习：根据用户的发音习惯、口音、语速等特点进行适应性调整，以提高识别精度。

低资源语音识别：即使没有标注数据的情况下也能进行有效的识别（零样本学习）。可针对资源有限的语言或方言，开发更有效的算法来提高识别性能（小样本学习）。

增强鲁棒性：采用先进的信号处理技术来减少背景噪声和回声的影响，提高远场语音识别的准确率。

认知理解的深化：通过深度学习和自然语言处理技术的结合，系统能够深入理解用户的意图和需求，提供更加精准和个性化的服务。

硬件加速：使用专门为深度学习设计的硬件加速器（如 GPU、TPU 等），提高计算效率和实时处理能力。

应用场景的扩展：语音识别技术将在医疗、教育、金融等领域得到更广泛的应用，并与其他技术（如自然语言处理、计算机视觉等）深度融合，实现更加智能化的人机交互体验。

随着技术的不断进步和社会需求的变化，语音识别技术将继续演进，为用户提供更加智能、高效的服务。

✦ 2.3.3 语音识别技术的应用

语音识别技术的应用包括语音拨号、室内设备控制、语音文档检索、简单的听写数据录入等。语音识别技术与其他自然语言处理技术如机器翻译及语音合成技术相结合，可以实现语音到语音的翻译，典型应用有 Google Translate、百度翻译、有道翻译官等。

在电话与通信系统中，智能语音接口正在把电话机从一个单纯的服务工具变成为一个服务的"提供者"和生活"伙伴"；使用电话与通信网络，人们可以通过语音命令方便地从远端的数据库系统中查询与提取有关的信息；随着计算机的小型化，键盘已经成为移动平台的一个很大障碍，想象一下如果手机仅仅只有一个手表那么大，再用键盘进行拨号操作已经是不可能的。语音识别正逐步成为信息技术中实现人机接口的关键技术，语音识别技术与语音合成技术结合使人们能够甩掉键盘，通过语音命令进行操作。语音技术的应用已经成为一个具有竞争性的新兴高技术产业。

可以预测在未来十年内，语音识别系统的应用将更加广泛。各种各样的语音识别系统产品将出现在市场上。人们也将调整自己的说话方式以适应各种各样的识别系统。在短期内还不可能造出具有和人相比拟的语音识别系统，要建成这样一个系统仍然是人类面临的一个大的挑战,我们只能朝着改进语音识别系统的方向继续前进。至于什么时候可以建立一个像人一样完善的语音识别系统则是很难预测的。

✦ 2.3.4 习题与实践

1. 简答题

(1) 简述语音识别系统的基本构成以及各部分的主要功能。

(2) 简述进入 20 世纪后语音识别技术取得哪些突破。

(3) 要实现语音到语音的翻译,需要哪些关键技术?

2. 实践题

(1) 在手机端下载百度翻译、有道翻译官等 App,感受语音翻译的便捷。

(2) 进入讯飞开放平台语音听写体验区(https://www.xfyun.cn/services/voicedictation),如图 2-3-2 所示。选择语种或方言后,单击"开始识别"按钮,对着电脑麦克风说话,右侧的识别区出现文字,充分体验语音听写的乐趣。

▲ 图 2-3-2　讯飞开放平台语音听写体验区

(3) 用搜索引擎查找"迅捷文字转语音"软件。双击运行软件,在软件左侧列表选择"录音转文字"功能,拖拽"配套资源\2\SY2-7-1.mp3"到软件界面转换区,或单击"选择文件"按钮打开语音文件。设置保存路径后,单击"开始转换"按钮,转换后得到与语音文件同名的文本文件。如图 2-3-3 所示。

▲ 图 2-3-3　迅捷语音转文字软件

2.4 AIGC 技术与语音处理

AIGC(人工智能生成内容)是一个广泛的领域,涵盖了使用人工智能技术自动生成文本、图像、音频、视频等内容的过程。在音频与语音处理领域,AIGC 技术已经广泛应用于语音合成、语音识别、语音转换、语音翻译、音乐生成、语音增强与分离、语音情感识别、声纹识别等领域。

2.4.1 语音合成

语音合成技术利用人工智能模型将文本转换为自然流畅的语音,包括波形合成、参数合成和神经网络合成等方法。神经网络合成方法,如 Tacotron、WaveNet 和 FastSpeech 等,能够直接从文本生成语音波形,提供高度自然的语音输出。

① 文本到语音系统(Text-to-Speech,TTS)可以将文本转换成自然流畅的语音输出。这类技术被广泛应用于电子阅读器、导航系统、语音助手等。

② 个性化语音合成,可以根据个人的声音特征定制化合成声音。

2.4.2 语音识别

语音识别技术涉及将声波信号转换为文本,通常包括声学模型和语言模型的结合,以及端到端的识别模型,如 CTC、LAS 和 Transformer 等,这些模型能够直接从声波信号到文本进行转换。

① 自动语音识别系统(Automatic Speech Recognition,ASR)可以将人类的语音转换成文本形式。这类系统通常用于电话服务、语音命令控制、语音输入等场景。

② 实时转录服务,如会议记录、在线课程录音转文字等。

2.4.3 语音转换

语音转换技术允许改变说话人的声音,而不改变说话的内容。这可以通过基于波形的方法或基于模型的方法实现,后者使用深度学习模型来学习不同说话人的特征表示并进行转换。

2.4.4 语音翻译

① 即时语音翻译,可以在不同语言之间进行实时翻译,非常适用于国际会议、跨语言交流等场景。

② 多语种语音交互系统,支持用户以自己的母语与设备或软件进行交互。

2.4.5 音乐生成

音乐生成技术利用深度学习模型学习音乐数据的统计特性,并生成新的音乐作品。这包括基于规则的方法和基于模型的方法,后者通过 RNN、LSTM、Transformer 等网络结构来生成音乐。

2.4.6 语音增强与分离

语音增强技术通过算法改善语音信号的质量,减少噪声干扰。深度学习方法,如使用 DNN、CNN、RNN 等模型,能够从噪声中分离出清晰的语音信号。

2.4.7 语音情感识别

语音情感识别技术涉及从语音信号中提取与情感相关的特征,并使用机器学习模型来识别语音中的情感状态。

2.4.8 声纹识别

利用个体独特的语音特征进行身份验证,应用于安全登录、支付确认等领域。

AIGC 技术的发展得益于深度学习的进步,特别是卷积神经网络(CNN)、循环神经网络(RNN)、长短期记忆网络(LSTM)和 Transformer 模型的出现,这些模型在处理序列数据方面表现出色,使得语音和音频处理技术更加精准和高效。随着技术的不断进步,AIGC 在音频与语音处理领域的应用将会越来越广泛,为用户带来更加丰富和个性化的体验。

2.5 语音处理技术在行业中的应用

✦ 2.5.1 语音合成技术应用案例

1. 智能语音助手领域

如手机语音助手(小米小爱同学等)、智能音箱(亚马逊 Echo、百度小度等),通过语音合成技术实现与用户的自然语音交互,提供信息查询、任务执行、娱乐等功能,提升用户体验和操作便利性。

2. 在线音频和广播行业

在线音频平台(喜马拉雅、蜻蜓FM等)利用语音合成技术将文字内容转换为音频,用于有声读物、新闻播报、文章朗读等,丰富内容形式,满足用户多样化的收听需求。例如喜马拉雅的TTS技术广泛应用于评书、新闻、小说等多种内容的制作。

广播电台也可以借助语音合成技术实现自动化的广播节目制作和播报,提高制作效率和播出的及时性。

3. 智能家居行业

智能家居设备(如智能家电、智能窗帘、智能照明等)通过语音合成技术实现语音控制和反馈,用户可以通过语音指令控制设备的开关、调节参数等,使家居控制更加便捷和智能化。比如智能音箱可以准确地将用户的语音指令转化为文字,并通过TTS技术将其转换为流畅的语音输出,还能提供温馨的个性化语音提示。

4. 智能客服行业

在客服领域,语音合成技术可用于自动语音回复,快速响应客户咨询,解答常见问题,减轻人工客服的工作量和压力,提高服务效率和响应速度。例如金融机构可以使用语音合成技术将文本转换为语音,用于自动化电话回复、语音通知和语音广播等场景。

5. 车载语音系统领域

车载导航、车载娱乐系统等应用语音合成技术进行语音导航提示、交通信息播报、音乐播放控制等,让驾驶员在驾驶过程中通过语音指令进行操作,提高驾驶安全性和便捷性。

6. 教育领域

教育软件和学习平台可以利用语音合成技术为学生提供课文朗读、单词发音、学习资料音频化等功能,帮助学生更好地学习和理解知识,尤其对于视觉障碍学生或阅读困难学生,语音合成的辅助作用更为重要。一些智能教育机器人也会运用语音合成技术与学生进行互动交流、回答问题、讲解知识点等。

7. 医疗领域

医疗设备可以通过语音合成技术实现语音提示、语音报告等功能,例如检查设备的操作提示、检测结果的语音播报等,提升医疗工作效率,改善医患交流体验,同时推动医疗服务的智能化发展。

在辅助医疗诊断中,语音合成技术可用于将病历、诊断报告等文字信息转换为语音,方便医生快速获取信息。

8. 金融领域

金融机构利用语音合成技术提供更便捷、个性化和高效的客户服务,同时降低运营成本并加强安全性。例如用于自动化电话回复、语音通知(如交易提醒、账户余额变动通知等)和语音广播等场景,还可以使用语音识别技术进行客户身份验证,通过分析客户的语音特征,确认客户的身份,增加账户的安全性。

9. 游戏行业

为游戏角色赋予生动的语音,增强游戏的沉浸感和趣味性,使玩家与游戏角色的互动更加自然和真实,比如游戏中的角色对话、剧情旁白等可以通过语音合成来实现。

10. 公共服务领域

政府部门的服务热线可采用语音合成技术进行自动语音应答,解答公众常见问题,提高服务效率和公众满意度。

在公共场所(如机场、火车站、地铁站等)利用语音合成技术进行广播通知、信息播报等,及时向旅客或乘客传达相关信息。

✦ 2.5.2 智能语音识别技术应用案例

1. 智能家居

智能音箱,如百度的小度智能音箱、亚马逊 Echo、谷歌 Home 和苹果 HomePod 等,可通过语音识别实现播放音乐、查询信息、控制家电设备(如开灯、关空调、调节电视音量等)、设置闹钟与提醒、讲故事等功能。例如,可以说"明天早上 7 点叫我起床""把客厅的灯打开"等指令来操作。

智能家电也开始集成语音识别功能,像智能冰箱可以通过语音查询内部食物存储情况、设置温度;智能空调能根据语音指令调节温度、风速和模式等。

2. 智能手机

语音助手成为智能手机的标配,如苹果的 Siri、安卓手机的 Google Assistant 和小米的小爱同学等。用户可以通过语音指令发送短信、拨打电话、查询天气、导航、搜索信息、打开应用程序等。比如在开车时,直接说"给张三打电话""导航到最近的加油站",无需手动操作手机,提高了使用便利性和安全性。

一些手机输入法也具备语音识别功能,方便用户在不方便打字时通过语音输入文字内容,提高输入效率。

3. 智能客服

许多企业在客服领域应用智能语音识别技术。当客户拨打客服电话时,语音识别系统先自动识别客户的问题并进行初步分类,然后将其转接给相应的人工客服或提供自动语音回复。例如,电信运营商的客服系统可以识别用户关于套餐余量、话费查询、业务办理等方面的语音问题,并给予准确回答。

在线客服平台也会使用语音识别,将客户的语音咨询转换为文字,便于客服人员快速理解和处理,同时能记录和分析客户的常见问题,优化服务策略。

4. 车载系统

语音导航是常见应用,驾驶者只需说出目的地,系统就能识别并规划最佳路线,避免了手动输入地址的繁琐和驾驶过程中的分心,提升行车安全性。例如,说"导航到上海外滩",车载导航系统就会开始规划路线并进行语音引导。

实现车内设备的语音控制,如调节收音机频道、切换音乐、控制空调温度和风量等。还可以通过语音指令接听或挂断电话,保证驾驶安全。此外,一些车载系统还支持语音唤醒功能,只需说出特定的唤醒词(如"你好,汽车"),就能激活语音交互系统,进行后续操作。

部分高端车型的车载系统具备智能交互功能,驾驶者可以与车辆进行自然语言对话,询问车辆状态、油耗信息、周边设施等,车辆会通过语音回答并提供相关建议。

如图 2-5-1 所示是车载语音交互的常见应用场景。

5. 教育领域

语言学习类应用利用语音识别技术帮助学习者练习发音、口语表达和听力理解。例如,英语学习软件可以让学生跟读句子或单词,系统会识别学生的发音并给出评分和纠正建议,如"你的发音很标准""注意这个单词的重音在第二个音节"。

一些智能教育机器人通过语音识别与学生进行互动交流,回答学生的问题、讲解知识

▲ 图 2-5-1　车载语音交互的常见应用场景

点、进行故事讲述等,为学生提供个性化的学习体验,激发学习兴趣。

6. 医疗领域

电子病历系统中引入语音识别功能,医生可以通过口述的方式记录病历、诊断结果、治疗方案等信息,系统自动将语音转换为文字,节省医生手写病历的时间,提高病历记录的效率和准确性。

一些医疗设备也采用语音识别技术,方便医护人员操作和获取信息。例如,某些医疗仪器可以通过语音指令进行参数设置、启动检测等操作;智能病床可以根据患者的语音指令调整床位高度、角度等。

7. 会议记录与转录

专业的会议记录软件利用语音识别技术,将会议过程中的发言实时转换为文字记录,方便会议参与者回顾和整理会议内容,提高会议效率。会后,还可以对文字记录进行编辑、整理和分享。

在一些采访、讲座、研讨会等场合,使用语音识别工具进行实时转录,能够快速获取文字资料,便于后续的编辑、出版和传播。例如,记者在采访时使用语音识别设备记录采访内容,采访结束后即可得到初步的文字稿件,大大缩短了整理采访内容的时间。

8. 金融领域

在银行的智能柜台服务中,语音识别系统可将客户需求转化为文本内容,柜台人员只需复核校验,减少客户填写凭证和运营人员录入信息的时间,提升服务效率。例如,客户说"我要办理转账业务,转到张三的账户,金额是 1000 元",系统会自动识别并记录相关信息。

用于双录稽查场景,银行客户经理外出拜访客户后,可通过语音识别技术将口述内容转换为文字报告,提高工作效率。

应用于自助设备操作、电话银行自动应答、银行呼叫中心自动回访、厅堂机器人服务交互等场景,优化客户体验。例如,客户在电话银行中通过语音指令查询账户余额、办理挂失等业务;在银行大堂,与智能机器人进行语音交流,获取业务指引和信息咨询。

通过声纹识别进行客户身份验证,具有非接触、便捷、友好等特点,客户无需设定、记住和键入密码等操作,直接通过声音辨识身份,提高了身份验证的安全性和便利性。

9. 娱乐领域

语音识别技术用于一些游戏中,实现语音控制角色动作、发出指令、与其他玩家交流等功能,增加游戏的趣味性和沉浸感。例如,在某些角色扮演游戏中,玩家可以通过语音命令让角色执行攻击、防御、移动等操作;在多人在线游戏中,玩家可以通过语音与队友进行实时沟通和协作。

智能电视和机顶盒等设备也开始支持语音识别,用户可以通过语音搜索电视频道、节目内容、切换播放源等,使操作更加便捷。比如,说"切换到央视一套"等指令,电视就能快速响应并执行。

2.6 综合练习

❖ 一、单选题

1. 立体声双声道采样频率为 44.1 kHz，量化位数为 8 位，在未经压缩情况下，一分钟这样的音乐所需要的存储量可按_____公式计算。
   A. 44.1×1 000×16×2×60/8 字节
   B. 44.1×1 000×8×2×60/16 字节
   C. 44.1×1 000×8×2×60/8 字节
   D. 44.1×1 000×16×2×60/16 字节

2. 以下文件类型中，_____不是计算机中使用的声音文件格式。
   A. WAV　　　B. MP3　　　C. TIF　　　D. MID

3. 录制立体声混音可以获取_____的声音。
   A. 麦克风
   B. 数字乐器
   C. 左声道和右声道
   D. 以上全部

4. 以下软件中，不能用来获取视频中的声音的是_____。
   A. 格式工厂
   B. HyperSnap
   C. Adobe Audition
   D. Adobe Premiere

5. 帮助有视觉障碍的人阅读计算机上的文字信息，主要是使用了_____技术。
   A. 语音识别　　B. 自然语言理解　　C. 增强现实　　D. 语音合成

6. 声音具有三个要素：音调、_____、音色。
   A. 音强　　　B. 音效　　　C. 频率　　　D. 波形

7. Huffman 编码、脉码调制、线性预测编码、行程编码都是常用的音频压缩编码方案，这四种编码中有_____种属于无损压缩的编码。
   A. 1　　　B. 2　　　C. 3　　　D. 4

8. 用于调整各频段信号的增益值，对声音进行针对性优化的音效处理方法是_____。
   A. 均衡　　　B. 回声　　　C. 压限　　　D. 延迟

9. 语音识别系统主要包含特征提取、_____、语言模型以及字典与解码四大部分。
   A. 预处理　　B. 概率计算　　C. 声学模型　　D. 识别词组

10. 语音识别技术与_____及语音合成技术相结合，可以实现语音到语音的翻译。
    A. 语音检索　　　B. 特征分析　　　C. 语音库　　　D. 机器翻译

✦ 二、是非题

请在以下正确的说法前打√，错误的说法前打×。

1. 虚拟变声主要通过调节音量、音色以及添加音效来实现。
2. 人的听觉范围大约为 20Hz 到 200Hz，数字媒体技术主要研究这部分音频信息的使用。
3. 音频数据压缩编码方法中的 Huffman 编码属于无损压缩。
4. 运用语音合成技术能帮助有听觉障碍的人阅读计算机上的文字信息。
5. 语音识别技术让人们甩掉键盘，通过语音命令进行操作。

第 3 章 数字图像

本章概要

图形、图像是多媒体的重要组成元素,据统计,人类获取信息的 70% 来自视觉系统,这其中最重要的来源就是图形、图像。本章主要介绍图像数字化的原理与常用方法,数字图形、图像的相关基本概念,主流的图像处理软件进行图像处理的基本方法,以及图像识别、计算机视觉等技术的发展前景。

学习目标

通过本章学习,要求达到以下学习目标。

1. 能说出图像的数字化及数字化图像的获取方法。
2. 能说出图像和图形的区别。
3. 能理解图像的色彩空间模型,并能说出它们的区别。
4. 对常用的数字图形、图像文件的格式有所了解,并知道如何使用它们。
5. 能说出图像处理的主要方法及常用工具。
6. 比较熟练地掌握图像处理的基本知识、方法和技巧,解决图像处理中的一般综合问题,培养分析问题和解决问题的能力。
7. 在图像处理方面,针对以下知识点和技能点,应具备一定的灵活应用能力:
(1) 选区的创建与调整;(2) 选区填充和描边;(3) 文字及文字特效和渐变;(4) 图像调整;(5) 图层基本操作;(6) 图层样式和图层混合模式;(7) 蒙版;(8) 滤镜。
8. 能说出通道在图像处理中的作用。
9. 能说出计算机图像识别与图像检索的基本原理与应用领域。
10. 能说出什么是计算机视觉,并了解其应用领域。

本章导览

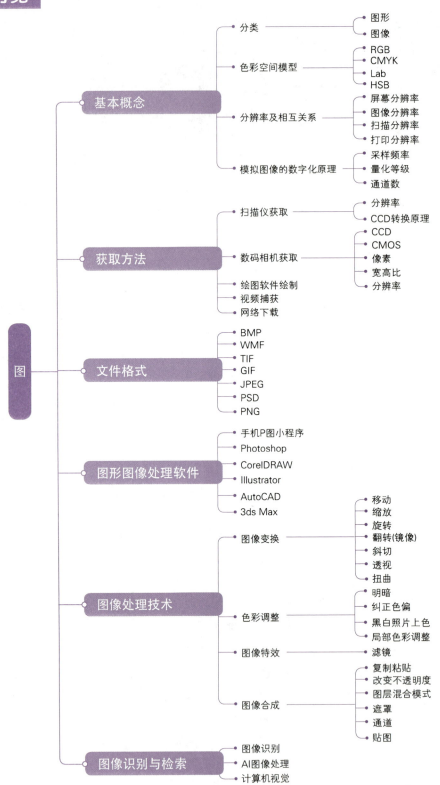

3.1 图像的数字化

图像是一种模拟信号。所谓数字化图像，就是将图像上每个点的信息按某种规律（模拟/数字转换）编成一系列二进制数码（0 和 1），用数码来表示图像信息。这种用二进制数码表示的图像信息可以存储在磁盘、光盘等存储设备里，形成数字图像文件，不仅可以不失真地进行通信传输，还可以使用计算机相关软件进一步加工处理。

图像数字化的手段主要有扫描、数字摄影、计算机绘图、视频捕捉、网络下载等多种。

❖ 3.1.1 扫描获取数字图像

扫描仪是一种比较成熟的数字图像的获取设备，能够将照片、书籍上的文字或图片，甚至实物信息获取下来，并以图像文件的形式保存在计算机的存储器中。通过将光源照射到被扫描的材料上，利用 CCD（电耦合器件，Charge Coupled Device 详细见 3.1.2 数码相机获取数字图像）元件对得到的光信号进行光电转换，即可获得相应的数字图像。

分辨率是扫描仪的重要技术指标。市面上看到的扫描仪的分辨率一般指的是光学分辨率。也有的扫描仪号称分辨率很高，但其实是通过软件插值获得的。从用户角度而言，应该关注的是扫描仪的光学分辨率。分辨率越高，扫描出的图像也越清晰。一般来说，300 dpi（像素/英寸，表示每英寸包含的像素点数）的分辨率就已经足够了。

❖ 3.1.2 数码相机获取数字图像

传统相机使用"胶卷"作为其记录信息的载体，而与传统相机相比，数码相机的"胶卷"就是其核心成像部件——成像感光器件。感光器是数码相机的核心，也是最关键的技术。目前数码相机的核心成像部件有两种：一种是广泛使用的 CCD（电荷藕合）元件，另一种是 CMOS（互补金属氧化物导体）器件。值得一提的是，由于 CMOS 传感器具有便于大规模生产，且速度快、成本低的特点，在质量上也逐渐接近了 CCD 的成像质量，因此目前有逐渐取代 CCD 感光器的趋势，并有望在不久的将来成为主流感光器。

数码相机的成像原理是：CCD 由数千个独立的光敏元件组成，这些光敏元件排列成与取景器相对应的矩阵，外界景像所反射的光透过镜头照射在 CCD 上，并被转换成电荷，每个元件上的电荷量取决于该元件所受到的光照强度，当按下数码相机的快门时，CCD 将各个元件的信息传送到一个模/数转换器上，模/数转换器将所拍摄的画面以数字形式编码后保存在其内部的存储器中，这些存储下来的信息以后可以通过计算机的通信口传送到硬盘上。如图 3-1-1 所示。

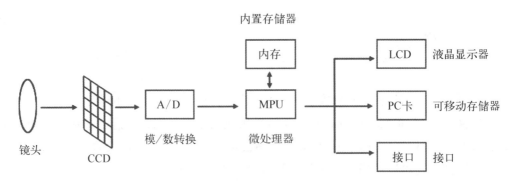

▲ 图 3-1-1　数码相机成像原理

图像分辨率是数码相机的一个重要技术指标，单位为像素。目前比较常见的有 1 600×1 200 像素和 2 048×1 536 像素。在每组数字中，前者为图片宽度，后者为图片的高度，两者相乘得出的是图片的像素总数，宽高比一般为 4∶3。大多数数码相机都可以选择不同的分辨率拍摄图像，分辨率越小，图像的像素数越少，图像占用的存储空间也越小。在实际应用中，高分辨率的数字图像可用于大幅画面的输出。

✦ 3.1.3　通过绘图软件绘制

使用 Photoshop、CorelDRAW、Illustrator、3ds Max 等软件可以直接创建图形图像。计算机绘图具有诸多优点：效率高、干净环保、容易修改、便于复制等。图 3-1-2 所示主要是借助 CorelDRAW 的调和工具通过调和群组设计制作的烟花爆炸效果，图 3-1-3 所示是使用 3ds Max 软件设计制作的蜡烛效果。

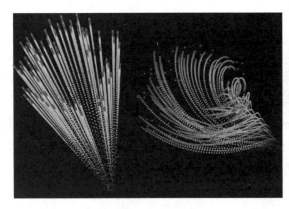

▲ 图 3-1-2　烟花效果

▲ 图 3-1-3　蜡烛效果

✦ 3.1.4 通过视频捕捉卡从视频中捕获

通过视频捕捉卡采集视频图像帧或静止画面也可以产生数字图像。这种方法简单灵活，只是所获取的图像质量一般，很难与扫描的图像或数码相机拍摄的图像相比。

视频捕捉卡的一般安装方法如下。

① 关闭计算机电源，打开机箱。将视频采集卡插入主板的一个空的 PCI 插槽上，并用螺丝固定在机箱上。

② 将摄像头的信号线连接到视频采集卡上。

③ 安装视频采集卡驱动程序、MPEG 编码器、解码器等软件。

④ 重新启动计算机，就可以使用视频捕捉卡采集视频静帧图像了。

也可以购买具有 USB 接口的视频采集卡。

✦ 3.1.5 通过网络下载

网络上下载图片也是常用的方法，除了免费的图片网站之外，从其他渠道下载的图片注意不要用于商业活动，以免引起版权纠纷。

从网上下载图片的常用方法如下。

① 在网页上搜索到要下载的图片，在图片上右击，通过选择右键菜单中的"另存为"命令，将图片保存到存储器中。

② 在网页上搜索到要下载的图片，在图片上右击，从右键菜单中选择"使用××下载"（如"使用迅雷下载"）命令，按提示操作直到将图片下载到存储器中。

✦ 3.1.6 通过软件截屏获得

手机软件中一般都有截屏工具，用于将手机某一屏幕画面以图像形式存储在计算机上，可以通过 PrtSc（PrintScreen）键将整个屏幕复制到剪贴板，或通过 Alt + PrtSc 组合键将当前窗口复制到剪贴板，然后粘贴到画图等工具中保存为图像。除此以外，还有许多用于截取屏幕画面的软件工具，如图 3-1-4 所示为 Windows 中的"截图工具"，图 3-1-5 所示为通过"360 软件管家"找到的多种截图工具，可以选择合适的尝试使用。

▲ 图 3-1-4　Windows 中的"截图工具"

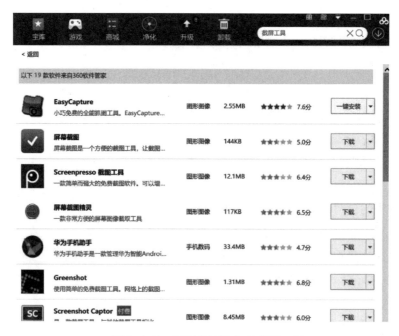

▲ 图 3-1-5　可以找到的各种截图工具

❖ 3.1.7　习题与实践

1. 简答题

（1）使用截屏软件截取的数字图像的分辨率由哪方面决定？

（2）视频捕捉卡、数码相机、显示器、扫描仪这四个设备中，哪个设备不能用于获取数字图像？

（3）数码相机拍摄的照片是怎样数字化并进行存储的？

（4）使用 300 dpi 的扫描分辨率扫描一幅 3×4 英寸的彩色图像，使用 24 位真彩色格式，未压缩图像的数据量约多少字节？

2. 实践题

（1）分别用下列方法获取图像：

① 用手机拍摄一张照片，并传送到计算机中；

② 用 Alt + PrtScr 将计算机屏幕上的画面进行截取，并保存到计算机中；

③ 打开一个网页，将感兴趣的图像下载到计算机中；

④ 运行"画图"程序，绘制一幅图像并保存到计算机中；

⑤ 使用 Windows 截图工具，将屏幕的左上角四分之一画面截图保存。

（2）在网上找一幅花的图片，使用屏幕截图的方法截图并保存为 BMP 格式，用"画图"程序打开该图像，分别用单色 BMP 格式、JPEG 格式、GIF 格式和 PNG 格式进行保存，并观察这些文件的画质及文件大小。

3.2 图像处理基础

❖ 3.2.1 色彩空间模型

色彩空间模型是计算机表示、模拟和描述图像色彩的方法,也称色彩(色调)模型。常用的色彩空间模型有 RGB 模型、CMYK 模型、Lab 模型和 HSB 模型等。

1. RGB 模型

RGB 模型根据人眼锥体接收光线的方法来构造的色彩模型。自然界中任何一种色光都可用红(R)、绿(G)和蓝(B)三种原色光按不同比例和强度混合产生。RGB 模型的图像中,每一种颜色都由红、绿和蓝三种原色成分组成,其颜色值可用 RGB(Red,Green,Blue)的形式表示。其中,R,G,B 分别表示红、绿和蓝色分量,取值范围都是 0—255。0 表示不含某种原色,255 表示这种原色的混合强度最大。比如,RGB(0,0,0)表示黑色,RGB(255,255,255)表示白色,RGB(255,0,0)表示纯红色等。由于每种原色均有 256 个等级的属性定义值,三种原色叠加可生成 $256 \times 256 \times 256 = 2^8 \times 2^8 \times 2^8 = 2^{24} = 16$ M 种颜色,自然界里肉眼能够分辨出的各种颜色都可以表示出来。因此 RGB 模型属于真彩模型。

RGB 色彩模型的图像一般比较鲜艳,适用于显示器、电视屏等可以自身发射并混合红、绿、蓝三种光线的设备。RGB 色彩模型是一种正混合的色彩模型。

2. CMYK 模型

CMYK 模型主要用于印刷和打印。其中,C、M、Y、K 分别表示青(Cyan)、洋红(Magenta)、黄(Yellow)、黑(Black)四种油墨颜色。理论上,纯青色(C)、洋红(M)和黄色(Y)色素合成后可以产生黑色,但由于所有印刷油墨都包含一些杂质,因此这三种油墨实际混合后并不能产生纯黑色或纯灰色,必须与黑色(K)油墨合成后才能形成真正的黑色或灰色。因此,在印刷时必须加上一个黑色。为避免与蓝色(B)混淆,黑色用 K 表示。这就是 CMYK 模式的由来。

在印刷或打印图形图像时,青、洋红、黄、黑四种颜色(色液或色粉)呈现在介质(纸或其他介质)表面上,颜料(矿物或有机物)本身会吸收一部分光线,其他未被吸收的光线则被反射回来,被人眼所接收(颜料自身不会发射光线)。因此通过四色混合可以产生印刷可见光谱中的大多数颜色。CMYK 模型是一种负混合的色彩模型。

3. Lab 模型

Lab 模型由国际照明委员会(CIE)制定，与设备无关，不管使用何种设备(如显示器、打印机、计算机或扫描仪)创建或输出图像，该模型都能生成一致的颜色。

Lab 色彩模型使用亮度分量 L(Luminance)、a 色度分量(从绿色到红色)和 b 色度分量(从蓝色到黄色)三个分量表示色彩。Lab 模型所能表达的色彩范围比 RGB 模型和 CMYK 模型都要宽。

例如，在使用 Photoshop 的海绵工具对图 3-2-1 所示的图像(深蓝色背景下的建筑)进行加色处理时，在 RGB 色彩模型或 CMYK 色彩模型下会得到类似如图 3-2-2(a)所示的效果(出现颜色结块现象，过渡不平滑，而在 Lab 色彩模型下会得到如图 3-2-2(b)所示的效果(色彩过渡平滑自然)。

▲ 图 3-2-1　原素材图像

(a)

(b)

▲ 图 3-2-2　加色处理结果

4. HSB 模型

HSB 模型最符合人的眼睛所看到的色彩空间，是模拟人眼感知色彩的一种方法。HSB 模型描述色彩比较自然，但在实际应用中需进行转换，如显示时需转换成 RGB 模型，打印时要转换为 CMYK 模型。HSB 模型采用色相(Hue)、饱和度(Saturation)、亮度(Brightness)来描述颜色，其中 H 为光谱中的单色(纯色)等级值，S 为颜色纯度的等级值，B 为颜色亮度等级值。

由于以人的视觉对色彩的感受为基础,使得 HSB 模型成为美术和设计工作者比较喜欢采用的一种色彩模型。

❖ 3.2.2 分辨率

计算机是通过将图像分割成众多离散的最小区域来表示图像的,这些最小区域就是像素。像素是计算机系统生成和再现图像的基本单位,像素的色相、彩度、亮度等属性是通过特定的数值来表示的。借助软硬件技术,计算机将许多像素点组织成行列矩阵,整齐地排列在一个矩形区域内,形成数字图像。在计算机系统中,数字图像采用分辨率这个概念来表示其大小、质量等特征。这里所说的分辨率是一个总体概念,实际上包括屏幕分辨率、图像分辨率、扫描分辨率、打印分辨率等多种形式。

1. 屏幕分辨率

数字图像通过计算机显示系统(如显示卡、显示器等)描述时,屏幕上呈现出的横向与纵向像素点的总数,称为屏幕分辨率。屏幕显示分辨率与显示系统软、硬件的显示模式有关,如标准显示 VGA,其屏幕分辨率为 640×480 像素,即屏幕上横向一行包括 640 像素,纵向一列包括 480 像素。

2. 图像分辨率

图像分辨率指的是数字化图像的像素大小,同样也是以图像上一行与一列的像素数的乘积来表示。但图像分辨率与屏幕分辨率是两个完全不同的概念,屏幕分辨率与其显示模式相关。例如,一幅分辨率为 320×240 像素的图像,在 VGA 显示模式下,其显示区域占用了屏幕面积的四分之一。

3. 扫描分辨率

扫描分辨率指的是扫描仪每扫描 1 英寸图像所得到的像素点数,单位是 dpi(Dot Per Inch)。扫描分辨率反映了一台扫描仪输入图像的细微程度,其数值越大,扫描后的数字图像的质量越高,扫描仪的性能也就越好。

4. 打印分辨率

打印分辨率是反映打印机输出图像质量的一个重要技术指标,由打印头在每英寸的打印纸上所产生的墨点数决定,单位也是 dpi。一台高清打印机的打印分辨率可以超过 600 dpi。

❖ 3.2.3 常用图像处理软件

常用的图形图像处理软件有 Photoshop、CorelDRAW、Illustrator、AutoCAD、3ds Max

等,手机上也有不少图像处理 App,可以方便地进行简单的图像处理。

1. 手机 P 图小程序

手机 P 图小程序包括美图秀秀、Faceu 激萌、B612 咔叽等多种,都是免费的图像处理小软件,面向非专业图像处理爱好者,操作简单,易于上手,秀出的图像可以快速分享到 QQ 空间、微信、微博及其他网络平台,深受人们特别是年轻人的喜爱。

其中美图秀秀由厦门美图科技有限公司推出,具有美化、美容、拼图、批量处理、文字、边框、饰品、场景等多种功能;而 Faceu 激萌隶属于深圳脸萌科技有限公司;B612 咔叽则由 Line 公司开发。

图 3-2-3(b)是利用美图秀秀的美容、美化和边框功能秀出的图片。图 3-2-4(b)则是利用 Faceu 激萌 P 出的图片。

(a) 美化前　　　　(b) 美化后

▲ 图 3-2-3　美图秀秀案例

(a) 美化前　　　　(b) 美化后

▲ 图 3-2-4　Faceu 激萌案例

2. Photoshop

Photoshop 是美国 Adobe 公司推出的一款图形图像处理软件,广泛应用于影像后期处理、平面设计、数字相片修饰、Web 图形制作、多媒体产品设计制作等领域,是同类软件中当之无愧的图像处理大师。Photoshop 处理的主要是位图图像,但其路径造型功能也非常强大,几乎可以与 CorelDRAW 等矢量绘图大师相媲美。与其他同类软件相比,Photoshop 在图像处理方面具有明显的优势,是多媒体作品制作人员的首选工具之一。

3. CorelDRAW

CorelDRAW 是由加拿大 Corel 公司推出的一流的平面矢量绘图软件,功能强大。CorelDraw 集图形设计、文本编辑、位图编辑、图形高品质输出于一体,主要用于平面设计、工业设计、企业形象设计、绘图、印刷排版等领域,深受广大图形爱好者和专业设计人员的喜爱。

4. Illustrator

Illustrator 是由美国 Adobe 公司开发的一款重量级平面矢量绘图软件,是出版、多媒体和网络图像工业的标准插图软件,功能强大。Illustrator 在桌面出版领域具有明显的优势,是出版业使用的标准矢量工具。Illustrator 能够方便地与 Photoshop、CorelDraw、Animate 等软件进行数据交换。

5. AutoCAD

AutoCAD 是美国 Autodesk 公司生产的计算机辅助设计软件,用于二维绘图和基本三维设计,是众多 CAD 软件中最具影响力、使用人数最多的软件之一,主要应用于工程设计与制图。AutoCAD 的通用性较强,能够在各种计算机平台上运行,并可以进行多种图形格式的转换,具有很强的数据交换能力,目前已经成为国际上广为流行的绘图工具。

6. 3ds Max

3ds Max 是由美国 Autodesk 公司开发的三维矢量造型和动画制作软件,主要应用于模拟自然界、设计工业品、建筑设计、影视动画制作、游戏开发、虚拟现实技术等领域。在众多的三维软件中,由于 3ds Max 开放程度高,学习难度相对较小,功能比较强大,完全能够胜任复杂图形与动画的设计要求,成为目前用户群最庞大的一款三维创作软件。

上述软件各有优势,若能够配合使用,就可以创作出质量更高的作品。比如在制作室内外效果图时,最好先使用 AutoCAD 建模,然后在 3ds Max 中进行材质贴图和灯光处理,最后在 Photoshop 中进行后期处理,如添加人物和花草树木等。

❖ 3.2.4 数字图形、图像文件的格式

图像文件的大小指的是一幅图像的数据容量,即在存储设备中存储该图像所需的字节数,与该图像的宽度(横向像数点数)、高度(纵向像数点数)、颜色深度(最大颜色数)有关。图像文件的字节数可按以下公式来计算:图像文件的字节数 = 图像分辨率×颜色深度÷8。例如:一幅分辨率为 640×480 像素、颜色深度为 24 位的真彩图像未经压缩的数据容量为:640×480×24÷8 = 921 600 字节 = 900 KB(1 KB = 1 024 字节)。

一幅高质量的数字图像的数据容量是很大的,在存储与传输时一般都必须进行压缩编码,在显示和打印时还需要降低图像的颜色数(Color Reduction)、对图像分辨率进行转换(Resolution Conversion)等处理。

在实际应用中,为了适应不同的需要,图形或图像可以用多种不同的格式进行存储。例如,Windows 的画图程序所创建的图像可以用 BMP 格式存储,从网上下载的图像多为 GIF 和 JPG 格式,另外还有诸如 TIF、WMF、PNG 等其他许多格式。不同格式的图像文件具有不

同的存储特性,不同格式的图像文件之间也可以通过一些工具软件来相互转换。这里介绍一些比较常用的图形、图像文件格式。

1. BMP 格式

BMP(Bitmap,位图)是一种与硬件设备无关的图像文件格式,使用非常广泛。BMP 文件采用位映射存储格式,有压缩(RLE 方法)和非压缩两种形式。通常情况下 BMP 文件所占用的空间比较大,所以只是在单机上比较流行。由于 BMP 文件格式是 Windows 环境中交换与图有关数据的一种标准,因此运行在 Windows 环境中的图形图像软件都支持 BMP 格式的文件。

2. WMF 格式

WMF(Windows Metafile Format)格式是 Windows 环境下应用广泛的一种矢量图形格式,很多程序都支持。例如,Microsoft Office 的剪贴库中就存在许多 WMF 格式的剪贴画。但是 Windows 以外的其他操作系统对 WMF 格式的支持比较有限。

3. TIF 格式

TIF(Tagged Image File Format)格式是为桌面出版系统而研发的一种较为通用的图像文件格式。TIF 格式灵活易变,共定义了四种不同类型的格式:TIF-B(B 即 Bilevel Images)适用于二值的黑白图像,TIF-G(G 即 Gray Scale Images)适用于灰度图像,TIF-P(P 即 Palette-Color Images)适用于带调色板的彩色图像,TIF-R(R 即 RGB Image)适用于 RGB 真彩图像。

4. GIF 格式

GIF(Graphics Interchange Format)的原义是"图像互换格式",是 CompuServe 公司在 1987 年开发的(GIF87a)。GIF 文件的数据是一种基于 LZW(Lempel-Ziv-Welch Encoding,字典编码)压缩算法的连续色调的无损压缩格式。其压缩率一般在 50% 左右,目前几乎所有的相关软件都支持 GIF 图像文件。

由于 GIF 文件的数据采用了可变长度等压缩算法,所以 GIF 图像的颜色深度存在 1—8 位多种不同的形式,即 GIF 图像最多支持 256 种色彩。

1989 年 7 月 CompuServe 公司发行了 GIF89a 版本,与其前身 GIF87a 相比,该版本的一个最主要的优势就是可以创建动态 GIF 图像(其中包含的是一组指定了呈现顺序的图片)。当然 GIF89a 也可以存储静态单帧图像。

GIF 格式的图像虽然颜色数较少,但支持透明背景和交错技术(见图 3-2-5)。

▲ 图 3-2-5 "GIF 选项"对话框

5. JPEG 格式

JPEG 是 Joint Photographic Experts Group(联合图像专家组)的缩写,文件后缀名为".jpg"或".jpeg",是最常用的一种有损压缩的图像文件格式。JPEG 格式采用有损压缩方式去除图像中的冗余数据,在获得极高的数据压缩率的同时保证了较高的图像质量。

使用 Photoshop 编辑过的图像以 JPEG 格式存储时,Photoshop 系统提供了 12 级压缩级别供用户选择,以 0—12 级表示,如图 3-2-6 所示。其中 0 级压缩比最高,图像品质最差。但即使采用较高的 10 级质量保存时,压缩比也几乎可以达到 5∶1。一般情况下,采用第 8 级压缩可获得存储空间与图像质量兼得的最佳效果。

另外 JPEG 格式还支持渐进显示技术(在"JPEG 选项"对话框中选择"连续"单选按钮),该技术类似于 GIF 及 PNG 格式的交错技术。在浏览器上下载图像时,渐进显示技术可以使 JPEG 图像先模糊显示,然后渐渐清晰起来;而交错技术可以使 GIF 或 PNG 图像首先以马赛克效果显示,随着下载数据的不断增多逐渐显示出更多的细节。

▲ 图 3-2-6 "JPEG 选项"对话框

JPEG 格式的文件由于容量较小,下载速度快,画质也能够满足人们的要求,所以成为网络主流图像格式之一。

6. PSD 格式

PSD(Photoshop Document)是 Photoshop 软件的源文件格式,文件扩展名为".PSD",可存储图层、蒙版、路径、通道、色彩模型等几乎所有的图像信息,是一种不压缩的原始文件格式。PSD 文件的容量很大,但由于可以保留多种图像编辑信息,所以将未编辑完成的图像或想进一步修改的图像存储为 PSD 格式,无疑是一种最佳的选择。

7. PNG 格式

PNG(Portable Network Graphics)的全称为"可移植性网络图像",是目前网上常见的新型的图像文件格式。PNG 能够提供长度比 GIF 小 30%的无损压缩图像文件,同时还支持 24 位和 48 位真彩色,支持透明背景和交错技术。由于 PNG 格式比较新颖,所以目前还有一些相关软件不支持这种格式的文件,但 Photoshop 和 Fireworks 软件可以处理 PNG 图像,也可以将图像存储为 PNG 格式。

❖ 3.2.5 习题与实践

1. 简答题

(1) Photoshop 属于哪种类型的软件?其主要作用是什么?

（2）JPEG、DVI、MP3、MPEG 这四种压缩标准中，哪一种是目前广泛采用对于静态图像的压缩标准？

（3）在用 Photoshop 编辑图像时，若想保留图层等信息，在保存文件时应选择何种文件格式？

（4）除了教材所列举的 Photoshop、3ds MAX、Illustrator、CorelDRAW、AutoCAD 等图形图像处理软件，你还使用过哪些图形或图像处理软件？

2. 实践题

尝试使用不同的工具对同一幅图像进行类似要求的处理，如调整色彩、选定区域后改变大小、添加文字等，比较它们的处理方式的差异、处理效果的差异。

3.3 图像处理

图像处理是指是对图像信息进行再加工,以满足人们某种需要的技术,主要包括图像变换、色彩调整、图像修补、图像特效、图像合成和添加文字等技术。

图像处理可以通过多种方法完成,例如通过程序设计的方法读取图像中的像素数据,通过对像素的移位、改变大小、多个图像像素运算等直接完成,也可以使用前文所介绍的各种图像处理软件完成这些功能,图像处理软件其实就是软件开发人员将图像处理的各种功能事先开发为可视化处理工具,这样方便更多非计算机专业人员使用可视化方式进行图像处理。

本书将以图像处理功能比较全面的 Photoshop 软件为例,介绍图像处理各个方面的功能的处理方式,并通过多个实例,介绍数字图像处理方法,以及处理后可以达到的效果。

❖ 3.3.1 图像选取、着色和绘图修图

在图像处理中,无论是简单的图像缩放、裁剪、合成或者进行色彩调整、特效显示,首先都必须通过一些基本的操作和工具对相应的图像部分进行选取和处理。

1. 创建选区

在 Photoshop 中,选区是一个限定编辑范围的虚线区域;选区外的图像不能编辑。Photoshop 创建选区的工具有选框工具组、套索工具组和魔棒工具组。选框工具组用于建立规则形状的选区,套索工具则手动圈选出选区,魔棒工具依靠容差快速选择颜色相近的区域。除此之外,利用快速蒙版也可以创建和编辑选区。

(1) 矩形选框工具

当选择该项工具时,在待选区域左上角按下鼠标左键拖动光标到右下角松开鼠标即可创建出矩形选区。如果在拖动鼠标的同时按住 Shift 键,则可以创建正方形选区。除此之外,利用快速蒙版也可以创建和编辑选区。

(2) 椭圆选框工具

椭圆选框工具与矩形选框工具使用方法类似。

(3) 套索工具

套索工具用于创建手绘的选区,使用套索工具在待选区域边缘按下鼠标左键并拖动鼠标光标进行圈选。当松开左键,起点与终点将以直线段相连,形成闭合选区。

(4) 多边形套索工具

多边形套索工具用于创建多边形选区,用多边形套索在待选区域边缘某拐点上单击,确定第 1 个紧固点;将光标移动到相临拐点上再次单击,确定第 2 个紧固点;依次操作下去。当光标回到起始点时(光标旁边带一个小圆圈)单击可闭合选区;当光标未回到起始点时,双击可闭合选区。在使用多边形套索时,如按住 Shift 键同时拖拽,可创建水平、竖直或其他 45°倍角的直线段选区边界。

多边形套索工具适合选择边界由直线段围成的区域对象。

(5) 磁性套索工具

磁性套索可自动识别对象的边界。使用前可在工具选项栏中设置宽度、对比度及频率等各项参数,用于确定自动识别的依据。

磁性套索工具适合选择边缘清晰并且与背景对比明显的区域。

(6) 快速选择工具

快速选择工具以涂抹的方式选择邻近区域。

当被选择的区域适合使用该工具时,可选择"快速选择工具",在待选区域内单击或按下鼠标左键并拖动鼠标进行涂抹。

(7) 魔棒工具

魔棒工具用于选择颜色值相近的区域。可根据工具选项栏中"容差"参数设置颜色值的差别程度,也可以根据"取样大小"参数设置魔棒工具的取样范围。

需要说明的是,默认的取样范围为当前图层,当在选项栏中选择"对所有图层取样",魔棒工具将从所有可见图层中创建选区。

(8) 快速蒙版

快速蒙版是创建选区的特殊工具。在默认设置下,蒙版区域和选区互补,蒙版区域可以使用画笔等绘图工具创建。使用黑色画笔涂抹,可以扩大蒙版区域,白色画笔涂抹则缩减蒙版区域;非蒙版区域则为选区。

2. 绘图修图工具

(1) 画笔工具 和铅笔工具

画笔和铅笔工具都使用前景色绘制线条。画笔绘制软边线条,铅笔绘制硬边线条。

在使用画笔或铅笔时,首先设置好前景色,再根据需要在工具选项栏中打开"画笔预设"选取器,从中选择预设的画笔笔尖形状,并可更改笔尖的大小和硬度。也可以选择预设画笔或创建自定义画笔,在图像编辑窗口按下鼠标左键并拖动,松开鼠标后,鼠标经过的轨迹即为画笔的笔迹。在移动鼠标时如果同时按下 Shift 键,则绘制水平或垂直的线条。

(2) 橡皮擦工具

擦除工具与画笔工具的使用方法完全相同。画笔是绘制出像素,橡皮擦是擦除像素。但在使用橡皮擦时,要注意工作图层的性质。在背景图层上擦除,被擦区域被当前背景色取代;在普通图层上擦除,则可擦成透明。

(3) 油漆桶工具

油漆桶工具用于填充单色（当前前景色）或图案。使用油漆桶工具时，可选择填充类型，包括前景和图案两种。选择"前景"（默认选项），使用前景色填充。也可以在工具选项栏中选择"图案"，在"图案"拾色器中选择预设图案或自定义图案进行填充。

(4) 渐变工具

渐变工具用于填充各种过渡色。可以选择不同的渐变方式，也可以选择前景色、背景色或者预设的渐变颜色对选区或图层进行过渡色填充，也可以通过打开工具选项栏中的"渐变编辑器"，对当前选择的渐变色进行编辑修改或定义新的渐变色。

(5) 图章工具

图章工具有仿制图章和图案图章，仿制图章用于图像的关联复制，依据参考点的内容来修复图像；图案图章则根据用户选择的图案修改图像。

仿制图章工具常用于数字图像的修复，当选择仿制图章工具时，按住 Alt 键，同时鼠标单击源图像待复制区域进行取样。松开 Alt 键。在目标区域或其他图层或图像中，按下鼠标左键拖动光标，开始复制图像（注意源图像数据的十字取样点）。

例 3-1

利用"椭圆选框工具""渐变工具""画笔工具"和选区调整操作制作纽扣效果

(1) 新建图像文件

启动 Photoshop CC，选择"新建"，创建一个 400×400 像素、分辨率为 72 像素/英寸、RGB 颜色模式、8 位、白色背景的新图像，如图 3-3-1 所示。

> 提示：新建文件时要特别注意分辨率的确定，一般根据图像用途选择。如用于显示器显示的图像，通常设置为 72 像素/英寸。设置文件宽度和高度时，要注意度量单位。以厘米还是像素为单位，差别很大。颜色模式的选择也要留意，如果想编辑彩色图像，千万不要在新建文件时选择灰度模式等无法上彩色的颜色模式。

(2) 利用"椭圆选框工具"和"渐变工具"在画布上制作纽扣图像

① 选择工具栏中的"椭圆选框工具"，按住 Shift 键（可以保持正圆），在画布中央拖拽，画出一椭圆选区，如图 3-3-2 所示。

② 分别单击工具箱中的前景色和背景色，将前景色设置为深紫色（#660099），背景色设置为浅紫色（#cc99ff），如图 3-3-3 所示。

③ 选择工具栏中的"渐变工具"，在工具属性栏中选择"线性渐变""前景色到背景色渐变"。

> 小贴士：当选择"渐变工具"后，可在渐变工具选项栏中设置渐变种类。从左向右依次是线性渐变、径向渐变、角度渐变、对称渐变和菱形渐变。

  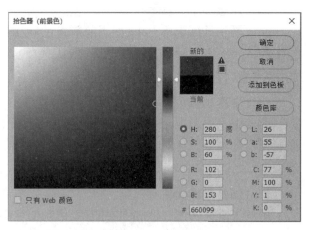

▲ 图 3-3-1　新建画布　▲ 图 3-3-2　椭圆选区　▲ 图 3-3-3　设置前景色和背景色

④ 从椭圆选区的左上角边界向右下角边界拖拽鼠标,建立如图 3-3-4(a)的渐变效果。

⑤ 执行"选择/变换选区"命令缩小选区(操作时按住 Alt 键,可以保持选区中心不变),如图 3-3-4(b)所示。

⑥ 按回车键确认变换,使用渐变工具(参数保持不变),从椭圆选区的右下角边界向左上角边界拖动鼠标,反向创建如图 3-3-4(c)的渐变效果。再按 Ctrl+D 键取消选区。

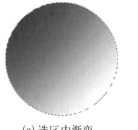 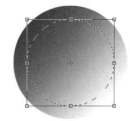 

(a) 选区内渐变　　　　　(b) 缩小选区　　　　　(c) 反向渐变

▲ 图 3-3-4　制作立体纽扣效果

(3) 绘制纽扣孔

① 将前景色设置为黑色,选择工具栏中的"画笔工具",选择笔触大小为 21,笔触类型为"硬边圆",如图 3-3-5 所示。

② 用"画笔工具"在纽扣中心绘出四个纽扣孔,最后结果如图 3-3-6 所示。

(4) 保存图像

以"LJG3-1-1.jpg"为文件名保存图像(注意 JPG 格式的选择)。

> **小贴士**:当打开一个图像文件并对其进行编辑后,可以执行"文件/存储"命令保存所做的修改,文件会以原格式存储。如果是新建的文件编辑后保存,或者想保存为其他类型的图像文件,则执行"文件/存储为"命令,在打开的"另存为"对话框中将文件另存。

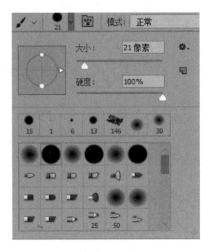
▲ 图3-3-5 设置画笔

▲ 图3-3-6 例3-1效果图

例 3-2

利用"油漆桶工具""魔棒工具""矩形套索工具""画笔工具""图案图章工具"制作彩色信纸效果

(1) 新建信纸图像文件

① 新建一个大小为 600×800 像素、8 位 RGB 模式、白色背景的图像文件。

② 在"图层"面板中单击"创建新图层"按钮,增加一个名为"图层1"的新图层,按 Ctrl + A 选取整个图层区域。

③ 单击"前景色"按钮,在 R、G、B 三栏参数中设置前景色为黄色(R:255,G:255,B:135),选择工具箱中的"油漆桶工具",对选区填充前景色。

> 小贴士:选择油漆桶工具,设置好选项参数后,在待填充区域单击鼠标。将根据选项设置在适当区域填充前景色或选定的图案。

④ 执行"选择/变换选区"命令,对当前选区进行缩小变换,在变换的同时按住 Alt 键,保证中心位置不变,如图 3-3-7 所示。然后按回车键确认。

⑤ 执行"选择/修改/羽化"命令,设置羽化半径为 20 像素,使得选区边界柔化。

⑥ 按 Delete 键,删除选区内容,如图 3-3-8 所示。按 Ctrl + D 键,取消选区。

(2) 建立文稿线图案

① 按 Ctrl + N 键建立一个大小为 30×40 像素、透明背景的空白文件。

② 双击"抓手工具" 放大显示新建的文件。

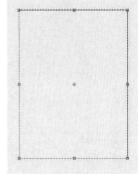
▲ 图3-3-7 缩小选区

▲ 图 3-3-8　删除选区内容　　　　▲ 图 3-3-9　制作自定义图案

③ 利用"矩形选框工具"选取图像上的两个区域,用前景色填充该区域,结果类似图 3-3-9 所示。

④ 按 Ctrl+A 键选取整个图像,执行"编辑/定义图案"命令,将新建图像定义为图案。

⑤ 按 Ctrl+D 键取消选区,关闭该新建图像。

(3) 为信纸添加文稿线

① 回到"信纸"文档,选择图层 1。

② 选择"图案图章工具",在工具选项栏选择刚才建立的图案,在图层 1 上进行涂抹(更快捷的方法是执行"编辑/填充"命令,用刚建立的图案进行填充),结果如图 3-3-10 所示。

(4) 为信纸添加枫叶花边

① 选择工具箱中的"画笔工具",在画笔工具选项栏选择笔触为"散布枫叶",如图 3-3-11 所示。

② 单击画笔工具选项栏上的"切换画笔面板"打开"画笔预设"面板,设置"间距"为 150%,如图 3-3-12 所示。

▲ 图 3-3-10　添加文稿线　　　▲ 图 3-3-11　选择画笔笔触　　　▲ 图 3-3-12　设置画笔属性

③ 用设置好的画笔工具在图层1上适当涂抹,效果如图3-3-13所示。

▲ 图 3-3-13　枫叶效果

▲ 图 3-3-14　选取鲜花部分

(5) 为信纸添加鲜花点缀

① 打开素材文件"L3-2-1.jpg",选择工具箱中的"魔棒工具",在选项栏中将"容差"值设置为60,单击图像中的白色部分,然后执行"选择/反选"命令,将鲜花部分选取,如图3-3-14所示。

> 小贴士:使用"魔棒工具"时,在待选区域内某一点单击,将根据容差选项的值选中与单击点颜色在容差范围内的区域。

② 执行"窗口/排列/使所有内容在窗口中浮动"命令,使两个图像窗口浮动,用工具箱中的"移动工具"将鲜花拖拽到信纸图像中,执行"编辑/变换/缩放"命令缩放鲜花大小及调整位置并确定。

③ 打开素材文件"L3-2-2.jpg",用上述同样方法将鲜花合成到信纸中,执行"编辑/自由变换"命令,调整大小和角度,并放置在信纸的右下角。最后效果如图3-3-15所示。

▲ 图 3-3-15
例 3-2 效果图

(6) 保存图像

以"LJG3-2-1.jpg"为文件名保存图像。

例 3-3

使用"铅笔工具"及调整画布大小命令,制作电影胶片效果

(1) 打开素材图像

执行"文件/打开"菜单命令,将配套素材文件"L3-3-1.jpg"打开。

(2) 制作电影胶片背景

① 执行"图像/画布大小"命令,勾选"相对","画布扩展颜色"为白色,高度扩展10像素。

② 再次执行"图像/画布大小"命令，勾选"相对"，"画布扩展颜色"为黑色，高度扩展 5 厘米，如图 3-3-16 所示。制作后的电影胶片背景如图 3-3-17 所示。

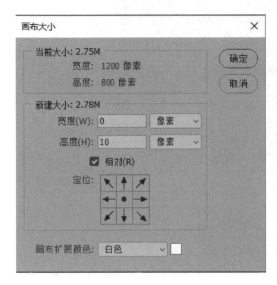 

▲ 图 3-3-16　调整图像画布大小

▲ 图 3-3-17　制作胶片背景

(3) 制作胶片齿孔

① 选择"铅笔工具"，下拉"画笔预设选取器"，单击对话框右上角的齿轮按钮，在列表中选择"方头画笔"，如图 3-3-18(a)所示。确定替换当前画笔，选择笔触大小为 24，如图 3-3-18(b)所示。

② 单击"切换画笔面板"按钮，选择"画笔笔尖形状"，设置"间距"为 200%，如图 3-3-19 所示。

③ 将前景色设置为白色，用"铅笔工具"沿黑框画直线，同时按下 Shift 键，保证线条为水平，最后效果如图 3-3-20 所示。

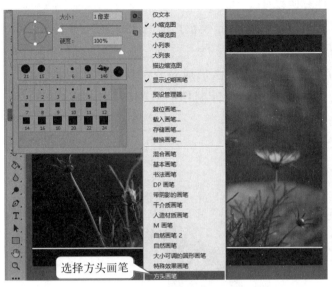
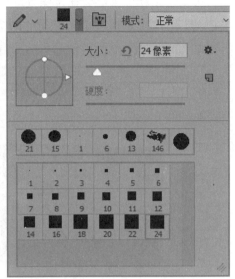

(a) 选择画笔类型　　　　　　　　　　　(b) 设置画笔笔触大小

▲ 图 3-3-18　设置画笔工具

▲ 图 3-3-19　设置笔尖形状　　　　　　▲ 图 3-3-20　例 3-3 效果图

(4) 保存图像

以"LJG3-3-1.jpg"为文件名保存图像。

✦ 3.3.2　图像变换

图像变换包括图像移动、缩放、旋转、翻转（镜像）、斜切、透视、扭曲等内容。在具体实施上，矢量绘图软件一般要比位图处理软件方便得多。

图 3-3-21 是通过 Photoshop 的图像旋转和翻转功能校正扫描图像的案例（上图是扫描得到的数字图像，下图是校正后的图像）。

主流的图形图像处理软件还可以边变换边复制图像，形成对象按秩序排列的美妙视觉效果。图 3-3-22 是通过 3ds Max 的阵列变换功能设计制作的双螺旋结构的三维 DNA 模型。

▲ 图 3-3-21　处理扫描图像

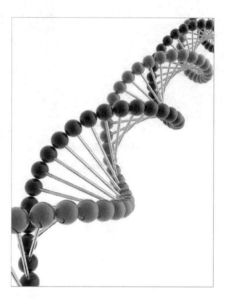
▲ 图 3-3-22　DNA 三维模型

在 Photoshop 中，执行"编辑/自由变换"命令或者"编辑/变换"菜单中的各项命令，可以对选区对象或整个图层进行移动、缩放、旋转、斜切、扭曲、透视等多种变形操作。这是 Photoshop 编辑图像时最常用的命令之一，其中"编辑/自由变换"命令的快捷组合键为 Ctrl+T。

✦ 3.3.3　添加文字

文字是图的重要组成部分，文字的再加工（彩虹文字、变形文字、路径文字、立体文字、滤镜/通道特效文字等）也是图形图像处理技术的重要环节。在平面、三维、动画、视频各类设计软件中，文字都是一个很重要的工具。文字的搭配不仅使受众更容易读懂图所传达的信息，精心处理过的各种特效文字还可以增强图的美观性（如图 3-3-23 所示），或产生震撼的视觉效果（如图 3-3-24 所示），成为整张图的点睛之笔。

在 Photoshop 中，文字工具有一般文字和蒙版文字两类，一般文字输入完成后，将产生文字矢量图层；而蒙版文字输入提交后则形成文字选区，并不会生成文字层。

在建立文字对象时，首先选择所需类型的文字工具。在选项栏设置文字工具各项参数（字体、字号、对齐方式和颜色等）。在图像中单击，确定文字插入点（如果是蒙版文字，将进

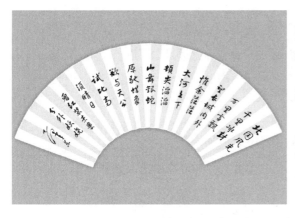

▲ 图 3-3-23　扇形文字

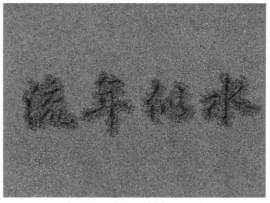

▲ 图 3-3-24　文字震撼效果

入蒙版状态,图像被50%不透明度的红色保护起来)。输入文字内容。按回车键可向下或向上换行。在选项栏上单击"提交"按钮 ✓ ,完成文字的输入,同时退出文字编辑状态(若单击"取消"按钮 ⊘ ,则撤销文字的输入)。

文字输入完成后,横排文字和直排文字将产生文字图层。在"图层"面板上双击文字图层的缩览图选中所有文字,利用选项栏可修改文字属性,设置变形文字等。

蒙版文字则形成文字选区,并不生成文字层。所以蒙版文字的修改必须在提交之前进行。

✦ 3.3.4　色彩调整

色彩调整一般是针对位图图像而言的,是图像处理中的关键技术,对于提高图像的画面质量起着至关重要的作用。

色彩调整主要用来改变图像色彩的明暗对比、纠正色偏、黑白照片上色、改变图像局部色彩等。图 3-3-25 是通过 Photoshop 的色相/饱和度命令,将人物的黄色围巾调整为大红色。

Photoshop"图像/调整"菜单下的各项命令用于对选区或图层进行色彩的调整。其中亮度/对比度、色阶、曲线、阴影/高光等主要用于调整色彩的明暗对比;色相/饱和度、色彩平衡、可

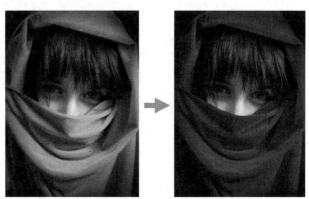

▲ 图 3-3-25　更改图像局部颜色

选颜色、替换颜色等主要用于纠正色偏;照片滤镜、黑白、反相、阈值、渐变映射等主要用于制作特殊的色彩效果。尤其是"色阶"命令,功能强大,使用方便,可以调整图像的阴影、中间调和高光等色调区域的强度级别,校正图像的色调范围和色彩平衡,是 Photoshop 最重要的调色命令。

例 3-4

利用"色彩均化"命令、"去色"命令、"渐变工具"等制作老旧照片效果

(1) 打开素材

执行"文件/打开"菜单命令,将配套素材文件"L3-4-1.jpg"打开。

(2) 均匀图像亮度值及转换为灰度图像

① 执行"图像/调整/色调均化"命令,均匀图像的亮度值。

② 执行"图像/调整/去色"命令,将图像中的色彩信息去除,转变为灰度图像。

(3) 创建"渐变映射图层"

① 单击"图层"面板下方的"创建新的填充或调整图层"按钮,创建新的"渐变映射1"调整图层。

② 在如图3-26(a)所示的渐变映射属性中,单击渐变色样本,打开渐变编辑器,设置渐变色两端分别为黑色和白色。在渐变色条中间约50%位置处单击,设置为褐色(R:161,G:137,B106),如图3-3-26(b)所示。此时图像呈现偏褐色的老旧照片效果。

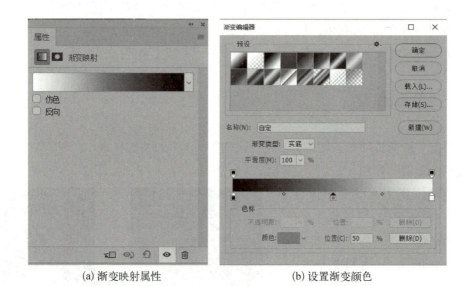

(a) 渐变映射属性　　　　　　　(b) 设置渐变颜色

▲ 图 3-3-26　用"渐变编辑器"设置渐变颜色

(4) 修改天空部分颜色

① 在"图层"面板最上方创建一个新图层。将前景色设置为 RGB(161,137,106),背景色设置为白色。

② 选择工具栏中的"渐变工具",设置渐变选项为"前景到透明渐变",在天空区域自上向下拖动鼠标,天空部分将被渐变色所替代。

③ 设置图层1显示模式为"线性加深","不透明度"为90%,如图3-3-27(a)所示。

(5) 利用"曲线"调整图像亮度

选择背景图层,执行"图像/调整/曲线"命令,适当拖拽曲线,如图3-3-27(b)所示。

(a) 设置图层显示模式

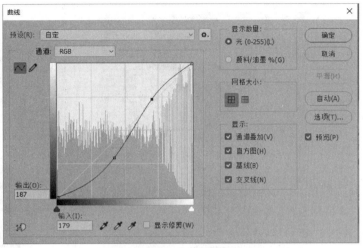
(b) 对背景层调整颜色曲线

▲ 图 3-3-27　修改天空部分颜色

(6) 输入文字

① 在工具栏中选择"横排文字工具",文字选项栏设置字体为"华文行楷",大小为 150 点,颜色为 RGB(115,53,31)。

② 输入文字:水乡旧貌。完成后的效果如图 3-3-28 所示。

(7) 保存图像

以"LJG3-4-1.jpg"为文件名保存图像。

▲ 图 3-3-28　例 3-4 效果图

例 3-5

利用素材(如图 3-3-29 所示)设计制作如图 3-3-30 所示的封面效果

① 打开素材图像"L3-5-1.jpg",进行"色阶"调整,参数设置如图 3-3-31(a)所示。然后进行"色相/饱和度"调整,勾选"着色",参数设置如图 3-3-31(b)所示。

▲ 例 3-5

② 用"魔棒工具"(不勾选"连续"参数)选择当前图像中的白色背景,然后反选选区。依次执行"拷贝"和"粘贴"命令,将剪纸从背景层分离出来(得到图层 1)。

③ 为图层 1 添加投影样式,不透明度 75%、30 度全局光、距离和大小都是 5,其他参数为默认设置。

④ 分别创建文本"中国民间剪纸艺术"(白色、宋体、18 点)、"The Art of Chinese Papercuts"(红色、Times New Roman、6 点)和"中国海天出版社"(红色、华文行楷、6 点)。

▲ 图 3-3-29　素材

▲ 图 3-3-30　例 3-5 效果图

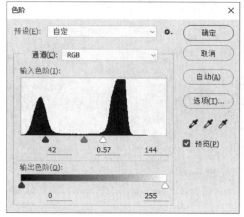
(a) 调整"色阶"参数

(b) 调整"色相/饱和度"参数

▲ 图 3-3-31　设置素材图像颜色

⑤ 在文字层"中国民间剪纸艺术"的下面新建图层2，在"中国民间剪纸艺术"每个字的后面绘制红色方形。

⑥ 绘制红色竖直线。

⑦ 以"LJG3-5-1.jpg"为文件名保存图像。

✦ 3.3.5　图像合成

图像合成是图像处理中经常用到的技巧，通常是利用选择工具选取一幅图像中的一部分画面，将其复制合成到另一幅图像之中。

除了使用基本操作(选择、复制、变换、更改不透明度等)合成图像外,使用图层混合模式、遮罩、通道、贴图等高级图像处理技术,可以获得更完美的图像合成效果,达到以假乱真的艺术境界。

图 3-3-32 是使用 3ds Max 的材质贴图技术,对矢量蝴蝶模型进行位图贴图得到的效果图。在此合成过程中,蝴蝶翅膀素材中的黑白图片起到遮罩的作用。

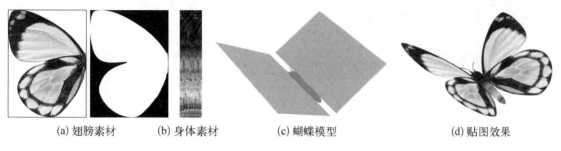

(a) 翅膀素材　　　(b) 身体素材　　　(c) 蝴蝶模型　　　(d) 贴图效果

▲ 图 3-3-32　借助材质贴图合成图像

图 3-3-33 是借助 Photoshop 的图层混合模式,将小树合成到新背景的典型案例(通过更改图层混合模式,隐藏小树素材的高亮背景,而不是一般合成中的删除素材背景)。

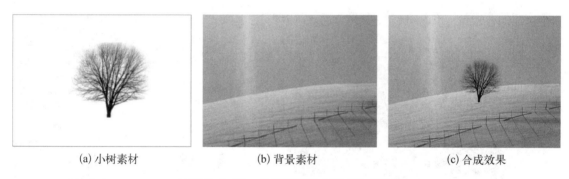

(a) 小树素材　　　　　(b) 背景素材　　　　　(c) 合成效果

▲ 图 3-3-33　借助图层混合模式合成图像

例 3-6

利用"磁性套索工具""快速选择工具"制作图像合成效果

(1) 打开素材图像

① 执行"文件/打开"命令,打开素材文件"L3-6-1.jpg""L3-6-2.jpg""L3-6-3.jpg"。

② 执行"窗口/排列/使所有内容在窗口中浮动"命令,使三个素材图像窗口浮动,便于合成操作。

(2) 处理门洞图像

① 使"L3-6-1.jpg"成为当前图像,执行"图像/图像大小"命令,将图像大小调整为 800×600 像素,如图 3-3-34 所示。

▲ 图 3-3-34　调整图像大小　　　　　　　　▲ 图 3-3-35　解锁背景图层

② 在"图层"面板中双击被锁定的背景图层,使该图层转换为普通的"图层 0",结果如图 3-3-35 所示。

③ 选择"磁性套索"工具 ，尽量沿门框的边缘拖动鼠标,此时沿门框四周将自动形成许多控点,也可在拐角处单击,手动形成控点,如图 3-3-36(a)所示。要结束选取命令,可在起点处单击或在终点处双击,从而选取门内部分。

(a) 磁性套索勾勒门框选区　　　　　　　　　(b) 删除选区内容

▲ 图 3-3-36　删除原图门框中图像

④ 执行"编辑/清除"命令(或者按 Delete 键),删除选区内容,结果如图 3-3-36(b)所示。

(3) 合成竹林背景图像

① 选择"L3-6-2.jpg"图像,用"移动工具"将该图像拖拽到"L3-6-1.jpg"中,在"图层"面板中拖拽图层 1,将其调整到图层 0 的下方。

② 在图层面板中选择图层 0,用"移动工具"适当调整图层 0 的位置,使林中小路露出,如图 3-3-37 所示。

(4) 合成老者图像

① 选择"L3-6-3.jpg"图像,选取工具箱中的"快速选择工具" ，在工具选项中设置"添

加到选区"的创建方式,画笔笔触为 5 像素,如图 3-3-38 所示。

▲ 图 3-3-37　合成竹林图像

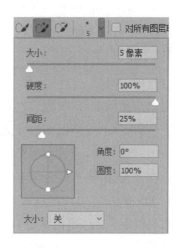

▲ 图 3-3-38　设置"快速选择工具"属性

② 用设置好的"快速选择工具"在老者身上涂抹,使其被选取,如图 3-3-39 所示。也可以使用"魔棒工具"加"反选"操作抠取老者图像。

③ 选择"移动工具",将老者合成到竹林图像中。

④ 执行"编辑/变换/缩放"命令,缩放老者图像的大小并调整位置,效果如图 3-3-40 所示。

▲ 图 3-3-39　快速选择工具选取老者

▲ 图 3-3-40　例 3-6 效果图

(5) 保存图像

以"LJG3-6-1.jpg"为文件名保存图像。

通过前面的多个实例,已经可以看到,图像合成除了要进行已经介绍到的一些工具及操作之外,还涉及图层概念,当一个图像中的一部分或全部被合成到另一图像中,必然会形成新的图层,而对图层的各种操作,直接影响到图像合成的效果。

在图像处理中,图层是 Photoshop 中一个很重要的概念,它是 Photoshop 软件的工作基础。因此,有必要掌握图层的几个重要的知识点。

1. 图层

(1) 图层概念

通过前面的学习,我们已经初步接触到了图层的操作。图层可以看作是透明的电子画布,用灰白相间的方格图案表示透明区域。图像最终效果是各个图层上下叠加后的整体效果。在图层面板上,通过调整图层的排列顺序、设置图层的不透明度、使用图层样式、修改图层混合模式等操作,可以获得丰富多彩的图层叠加效果。

在 Photoshop 中,有背景、图像、文字、调整、形状等多种图层类型。

背景图层:最底部的图层,背景层是一个比较特殊的图层,其排列顺序、不透明度、填充、混合模式等许多属性都是锁定的,无法更改。另外,图层样式、图层变换等也不能应用于背景层。解除这些"锁定"的方法就是将其转换为普通图层。

图像图层:最基本的图层类型。

文字图层:使用文字工具输入文字后,将自动产生一个图层,缩览图为 T。文字层是 Photoshop 中的矢量图层,渐变填充等编辑工具无法应用在矢量层,只有通过"栅格化"命令将其转化为一般的像素图层才能进行编辑操作。

调整图层:可以对调整层以下的图层进行色彩调整。

形状图层:使用形状工具的"形状"模式创建图形后,将自动产生一个形状图层。

(2) 图层基本操作

在实际应用中,图层的选择、新建、复制、锁定、删除、移动、合并、显示与隐藏、图层不透明度调整等一些基本的操作比较重要,可以通过实践练习掌握。

(3) 图层样式

图层样式是创建图层特效的重要手段,包括斜面和浮雕、描边、内阴影、内发光、光泽、颜色叠加和投影等多种。图层样式影响的是整个图层,不受选区的限制,且对背景层和全部锁定的图层是无效的。

当需要对选定的图层添加图层样式时,可单击图层面板下方按钮 fx,从弹出的菜单中选择相应的图层样式命令;或选择菜单"图层/图层样式"下的有关命令,打开"图层样式"对话框,如图 3-3-41 所示。在对话框左侧单击要添加的图层样式的名称,选择该样式。在参数控制区设置图层样式的参数即可。

当需要编辑或修改图层样式时,可通过单击 fx 图标中的三角形按钮,折叠或展开图层样式,进行参数修改或删除,如图 3-3-42 所示。

(4) 图层混合模式

图层混合模式决定了当前图层像素与下方图层像素以何种方式混合像素颜色。图层混合模式包括正常、溶解、变暗、正片叠底、变亮、滤色、叠加、柔光等多种,默认的混合模式为

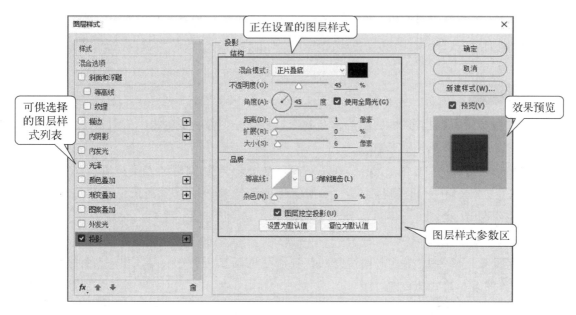

▲ 图 3-3-41　图层样式对话框

"正常"。在这种模式下,上面图层的像素将遮盖其下面图层中对应位置的像素。可以为当前图层选择不同的混合模式,从而产生不同的图层叠加效果。

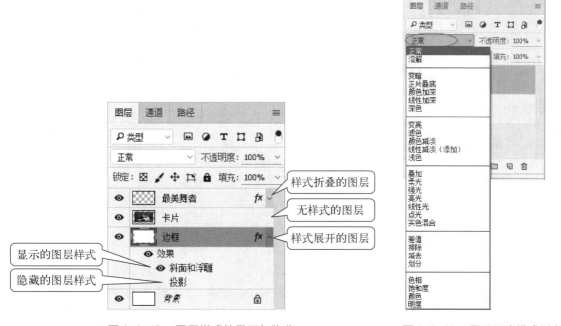

▲ 图 3-3-42　图层样式的显示与隐藏　　　　▲ 图 3-3-43　图层混合模式列表

在图层面板上,单击"正常"下拉按钮,从展开的列表中可以为当前图层选择不同的混合模式,见图 3-3-43。列表中的图层混合模式被水平分割线分成多个组,一般来说,每个组中各混合模式的作用是类似的。"变亮"模式与"变暗"模式相反,其作用是比较本图层和下面图层对应像素的颜色,选择其中值较大(较亮)的颜色作为结果色。以 RGB 图像为例,若对应像素分别为红色(255,0,0)和绿色(0,255,0),则混合后的结果色为黄色(255,255,0)。

例 3-7

利用"魔棒工具""投影""羽化"等命令制作越野摩托图像合成效果

(1) 将摩托车与白色背景分离

① 打开素材文件"L3-7-1.jpg",在图层面板双击背景层,将背景层变为图层 0。

② 选择"工具箱"中的"魔棒工具",在图像的白色部分单击,选取图像中的白色部分。

③ 按住 Shift 键,用"魔棒工具"单击摩托车内部的白色部分,按 Delete 键删除。

④ 按 Ctrl+D 键取消选区,如图 3-3-44 所示。

⑤ 在图层面板单击"创建新图层"按钮,将前景色设置为白色,在"工具箱"中选择"油漆桶工具",将图层 1 填充为白色。

⑥ 在图层面板中将图层 1 向下拖拽。使之位于图层 0 下方,如图 3-3-45 所示。

▲ 图 3-3-44　删除图像白色背景　　　▲ 图 3-3-45　在下方添加白色图层

(2) 将沼泽地素材合成到图像中,并设置"描边""投影"的图层样式

① 打开素材文件"L3-7-2.jpg"。

② 执行"窗口/排列/使所有内容在窗口中浮动"命令,选择"移动工具",将沼泽地图像图拖拽到摩托车图像中,使之成为新图层。

③ 关闭素材文件"L3-7-2.jpg"。

④ 执行"编辑/变换/缩放"命令,适当缩小沼泽并移动到图像的右下方。如图 3-3-46(a)所示。

⑤ 执行"图层/图层样式/描边"命令,设置颜色为白色,大小为 10 像素,如图 3-3-46(b)所示。

⑥ 执行"图层/图层样式/投影"命令,设置角度为 45 度,距离、扩展、大小都设置为 10 像素,如图 3-3-47 所示。

 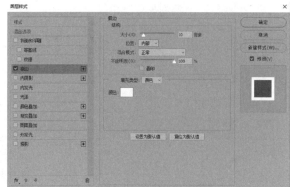

(a) 合成沼泽地图像并缩放　　　　　　　(b) 设置沼泽地图层白色描边

▲ 图 3-3-46　合成沼泽地图像

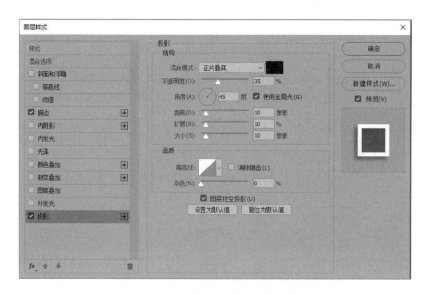

▲ 图 3-3-47　对沼泽地图像图层设置投影

(3) 利用选区、"羽化"制作摩托车投影图层效果

① 在图层面板,按住 Ctrl 键,单击摩托车图层的缩略图,得到摩托车选区。

② 保持选区,在图层面板上单击"创建新图层"按钮,新建图层,并将该图层置于摩托车图层下方。

③ 执行"选择/修改/羽化"命令,设置羽化半径为 5 像素。

④ 将前景色设置为灰色(R：86、G：73、B：73),用油漆桶工具填充选区。用"移动工具"将投影层适当向左下移动。

⑤ 将投影层的"图层不透明度"调整为 60%,如图 3-3-48 所示。

⑥ 按 Ctrl+D 键取消选区,最后结果如图 3-3-49 所示。

(4) 保存图像

以"LJG3-7-1.jpg"为文件名保存图像。

▲ 图 3-3-48　为摩托车添加投影层

▲ 图 3-3-49　例 3-7 效果图

例 3-8

利用"图层混合模式""魔棒工具""复制选区"等方法制作月湖景色图像合成效果

(1) 将月亮合成到湖面风景图像中

① 打开素材文件"L3-8-2.jpg",选择"魔棒工具",将魔棒工具的"容差"设置为 80,如图 3-3-50 所示。

▲ 图 3-3-50　设置魔棒工具属性

> 小贴士:"容差"参数用于设置颜色值的差别程度,取值范围为 0—255,系统默认值为 32。只有差别在"容差"范围内的像素才被魔棒选中。容差越大,所选中的像素越多。

② 单击图"L3-8-2.jpg"的黑色部分,执行"选择/反选"命令使月亮被选中,按 Ctrl + C 键使月亮选区被复制。

③ 打开素材文件"L3-8-1.jpg",按 Ctrl + V 键,使月亮被合成到湖面风景图像中。

④ 执行"编辑/变化/缩放"命令,调整月亮大小,并适当调整其位置,如图 3-3-51 所示。

(2) 制作湖面中的月亮倒影

① 在"图层"面板右击月亮图层(图层 1),执行"复制图层"命令,产生月亮副本层。

② 选择"移动工具"将月亮副本层的月亮拖拽至图像下方湖面中,并执行"编辑/变换/垂

直翻转"命令。

③ 在"图层"面板将设置月亮倒影图层的"图层混合模式"为"柔光",如图 3-3-52 所示。

▲ 图 3-3-51 合成月亮图像

▲ 图 3-3-52 月亮倒影层

(3) 将月亮掩映在树丛背后

① 在"图层"面板中选取背景图层,选择"魔棒工具"并在"魔棒工具"选项栏中将容差设置为32,单击背景图像中的遮盖住月亮部分的树丛,如图 3-3-53 所示。

② 按 Ctrl+C,Ctrl+V 键产生部分树丛的新图层,并将该图层移至最上方。最后效果如图 3-3-54 所示。

▲ 图 3-3-53 选取树丛部分

▲ 图 3-3-54 例 3-8 效果图

(4) 保存图像

以"LJG3-8-1.jpg"为文件名保存图像。

2. 通道

在图像合成和其他一些特殊处理中,也经常用到通道技术。通道是 Photoshop 的高级功能,有颜色通道、Alpha 通道和专色通道三类。颜色通道存储颜色信息,可以用各类调色命令编辑颜色通道来改变图像颜色;Alpha 通道存储选区信息,可以使用绘图工具和各类滤镜编辑 Alpha 通道来修改选区;专色通道存储印刷用的专色。

通道的选择、创建、复制、删除、分离、合并等基本操作都在"通道"面板上完成;如涉及多个图像不同通道的混合,可以使用"图像"菜单下的"计算"和"应用图像"命令。

例 3-9

利用"计算""通道混合"及"应用图像"操作,将两个图像的通道组合在一起,制作"山雨欲来"图像合成效果

(1) 打开素材图像,通过"计算"进行通道混合

① 打开素材文件"L3-9-1.jpg""L3-9-2.jpg"。

② 执行"图像/计算"命令,在"计算"对话框中进行如下设置:源 1 选择"L3-9-1.jpg",通道为"绿";源 2 选择"L3-9-2.jpg",通道为"蓝";混合模式选择"正片叠底"。如图 3-3-55 所示。

▲ 例 3-9

③ 单击"确定"按钮,在"窗口"菜单中勾选"通道",结果如图 3-3-56 所示,此时可以观察到在图像"L3-9-2.jpg"中多了一个 Alpha1 通道。

▲ 图 3-3-55　"计算"面板参数　　　　▲ 图 3-3-56　"通道"面板

(2) 通过"应用图像"操作,使用 Alpha 1 通道和蒙版

① 将"L3-9-1.jpg"设置为当前图像,执行"图像/应用图像"命令,源选择"L3-9-2.jpg",通道选择"Alpha 1",目标为"L3-9-1.jpg",混合选择"深色",勾选"反相"。

② 勾选"蒙版",选择蒙版图像为"L3-9-2.jpg",通道为"红",如图 3-3-57(a)所示。

③ 单击"确定"按钮后,效果如图 3-3-57(b)所示可以观察到原先晴朗天空密布了乌云。

(3) 输入文字

① 输入华文新魏、72 点、白色的文字:山雨欲来。

② 执行"图层/图层样式/渐变叠加"命令,在"渐变"下拉列表中选择"黑,白渐变",勾选"反相",勾选"投影"。最后结果如图 3-3-58 所示。

(4) 保存图像

以"LJG3-9-1.jpg"为文件名保存图像。

(a) 应用图像

(b) 应用后效果

▲ 图 3-3-57　通过"应用图像"操作，使用 Alpha 1 通道和蒙版

▲ 图 3-3-58　例 3-9 效果图

✦ 3.3.6　图像特效

图像特效一般指使用滤镜工具对图像像素的位置、数量、颜色值等信息进行改变，从而使图像瞬间产生各种各样的神奇效果。

与平面设计软件的滤镜特效不同的是，视频特效是将滤镜施加在一段视频剪辑的各个帧上，因而运算量要大得多。

图 3-3-59 是借助 CorelDRAW 的最大值、最小值滤镜产生的重影效果。

(a) 原素材

(b) 最大值滤镜　　　　　　　　　(c) 最小值滤镜

▲ 图 3-3-59　滤镜效果

图 3-3-60 是借助 Illustrator 创建的各种图形特效("效果|变形"命令组、"对象|封套扭曲"命令组)。

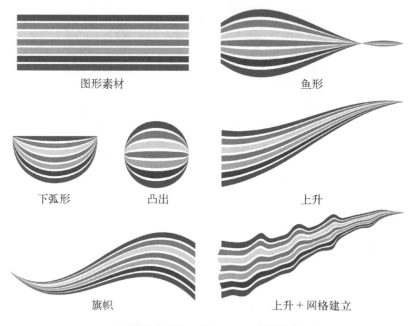

▲ 图 3-3-60　Illustrator 变形特效

例 3-10

利用"快速蒙版工具""画笔工具""蒙版文字工具"及图层样式命令制作外滩建筑照片特效

(1) 打开素材并解锁背景图层

① 执行"文件/打开"菜单命令,将配套素材文件"L3-10-1.jpg"打开。

② 在"图层"面板中双击背景层,将其修改为图层 0。

③ 单击"图层"面板下方的"创建新图层"按钮,新建图层 1,并将其移到最下方。

④ 将前景色设置为"白色",用"油漆桶工具"填充图层 1。

▲ 例 3-10

(2) 利用"画笔工具"和"快速蒙版工具"创建蒙版选区

① 在工具箱中选择"画笔工具",在画笔工具选项栏中选择笔触为"大油彩蜡笔(63)",大小为 146 像素,如图 3-3-61(a)所示。

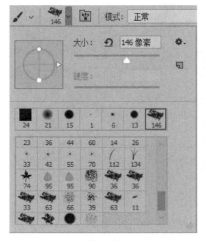 

(a) 选择画笔工具　　　　　　　　　　　　(b) 在画布上进行涂抹

▲ 图 3-3-61　利用"画笔工具"和"快速蒙版工具"创建蒙版选区

> **小贴士**:若属性栏中无"大油彩蜡笔",则可单击笔触对话框右上角齿轮按钮,选择"湿介质画笔",然后在选项栏中选择"大油彩蜡笔(63)",或其他相似的画笔工具。

② 单击工具箱下方的"以快速蒙版模式编辑"按钮,用刚才设定的画笔工具在图层 0 上涂抹,如图 3-3-61(b)所示(说明:当切换为"以快速蒙版模式编辑"时,前景色将自动切换为黑色)。

③ 单击工具箱下方的"以标准模式编辑"按钮,得到如图 3-3-62 所示选区。

> **小贴士**:使用"快速蒙版工具"时,首先单击工具箱下方的"以快速蒙版模式编辑"按钮,进入快速蒙版编辑状态。此时,可使用画笔等绘图工具涂抹出蒙版区域,再单击"工具箱"下方的"以标准模式编辑"按钮回到标准编辑状态,可看到通过快速蒙版建立的选区。

④ 按 Delete 键删除选区内容,按 Ctrl+D 键取消选区。结果如图 3-3-63 所示。

(3) 利用"蒙版文字工具"和描边命令及图层样式功能,建立文字特效

① 新建图层 2,选择工具箱中的"横排文字蒙版工具"。在文字工具选项栏中,设置字体为"华文行楷",大小为 72 点。输入文字:外滩建筑。

② 执行"编辑/描边"命令,设置白色 2 像素的居外描边。按 Ctrl+D 键取消选区。

③ 执行"图层/图层样式/斜面和浮雕"命令,设置样式为"枕状浮雕",并勾选"投影"。最

后效果如图 3-3-64 所示。

(4) 保存图像

以"LJG3-10-1.jpg"为文件名保存图像。

▲ 图 3-3-62 得到选区

▲ 图 3-3-63 删除选区后效果

▲ 图 3-3-64 例 3-10 效果图

在 Photoshop 中,图像特效通常还运用到两个重要工具:滤镜和蒙版。这两个工具以及前面介绍的通道,被称为 Photoshop 的"三大支柱"。

1. 滤镜

滤镜是 Photoshop 中创建图像特效的工具,种类繁多,功能强大,操作方便。Photoshop 有十几种常规滤镜组,分别是"风格化""画笔描边""模糊""模糊画廊""扭曲""锐化""视频""素描""纹理""像素化""渲染""艺术效果""杂色"和"其他"等。每个滤镜组都包含若干滤镜,共 100 多个。此外还有"液化""消失点"等多个滤镜插件。Photoshop 除了这些内置滤镜外,还可以方便地使用大量的外挂滤镜,从而使图像瞬间产生令人惊叹的特殊效果。

滤镜可以应用在选区、图层、蒙版或通道上。

例 3-11

利用"魔术橡皮擦工具"、"亮度/对比度"命令、"蒙版文字工具"以及滤镜功能,制作"灯塔"图像镜框特效

(1) 将蓝天白云合成到灯塔图像中

① 打开素材文件"L3-11-1.jpg""L3-11-2.jpg"。选择"魔术橡皮工具",在灯塔图像的天空部分单击,使得天空部分变为透明,该图像的背景图层也转为普通图层,如图 3-3-65 所示。

② 选择蓝天白云图像,按 Ctrl + A 键、Ctrl + C 键复制图像,选择灯塔图像,按 Ctrl + V 键粘贴图层。执行"编辑/变换/缩放"命令,将复制后的蓝天白云图层适当调整大小并移动至灯塔图层下方,结果如图 3-3-66 所示。

(2) 对灯塔图层中原先岩石的暗色部分进行适当调整

① 选择图层 0(灯塔),用"魔棒工具"单击岩石的暗色部分,如图 3-3-67 所示。

② 执行"图像/调整/亮度/对比度"命令,适当调整亮度、对比度。

▲ 图 3-3-65　使用魔术橡皮使天空变为透明

▲ 图 3-3-66　合成蓝天白云图像

▲ 图 3-3-67　用魔棒选取岩石较暗部分

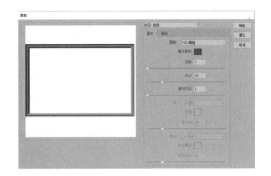

▲ 图 3-3-68　执行"滤镜"命令

③ 按 Ctrl+D 键取消选区。

(3) 制作镜框

选择图层 0,执行"滤镜/渲染/图片框"命令,在图 3-3-68 所示的对话框中,"图案"选择 42:画框、"边距"设置为 1、"大小"设置为 20,单击"确定",结果如图 3-3-69 所示。

(4) 制作文字效果

① 在"图层"面板单击"创建新图层"按钮,新建图层 2,选择"直排文字蒙版工具"。

② 在文字工具属性栏中设置字体为华文新魏、大小 60 点,输入:灯塔。

③ 执行"编辑/描边"命令,制作宽度为 3 像素的居外白色描边。

④ 取消选定后,执行"图层/图层样式/渐变叠加"命令,设置"色谱"的渐变,同时勾选"斜面和浮雕"及"投影",参数默认。最后效果如图 3-3-70 所示。

▲ 图 3-3-69　设置镜框效果

▲ 图 3-3-70　例 3-11 效果图

(5) 保存图像

以"LJG3-11-1.jpg"为文件名保存图像。

例 3-12

利用"魔棒工具"、"斜切"命令、"图层混合模式"及"滤镜工具",制作"马"书画艺术作品效果

(1) 合成画布和奔马

① 打开素材文件"L3-12-1.jpg"、"L3-12-2.jpg",执行"窗口/排列/使所有内容在窗口中浮动"命令。

② 选择"魔棒工具",在奔马图像白色部分单击,执行"选择/选取相似"命令,使该图像中所有白色部分被选中。

③ 执行"选择/反选"命令,使得图像中的奔马被选中,如图 3-3-71(a)所示。

④ 选择"移动工具",将奔马选区部分拖到画布图像中,如图 3-3-71(b)所示。

⑤ 关闭"L3-12-2.jpg"图像。

(2) 调整奔马的角度、位置及大小

① 执行"编辑/变换/斜切"命令,拖拽控制点,调整奔马的角度、位置及大小。

② 调整后结果如图 3-3-71(c)所示。

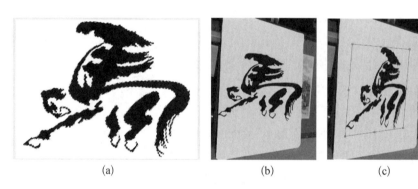

▲ 图 3-3-71　合成画布和马匹

(3) 使奔马与画布色彩更加融合

① 在"图层"面板中下拉"设置图层的混合模式"列表,选择其中的"亮光",如图 3-3-72 所示。

② 执行"滤镜/杂色/添加杂色"命令,在如图 3-3-73 所示对话框中设置"数量"为 10%。

(4) 将刻章图像合成到画布中

① 打开素材文件"L3-12-3.jpg",执行"窗口/排列/使所有内容在窗口中浮动"命令。

② 选择"魔棒工具",单击刻章图像的红色部分。执行"选择/选取相似"命令,使该图像中所有红色部分被选中,如图 3-3-74 所示。

▲ 图 3-3-72　设置图层混合模式　　▲ 图 3-3-73　设置滤镜效果　　▲ 图 3-3-74 选取红色印章

③ 用"移动工具"将红色的刻章部分拖拽到画布中，形成新图层。

④ 关闭"L3-12-3.jpg"图像。

(5) 调整刻章大小并设置斜切效果

① 执行"编辑/变化/缩放"命令，适当调整刻章大小。

② 执行"编辑/变换/斜切"命令，适当调整刻章的角度，最后效果如图 3-3-75 所示。

(6) 保存图像

以"LJG3-12-1.jpg"为文件名保存图像。

▲ 图 3-3-75　例 3-12 效果图

例 3-13

利用"风"、"波纹"等滤镜功能、"图层混合模式"、"渐变映射调整图层"及"外发光"的图层样式功能，制作"大好河山"艺术字特效

(1) 新建图像文件

启动 Photoshop CC，选择"新建"，创建一个 380×300 像素，分辨率为 72 像素/英寸，RGB 颜色模式，8 位，背景色为黑色的新图像文件。

(2) 输入文字并制作文字层副本

① 选择"横排文字工具"，在文字选项栏设置字体为黑体，大小为 72 点，颜色为白色，输入文字"大好河山"。

② 将文字层复制一层，并隐藏文字原图层（单击文字原图层左侧的"眼睛"按钮），如图 3-3-76 所示。

(3) 对文字副本层进行栅格化操作

在"图层"面板中右击文字副本层，在弹出的快捷菜单中，选择"栅格化文字"。

▲ 图 3-3-76　文字层操作

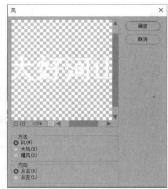
▲ 图 3-3-77　滤镜操作

(4) 利用"风格化"滤镜、"波纹"滤镜及"图像旋转"功能对文字副本进行处理

① 选中文字副本层，执行"滤镜/风格化/风"命令，具体参数如图 3-3-77 所示。按 Ctrl+F 键重复执行一次。

② 执行"图像/图像旋转/顺时针 90 度"命令，再按 Ctrl+F 键两次，效果如图 3-3-78(a) 所示。

③ 执行"图像/图像旋转/180 度"命令，再按 Ctrl+F 键两次，效果如图 3-3-78(b) 所示。

(a) 顺时针旋转90度　　(b) 旋转180度　　(c) 顺时针旋转270度

▲ 图 3-3-78　对文字进行旋转及风格化操作

④ 执行"图像/图像旋转/任意角度"命令，进行 270 度的顺时针旋转，如图 3-3-78(c) 所示。再按 Ctrl+F 键两次，效果如图 3-3-79 所示。

⑤ 将图像旋转回一开始的角度。

⑥ 将完成"风"滤镜效果的文字层再复制一个副本，对该副本图层执行"滤镜/扭曲/波纹"命令，数量为 100%，大小为"中"，如图 3-3-80 所示。

(5) 设置图层混合模式

在"图层"面板中下拉"设置图层的混合模式"列表，选择其中的"排除"，效果如图 3-3-81 所示。

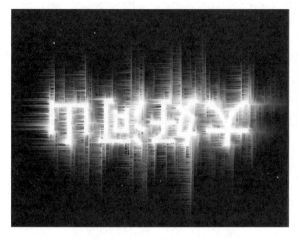

▲ 图 3-3-79　风格化滤镜操作

▲ 图 3-3-80　波纹滤镜操作

▲ 图 3-3-81　图层混合模式操作

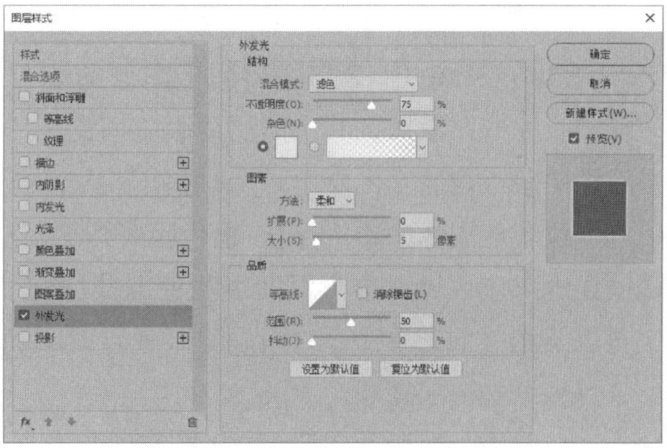

▲ 图 3-3-82　图层样式操作

(6) 制作文字"外发光"图层样式

① 将原先隐藏的文字原图层显示并移动到最上层。

② 将该文字原图层的文字颜色修改为黑色。

③ 执行"图层/图层样式/外发光"命令,"不透明度"设置为 75%,颜色为黄色,如图 3-3-82 所示。

(7) 新建"渐变映射"调整图层

① 在"图层"面板下方单击"创建新的填充或调整图层"按钮,在弹出的"快捷菜单"中选择"渐变映射"。

② 打开如图 3-3-83 所示的"渐变编辑器",在"预设"中,选择"橙,黄,橙渐变",单击"确定"。最后效果如图 3-3-84 所示。

(8) 保存图像

以"LJG3-13-1.jpg"为文件名保存图像。

▲ 图 3-3-83　渐变编辑器操作　　　　▲ 图 3-3-84　例 3-13 效果图

2. 蒙版

在 Photoshop 中,蒙版主要用于图像的遮盖。Photoshop 提供了三类蒙版:图层蒙版、矢量蒙版和剪贴蒙版。其中图层蒙版应用比较广泛。

图层蒙版附着在图层上,不破坏图层内容但能控制该图层像素的显示与隐藏。图层蒙版以 8 位灰度图像的形式存在,黑色隐藏图层对应区域,白色则显示图层对应区域,灰色则半透明显示对应区域。透明程度由灰色深浅决定。可以使用各种绘画与填充工具、图像修整工具以及相关的菜单命令对图层蒙版进行编辑和修改。

（1）添加图层蒙版

选择要添加蒙版的图层,采用下述方法之一添加图层蒙版。

● 单击"图层"面板下方的"添加蒙版"按钮 ◻ ,或选择菜单命令"图层/图层蒙版/显示全部",可以创建一个白色的蒙版(图层缩览图右边的附加缩览图表示图层蒙版)。白色蒙版对图层的内容显示无任何影响。

● 按 Alt 键单击"图层"面板下方的 ◻ 按钮,或选择菜单命令"图层/图层蒙版/隐藏全部",可以创建一个黑色的蒙版。黑色蒙版隐藏了对应图层的所有内容。

● 在存在选区的情况下,单击 ◻ 按钮,或选择菜单命令"图层/图层蒙版/显示选区",将基于选区创建蒙版。此时,选区内的蒙版填充白色,选区外的蒙版填充黑色。按 Alt 键单击 ◻ 按钮,或选择菜单命令"图层/图层蒙版/隐藏选区",则产生的蒙版正好相反。

背景层不能添加图层蒙版,只有将背景层转化为普通层后,才能添加图层蒙版。

（2）删除图层蒙版

在"图层"面板上选择图层蒙版的缩览图,单击面板下方的 🗑 按钮,或选择菜单命令"图层/图层蒙版/删除"。在弹出的提示框中单击"应用"按钮,将删除图层蒙版,同时蒙版效果被永久地应用在图层上(图层遭到破坏);单击"删除"按钮,则在删除图层蒙版后,蒙版效果不会应用到图层上。

(3) 在蒙版编辑状态与图层编辑状态之间切换

在"图层"面板上,单击图层缩览图,则图层缩览图周围显示有边框,表示当前处于图层编辑状态,所有的编辑操作都是作用在图层上,对蒙版没有任何影响。

若单击图层蒙版缩览图,则图层蒙版缩览图的周围显示有边框,表示当前处于图层蒙版编辑状态,所有的编辑操作都是作用在图层蒙版上。

例 3-14

使用"图层蒙版"、"渐变工具"、"镜头光晕滤镜"及"斜面和浮雕"、"投影"、"渐变叠加"的图层样式,制作"塞外牧场"图像效果

(1) 打开素材图像并合成图像

① 打开素材文件"L3-14-1.jpg""L3-14-2.jpg",执行"窗口/排列/使所有内容在窗口中浮动"命令。

② 选择"移动工具",将图像"L3-14-1.jpg"拖到图像"L3-14-2.jpg"中,形成图层1。

③ 执行"编辑/变换/缩放"命令,适当调整图层1大小,关闭"L3-14-1.jpg"图像。

(2) 利用"图层蒙版"及"渐变工具"制作山坡与奔马图像的混色效果

① 选中图层1,单击"图层"面板下方的"添加图层蒙版"按钮,此时在图层1上添加一个白色的图层蒙版,如图3-3-85(a)所示。

② 将前景色设置为白色,背景色设置为黑色。选择"渐变工具",在渐变工具选项栏选择"从前景色到背景色渐变",渐变类型为"线性渐变"。

③ 按住 Shift 键,从图像的中部左侧向右侧拖拽,结果如图3-3-85(b)所示。

(a) 添加图层蒙版

(b) 设置线性渐变

▲ 图 3-3-85 利用"图层蒙版"及"渐变工具"制作山坡与奔马图像的混色效果

(3) 对长城部分设置斜面和浮雕的图层样式

① 选择图层1,选择"磁性套索工具",拖拽鼠标,勾勒出长城选区,如图3-3-86所示。

② 按 Ctrl+C 键和 Ctrl+V 键,将选区复制为图层,使该图层位于最上层,如图3-3-87

所示。

③ 选择图层2，执行"图层/图层样式/斜面和浮雕"命令，在弹出的对话框中单击"确定"按钮。

▲ 图 3-3-86　磁性套索勾勒长城

▲ 图 3-3-87　复制图层

（4）输入文字

① 选择"直排文字工具"，在文字选项栏设置字体为黑体、大小为60点，输入文字"塞外牧场"。

② 执行"图层/图层样式/渐变叠加"命令，在如图3-3-88所示的对话框中选择"色谱"，并勾选"投影"。

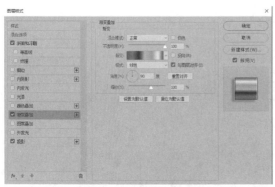

▲ 图 3-3-88　色谱的渐变叠加

▲ 图 3-3-89　例 3-14 效果图

（5）设置"镜头光晕"滤镜效果

选择图层1，执行"滤镜/渲染/镜头光晕"命令，在对话框中选择"电影镜头"并适当调整镜头位置。最后效果如图3-3-89所示。

（6）保存图像

以"LJG3-14-1.jpg"为文件名保存图像。

例 3-15

利用"快速蒙版工具"、"蒙版"操作、"色相/饱和度"命令及"文字工具"、"斜面和浮雕"的图层样式,制作"牧马人"图像效果

(1) 合成草原和牧马人

① 打开素材文件"L3-15-1.jpg""L3-15-2.jpg",执行"窗口/排列/使所有内容在窗口中浮动"命令。

② 执行"视图/放大"命令,适当放大"L3-15-1.jpg",单击"以快速蒙版模式编辑"按钮。

③ 选择"画笔工具",将前景色设置为黑色,用"画笔工具"在牧马人及马匹上面涂抹。在涂抹比较细微的部位时,可在画笔工具选项栏将笔触大小适当缩小,如图 3-3-90(a)所示。

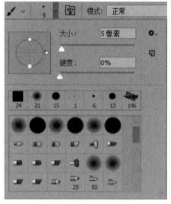

(a) 选择画笔笔触　　　　(b) 用快速蒙版选取牧马人

▲ 图 3-3-90　用快速蒙版工具及画笔选取牧马人

④ 当涂抹完毕后,相应的图像部分呈现为红色,如图 3-3-90(b)所示。

⑤ 单击"以标准模式编辑"按钮。执行"选择/反选"命令,得到牧马人选区,如图 3-3-91 所示。

⑥ 使用"移动工具"将牧马人选区内容拖拽到"L3-15-2.jpg"中适当位置,完成合成。

▲ 图 3-3-91　牧马人选区　　　▲ 图 3-3-92　牧马人角度并将马蹄隐没在草丛中

(2) 调整牧马人角度并将马蹄隐没在草丛中

① 执行"编辑/自由变换"命令,适当调整牧马人角度。

② 在"图层"面板单击"添加图层蒙版"按钮,为牧马人图层添加蒙版。

③ 将前景色设置为白色,背景色设置为黑色,选择"线性渐变"工具,在蒙版适当位置拖拽,使得马蹄隐入草丛中,如图 3-3-92 所示。

(3) 使山坡呈现出鲜花盛开的效果

① 在"图层"面板中选择背景层,用"魔棒工具"单击山坡部分,使其被选中,如图 3-3-93(a)所示。

(a) 魔棒选取草地　　　　　　　　(b) 设置色相/饱和度

▲ 图 3-3-93　设置草原颜色

② 执行"图像/调整/色相/饱和度"命令,设置参数为色相:-67、饱和度:+81、明度:+15,使山坡呈现出鲜花盛开的效果,如图 3-3-93(b)所示。

(4) 输入文字并设置图层样式

① 选择"直排文字工具",字体为华文新魏、72点、白色,输入文字"牧马人"。

② 执行"图层/图层样式"命令,设置"斜面和浮雕"及"投影"的图层样式。最后结果如图 3-3-94 所示。

(5) 保存图像

以"LJG3-15-1.jpg"为文件名保存图像。

▲ 图 3-3-94　例 3-15 效果图

3.3.7　习题与实践

1. 简答题

(1) 在 Photoshop 中,"编辑"菜单中的"描边"命令与"图层"菜单中的"描边"命令在使用时有何区别?

(2) 如果希望文字层能够像普通图层一样操作,则应对该文字层作何操作?

(3) 渐变与渐变叠加有何区别?

2. 实践题

请将以下所有实验内容的结果保存在自己创建的 C：\KS 文件夹中。

(1) 利用"渐变工具"，制作如图 3-3-95 所示的"硕果累累"效果。

① 打开素材图像"SY3-1-1.jpg"，在工具箱中选择将前景色设置为白色。

② 选择"渐变工具"，在"渐变工具"选项栏中设置"从前景到透明"、"线性渐变"，并按下"反向渐变颜色"。

③ 从图像的中心位置开始向图像的左侧拖拽鼠标。

④ 在工具箱中选择"直排文字工具"，字体设置为华文行楷、60 点、蓝色。

⑤ 输入文字：硕果累累。最后效果如图 3-3-95 所示。

▲ 图 3-3-95　"硕果累累"效果图

⑥ 以"SYJG3-1-1.jpg"为文件名保存图像。

(2) 利用"仿制图章工具"，将一个图像中的云彩复制到另一图像中，制作如图 3-3-96（样张"SYYZ3-2-1.jpg"）所示的蓝天白云效果。

① 打开素材图像"SY3-2-1.jpg""SY3-2-2.jpg"，执行"窗口/排列/平铺"命令，使两个图像在窗口中平铺。

② 使"SY3-2-1.jpg"为当前图像，单击"图层"面板下方的"创建新图层"命令，建立一个新图层。

③ 使"SY3-2-2.jpg"为当前图像，选择"仿制图章工具"，按住 Alt 键，在"SY3-2-2.jpg"图像的云彩处单击。

④ 使"SY3-2-1.jpg"为当前图像，选择刚才新建的图层，用仿制图章工具在该图层上涂抹，使得云彩被复制。最后效果如图 3-3-96 所示。

⑤ 以"SYJG3-2-1.jpg"为文件名保存图像。

▲ 图 3-3-96　"蓝天白云"效果图

▲ 图 3-3-97　"邮票"效果图

(3) 使用"铅笔工具"及调整画布大小命令，制作如图 3-3-97（样张"SYYZ3-3-1.jpg"）所示的邮票效果。

① 打开素材图像"SY3-3-1.jpg"，执行"图像/画布大小"命令，勾选"相对"，设置"画布扩展颜色"为白色，高宽各度扩展 0.5 厘米。

② 再次执行"图像/画布大小"命令，勾选"相对"，设置"画布扩展颜色"为黑色，高宽各扩展 0.5 厘米。

③ 选择"铅笔工具"，复位画笔，设置笔触大小为 30，设置画笔笔尖形状间距为 160%，设置前景色为黑色。

④ 配合 Shift 键，用"铅笔工具"沿白框画直线。最后效果如图 3-3-97 所示。

⑤ 以"SYJG3-3-1.jpg"为文件名保存图像。

▲ 图 3-3-98 "海上升明月"效果图

（4）利用"魔棒工具""图层蒙版""渐变工具""图像亮度和对比度调整"及图层样式等方法制作如图 3-3-98（样张"SYYZ3-4-1.jpg"）所示的"海上升明月"图像效果。

① 打开素材图像"SY3-4-1.jpg"、"SY3-4-2.jpg"，执行"图像/调整/亮度/对比度"命令，将月亮图像的亮度调整为 88。

② 用"魔棒工具"单击月亮图像黑色部分并执行"选择/反选"命令，选取月亮部分。

③ 使用"移动工具"将月亮选区拖拽到海滩风景图像中，执行"编辑/变换/缩放"命令适当调整月亮大小。关闭图像"SY3-4-2.jpg"。

④ 选中月亮图像，单击"图层"面板下方的"添加图层蒙版"按钮。

⑤ 将前景色设置为白色，背景色为黑色，选择"渐变工具"，设置"从前景色到背景色渐变""线性渐变"，在蒙版上适当位置向下拖拽鼠标，将月亮的下半部分逐渐隐入大海。

⑥ 在工具箱中选择"直排文字工具"，字体设置为幼圆、24 点、白色。

⑦ 输入文字"海上升明月"。执行"图层/图层样式/外发光"命令，参数默认。最后效果如图 3-3-98 所示。

⑧ 以"SYJG3-4-1.jpg"为文件名保存图像。

（5）利用"选区""蒙版""图层样式"工具，制作如图 3-3-99（样张"SYYZ3-5-1.jpg"）所示的"花仙子"图像效果。

① 打开素材图像"SY3-5-1.jpg""SY3-5-2.jpg""SY3-5-3.jpg"。执行"窗口/排列/使所有内容在窗口中浮动"命令，使三个图像在窗口中浮动。

② 将"SY3-5-1.jpg"图像解锁，使用"移动工具"将"SY3-5-2.jpg"拖拽到"SY3-5-1.jpg"中，调整大小并置于底层。

③ 使用"魔棒工具"在"SY3-5-3.jpg"图像白色部分单击，按住 Shift 键，单击其他未选中的白色部分，然后反选获得卡通人物选区。

④ 将选区移动到"SY3-5-1.jpg"图像的图层 0 中，单击"添加图层蒙版"按钮。

小贴士：移动选区不能用"移动工具"，移动工具移动的是选区内容，用勾勒出选区的魔棒、套索、选框工具等移动的才是选区本身。

⑤ 对图层 0 设置"投影"图层样式。

⑥ 选择"横排文字工具"，字体设置为华文彩云、150 点、红色，输入"花仙子"。

⑦ 执行"图层/图层样式/斜面和浮雕"命令，选择"外斜面"样式，结果如图 3-3-99 所示。

⑧ 保存图像，以"SYJG3-5-1.jpg"为文件名保存图像。

（6）利用素材图像"SY3-6-1.jpg"、"SY3-6-2.jpg"和"SY3-6-3.jpg"，制作如图 3-3-100（样张"SYYZ3-6-1.jpg"）所示的"书法"图像效果。

▲ 图 3-3-99　"花仙子"效果图

① 打开文件"SY3-6-2.jpg"。按组合键 Ctrl + A 全选图像，按组合键 Ctrl + C 复制图像。

② 打开文件"SY3-6-1.jpg"。按组合键 Ctrl + V 粘贴图像，将书法图像复制到小镇图像中，得到图层 1。执行"编辑/自由变换"命令适当缩小图层 1 的图像。将图层 1 的混合模式设置为"变暗"。

③ 打开文件"SY3-6-3.jpg"。用矩形选框工具框选图中的渔火及其倒影，并复制到"SY3-6-1.jpg"中，得到图层 2。将图层 2 的混合模式设置为"变亮"。

④ 将图层 2 中的渔火及倒影移到左侧船头。用"橡皮擦工具"擦除渔火周围多余颜色，结果如图 3-3-100 所示。

⑤ 以"SYJG3-6-1.jpg"为文件名保存图像。

（7）利用素材图像"SY3-7-1.jpg"制作如图 3-3-101（样张"SYYZ3-7-1.jpg"）所示的"破损老照片"图像效果。

▲ 图 3-3-100　"书法"效果图

▲ 图 3-3-101　"破损老照片"效果图

① 打开文件"SY3-7-1.jpg"，复制图层，对副本层执行"图像/调整/色调均化"命令。

② 对副本层执行"图像/调整/去色"命令。

③ 对副本层执行"图像/调整/色相/饱和度"命令,勾选"着色",设置参数40、40、0。

④ 执行"滤镜/滤镜库/艺术效果/胶片颗粒"命令,设置参数为4、0、2。

⑤ 创建新的图层,执行"滤镜/渲染/云彩"命令。设置新图层的图层混合模式为"叠加",图层不透明度为50%。

⑥ 再次创建新图层,执行"滤镜/渲染/云彩"命令,执行"图像/调整/阈值"命令,设置"阈值色价"为+100。

⑦ 执行"图像/调整/反相"命令,设置图层2的图层混合模式为"颜色减淡"。结果如图3-3-101所示。

⑧ 以"SYJG3-7-1.jpg"为文件名保存图像。

(8) 利用"滤镜""图像/调整""图层混合模式"等制作如图3-3-108(样张"SYYZ3-8-1.jpg")所示的"桌面壁纸"图像效果。

① 新建640×480像素的白色背景图像。执行"滤镜/像素化/点状化"命令,将单元格大小设置为20,如图3-3-102所示。

② 执行"图像/调整/阈值"命令,将阈值色阶设置为255,如图3-3-103所示。

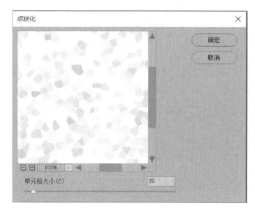

▲ 图3-3-102 点状化滤镜

▲ 图3-3-103 设置"阈值"参数

③ 执行"滤镜/模糊/动感模糊"命令,设置角度90、距离999,如图3-3-104所示。

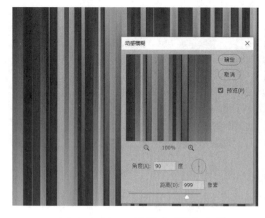

▲ 图3-3-104 设置动感模糊参数

▲ 图3-3-105 设置极坐标扭曲参数

④ 执行"滤镜/扭曲/极坐标"命令,参数 100%、"平面坐标到极坐标",如图 3-3-105 所示,形成壁纸的放射光效果。

⑤ 执行"滤镜/扭曲/旋转扭曲"命令,将角度设置为 95,将放射光线设置以中心位置旋转,如图 3-3-106 所示。

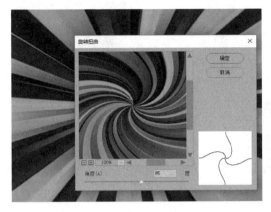

▲ 图 3-3-106　设置旋转扭曲参数

▲ 图 3-3-107　设置色相/饱和度参数

⑥ 执行"图像/调整/反相"命令,当前的黑白像素反相。

⑦ 执行"图像/调整/色相/饱和度",勾选"着色"、色相 320、饱和度 50、明度－10。将其调整为紫色,效果如图 3-3-107 所示。

⑧ 复制图层,执行"编辑/变换/垂直翻转"命令,将副本层翻转。

⑨ 将副本层的图像混合模式设置为"柔光"。最后效果如图 3-3-108 所示。

▲ 图 3-3-108　"桌面壁纸"效果图

⑩ 以"SYJG3-8-1.jpg"为文件名保存图像。

(9) 利用"蒙版""魔棒工具",制作如图 3-3-112(样张"SYYZ3-9-1.jpg")所示的"彩条小丑"图像效果。

① 打开素材图像"SY3-9-1.jpg",单击图层面板下方的"创建新图层"按钮,新建"图层 1"。

② 将前景色设置为绿色,选择"工具箱"中的"矩形选框工具"及"油漆桶工具",在图层 1 上绘出若干矩形绿色彩条,如图 3-3-109 所示。

③ 保持选区,右击图层 1,选择"复制图层"命令,产生图层 1 拷贝。

④ 将前景色设置为红色,用"油漆桶工具"填充图层 1 拷贝选区,如图 3-3-110 所示。按 Ctrl＋D 键取消选区。

⑤ 关闭图层 1 和图层 1 拷贝的可见性,选中背景层。

⑥ 使用"魔棒工具"选中背景图层小丑图像的红色部分,保持选区。

⑦ 打开图层 1(绿色彩条图层)的可视性,选中图层 1。单击"图层"面板下方的"添加图

层蒙版"按钮,在图层 1 上添加蒙版,结果如图 3-3-111 所示。

⑧ 选中背景层,使用"魔棒工具"选区背景图层小丑图像的绿色部分,保持选区。

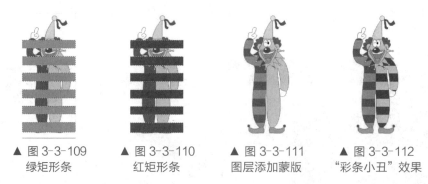

▲ 图 3-3-109　绿矩形条　　▲ 图 3-3-110　红矩形条　　▲ 图 3-3-111　图层添加蒙版　　▲ 图 3-3-112　"彩条小丑"效果

⑨ 打开图层 1 拷贝(红色彩条图层)的可视性,选中图层 1 拷贝。单击"图层"面板下方的"添加图层蒙版"按钮,在图层 1 拷贝上添加蒙版,最后结果结果如图 3-3-112 所示。

⑩ 以"SYJG3-9-1.jpg"为文件名保存图像。

(10) 利用"魔棒工具"、选区操作及"斜面和浮雕"的图层样式,制作如图 3-3-116(样张"SYYZ3-10-1.jpg")所示的"吉祥如意"木刻图像效果。

① 打开素材文件"SY3-10-1.jpg""SY3-10-2.jpg",执行"窗口/排列/平铺"命令,使两个图像平铺。

② 在"SY3-10-2.jpg"中,使用"魔棒工具",单击红色部分,执行"选择/选取相似"命令,将魔棒工具未选中的细微部分选中,获取剪纸猪的形状,如图 3-3-113 所示。

③ 将选区拖拽到"SY3-10-1.jpg"中(提示:不要使用"移动工具"拖拽选区),如图 3-3-114 所示。

▲ 图 3-3-113　选取剪纸图像

▲ 图 3-3-114　复制选区

④ 关闭"SY3-10-2.jpg"图像。

⑤ 按 Ctrl+C,Ctrl+V 键,使选区产生"图层 1"。

⑥ 执行"图层/图层样式/斜面和浮雕"命令，样式选择"枕状浮雕"，结果如图 3-3-115 所示。

⑦ 选择"横排文字工具"，字体为华文新魏，大小 60 点，颜色为♯f4b05f，输入文字"吉祥如意"。

⑧ 执行"图层/图层样式/投影"命令，对文字层设置距离为 10 像素的投影。最后效果如图 3-3-116 所示。

⑨ 以"SYJG3-10-1.jpg"为文件名保存图像。

▲ 图 3-3-115　设置图层样式

▲ 图 3-3-116　"吉祥如意"木刻图像效果图

3.4 图像识别与图像检索

❖ 3.4.1 图像识别

我们对见过的人,再次见到时会认出来;走过的地方的场景,再次来到时也可以回忆起来。这是因为人本身有很强的图像记忆和识别能力,通过大脑的分析和记忆,对各种物品、人物都能自然而然地识别出来。本书中所介绍的图像识别,是指利用计算机对图像进行处理、分析和理解,让计算机能够识别出各种不同模式的目标和对象的技术,它从图像处理技术发展而来,是图像检索、计算机视觉等方面的基础,在能进行图像识别的基础上,就可以对图像进行检索。

1. 传统图像识别技术

对图像识别的研究可以追溯到 20 世纪 80 年代,是以图像的主要特征为基础的。这里的图像特征包括形状、轮廓、色彩、纹理等方面,通过特征,可以将不同的图像区分开来。例如:字母 V 有个尖、B 有两个圈,而 Z 有两个折角等,这些就是形状特征。

图像在计算机中是使用二进制来表示的,如图 3-4-1 所示,左边为图像,右边是该图像对应的二进制代码的十六进制表示(部分区域)。因此传统图像处理的方法就是通过建立图像的各种数学模型来分析图像的各种特征,并对图像中各个像素对应的数据进行相关的运算,使其达到一定的变化效果,如图像降噪、增强、压缩、添加和去除水印等。

▲ 图 3-4-1 图像及其在计算机中存储的二进制数据(以十六进制法表示)

对于人的视觉系统来说,对图像的识别也是依靠图像的各种特征。研究表明,人的视线总是集中在图像的主要特征上,也就是集中在图像轮廓曲度最大或轮廓方向突然改变的地方,这些地方的信息量最大。而且眼睛的扫描路线也总是依次从一个特征转到另一个特征上。由此可见,在图像识别过程中,知觉机制必须排除输入的多余信息,抽出关键的信息。同时,在大脑里必定有一个负责整合信息的机制,它能把分阶段获得的信息整理成一个完整的知觉映象。

对图像识别的传统研究是建立在对人类的图像识别基础上的,因此,学者们试图从复杂的图像中,利用数学模型将图像的轮廓、纹理或者颜色信息提取出来,并与要查询的图像的相关信息相匹配。但是由于图像本身的复杂多样特性,提取特征方法的不同,会造成匹配结果有比较大的差异。例如:要查找日出图像(如图 3-4-2 所示),通过让计算机知道颜色的描述能找出来吗?如果通过纹理的描述、画面构成的描述等查找,一方面,要精确描述图像的特征本身就是一件比较困难的事情,这样的描述还需要转换成数学模型;另一方面,大量被查找的图像也需要使用相同的数学模型

▲ 图 3-4-2　等待检索的日出图像

进行转换,才能从两方面使图像相匹配,这涉及大量的运算,传统计算机的运算能力也不足以满足需要,因此传统图像处理的方法对图像识别的研究进展比较有限,识别率也比较低,无法满足人们日常需要。

因此,传统的图像识别,比较多地是使用文字标注的方法,即使用文字说明对图像特征进行描述,然后按关键字词进行检索,将对图像检索转换为对文字的检索。

但随着数码相机、数字化摄像设备、监控设备等图像获取设备的普及,计算机获取到的图像数量成几何级数增长,大量数据根本来不及进行人工标注,而且不同的人对图像的理解可以不同,标注的文字也千差万别,这给基于关键字词的图像检索带来了一定的困惑,人们需要有更先进高效的方法进行图像检索。

2. 基于人工智能的图像识别技术

随着人工智能技术的发展,图像识别也逐渐进入人们的日常生活。百度推出了识图功能,如图 3-4-3 所示。将图 3-4-1 左侧图片上传后,网页上显示如图 3-4-4 所示的识别结果。

那么人工智能技术是怎样解决传统图像识别所遇到的问题?其过程是怎样实施的呢?

基于人工智能方法的数字图像的识别过程如图 3-4-5 所示。

可以通过照相机或其他数码设备采集图像输入计算机,然后对图像进行预处理,如 A/D 转换、二值化、平滑、变换、增强、恢复、滤波等,以得到图像的特征数据。接下来,需要从预处理后得到的大量数据中抽选出能够代表图像的特征数据,这些特征可以是图像的边缘、角点、纹理或者代表性的区域,通过特征提取,数据量可以适当下降,提高后续计算的效率。

▲ 图 3-4-3　百度识图主界面

▲ 图 3-4-4　识图举例结果

▲ 图 3-4-5　图像识别的过程

训练这一步是用于确定判决规则，使按此类判决规则分类时，错误率最低，这个步骤也被称为分类器设计。而分类决策用于对待识别图像的分类。

(1) 图像的预处理

图像预处理的主要目的是消除图像中无关的信息，恢复有用的真实信息，增强有关信息的可检测性和最大限度地简化数据，从而改进特征抽取、图像分割、匹配和识别的可靠性。一般预处理的过程为：图像的灰度化、几何变换、图像增强。

① 图像的灰度化。对于彩色图像来说，图像的色彩来源于多个通道，如果对每个通道都要进行预处理，时间开销将会很大。因此，为了达到提高整个应用系统的处理速度的目的，需要减少所需处理的数据量，这可以通过对图像灰度化方法来实现。

② 图像的几何变换。这又被称为图像的空间变换，对于采集到的图像，如果存在几何变

形,则可以通过几何变换的方法进行校正,具体包括平移、转置、镜像、旋转、缩放等几何变换,用于改正图像采集系统的系统误差和仪器位置(成像角度、透视关系乃至镜头自身原因)的随机误差,在此过程中,还需要使用灰度插值算法使输出图像的像素映射到输入图像的整数坐标系中。

③ 图像增强。这一步是为了增强图像中的有用信息,它可以是一个失真的过程,其目的是要改善图像的视觉效果,针对给定图像的应用场合,有目的地强调图像的整体或局部特性,将原来不清晰的图像变得清晰或强调某些感兴趣的特征,扩大图像中不同物体特征之间的差别,抑制不感兴趣的特征,使之改善图像质量、丰富信息量,加强图像判读和识别效果,满足某些特殊分析的需要。

(2) 特征抽取

图像的特征就是能使图像与其他图像有差异的特点集合,例如:如果要区分图 3-4-6 中的两种花卉,就可以从花瓣的长度、宽度等方面作为特征进行区分。

▲ 图 3-4-6　荷花与菊花图片的特征

图像本身在计算机中以数字化形式存在,图像的特征是计算机通过对原始图像数据分析之后获得的新数据,例如花瓣长度、宽度,或者两者的比例、周长、色彩灰度的平均值等数据。每种类型的花都有其独特的相关特征数据,将大量的花的相关数据存储在一起形成花卉图像的数据集。

(3) 利用数据集训练得到分类器模型

当面前有大量的待分类的物品时,人们首先会根据物品的特征对它们进行区分并确定类别,然后根据取到的物品的特征,将它归到合适的类别中。随着归类物品的增加,特征与类别的对应关系在脑海中形成了经验,当又有物品需要分类时,根据脑海中的经验,就可以将物品归到合适的类别中。利用数据集训练得到分类器模型的过程,就类似于在物品分类中积累获得经验的过程。

例如:当果农收获苹果后,通常会根据苹果果径的大小分类后再出售,获得更高的价值。为了方便对果实进行分类,对于没有经验的人来说,通常是在拿到一个苹果后对其测量,获得其果径。当测量的苹果数量增加到一定程度时,果农就有了经验,果径的大小会在一定范围中。如图 3-4-7 所示为苹果的果径大小的示意图,通常可以定义一定范围内的果径为一类,如 86—95 mm、81—85 mm、76—80 mm、65—75 mm。如果将这种分类经验制作成一个模型,如图 3-4-8 所示,那么对于没有经验的果农的帮工来说,利用模型对新的苹果进行分类就会方便快速许多。

以上的物品分类,使用的是人类智慧经验,而对于计算机来说,如果要对图像进行分类,则是根据图像特征积累经验。这个过程是通过数学方法,从大量数据中获得模型,然后再利用模型,对新的图像进行分类,这就是当前的人工智能方法。在人工智能领域,常见的分类方法包括:支持向量机、K 近邻、朴素贝叶斯、卷积神经网络等。

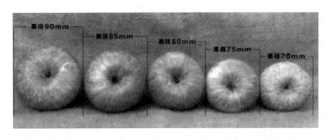 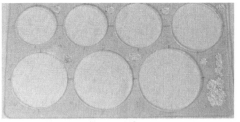

▲ 图 3-4-7　苹果按果径大小分类　　　　　▲ 图 3-4-8　果径分类器示意图

❖ 3.4.2　AI 图像处理

人工智能是计算机科学的一个研究分支，而 AI 图像处理则是利用人工智能技术对图像进行分析、识别、增强和生成的过程。它结合了计算机视觉、深度学习和机器学习等技术，是 AIGC（人工智能生成内容）的一个重要组成部分，包括 AI 图像增强、AI 修图、AI 生图、AI 绘画、AI 图像文件压缩等诸多内容。其实当前的 Adobe Photoshop 工具已经集成了许多的 AI 功能，如对象的智能选择、内容感知填充、内容感知缩放、内容感知修图、人脸识别液化变形等。

1. AI 图像增强

利用人工智能技术提高图像的分辨率，增加更多细节，使低质量的图像变得更加清晰。

2. AI 修图

利用人工智能技术对图像进行处理和优化，修复图像中的瑕疵、美化人像、进行色彩调整等。如图 3-4-9 所示，是利用某软件的图像消除功能进行图像修复的案例。

(a) 原图像　　　　　　　　　　　(b) 修复后的图像

▲ 图 3-4-9　AI 修图案例

3. AI 生图

利用人工智能技术通过算法合成图像，或对已有图像进行再加工，得到新的图像。

4. AI 绘画

利用人工智能技术生成绘画艺术作品。随着 AI 相关技术的发展，AI 绘画的能力得到了显著提升，已经能够创作出高质量、富有创意的优秀作品。如图 3-4-10 所示，是美国科罗拉多州博览会艺术比赛中获得第一名的作品《空间歌剧院》，作者为 39 岁的游戏设计师 Jason Allen。

▲ 图 3-4-10　AI 绘画优秀作品

展望未来，随着技术的不断进步，AI 图像处理的准确性和智能化程度必将进一步提高，会出现更多个性化、智能化的解决方案。

✦ 3.4.3　计算机视觉

计算机视觉是使用计算机及相关设备对生物视觉的模拟，是研究如何让机器"看"的科学，即怎样用计算机代替人眼对目标进行识别、跟踪和测量，并进一步做图像处理，使目标图像成为适合人眼观察或传送给仪器检测的图像。

计算机视觉的关键就是识别技术，根据识别对象的差异，可以把计算机视觉的识别技术分为物体识别、物体属性识别和物体行为识别。

物体识别分为对不同物体进行归类和对同类物体进行区分和鉴别。具体包含了字符识别、人体识别（如人脸、指纹、虹膜等）和其他物体的识别三大类；物体属性识别，是结合地图模型让物体在视觉的三维空间里得到记忆的重建，进而进行场景的分析和判断；物体行为识别分为三个进阶的步骤，移动识别判断物体是否做了位移，动作识别判断物体做的是什么动作，行为识别是结合视觉主体和场景的交互做出行为的分析和判断。

可见计算机视觉的关键是图像识别，其流程如图 3-4-11 所示。

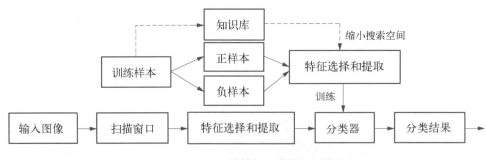

▲ 图 3-4-11　计算机视觉的识别流程

类似于人工智能图像识别，计算机视觉的识别流程也是分为两条路线：训练模型和识别图像。

训练模型中的样本数据包括正样本（包含待检目标的样本）和负样本（不包含目标的样本），视觉系统利用算法对原始样本进行特征的选择和提取训练出分类器（模型）；因为样本数据的量非常大，提取出来的特征数据就更可观了，为了缩短训练时间，通常会人为地加入知识库（提前告诉计算机一些规则），或者引入限制条件来缩小搜索空间。

识别图像：通过对图像进行信号变换、降噪等预处理，再利用分类器对图像进行目标检测。一般检测过程为用一个扫描子窗口在待检测的图像中不断地移位滑动，子窗口每到一个位置就会计算出该区域到特征，然后用训练好的分类器对该特征进行筛选，判断该区域是否为目标。

✦ 3.4.4　图像识别与计算机视觉的应用

对于普通人来说，70%以上的信息来源于视觉系统，因此图像识别与计算机视觉的应用非常广泛。根据 IT 桔子网站的数据，至 2019 年 5 月，国内图像识别领域相关的公司已达到 1 843 家，计算机视觉相关的公司达到了 3 579 家。他们的应用场景包括了人脸识别、监控分析、驾驶辅助或智能驾驶、三维图像视觉、工业视觉检测、医疗影像诊断、文字识别、图像及视频编辑创作等多个方面。

1. 人脸识别

人脸识别是人工智能视觉与图像领域中最热门的应用，《麻省理工科技评论》发布 2017 全球十大突破性技术榜单，来自中国的技术刷脸支付位列其中。这是该榜单创建 16 年来首个来自中国的技术突破。人脸识别技术目前已经广泛应用于金融、司法、军队、公安、边检、政府、航天、电力、工厂、教育、医疗等行业。智能手机上如果安装了人脸识别系统，便可完成刷脸开启、刷脸支付等功能。拍摄数码照片时，取景框中会自动框取人脸也是人脸识别的应用之一。

2. 监控分析

人工智能技术可以对结构化的人、车、物等视频内容信息进行快速检索、查询。这项应用使得公安系统在繁杂的监控视频中搜寻到罪犯有了可能。在大量人群流动的交通枢纽，该技术也被广泛用于人群分析、防控预警等。

3. 驾驶辅助、智能驾驶

随着汽车的普及，汽车已经成为人工智能技术非常大的应用投放方向，但就目前来说，想要完全实现自动驾驶，距离技术成熟还有一段路要走。不过利用人工智能技术，汽车的驾驶辅助的功能及应用越来越多，这些应用多半是基于计算机视觉和图像处理技术来实现，伴随着 5G 时代的到来，无人驾驶将离人们的生活越来越近。

4. 三维图像视觉

三维图像视觉主要是对于三维物体的识别，应用于三维视觉建模、三维测绘等领域。

5. 工业视觉检测

机器视觉可以快速获取大量信息，并进行自动处理。在自动化生产过程中，人们将机器视觉系统广泛地用于工况监视、成品检验和质量控制等领域。

机器视觉系统的特点是提高生产的柔性和自动化程度。运用在一些危险工作环境或人工视觉难以满足要求的场合；此外，在大批量工业生产过程中，机器视觉检测可以大大提高生产效率和生产的自动化程度。

6. 医疗影像诊断

医疗数据中有超过 90% 的数据来自医疗影像。医疗影像领域拥有孕育深度学习的海量数据，医疗影像诊断可以辅助医生，提升医生的诊断的效率。

7. 文字识别

计算机文字识别，俗称光学字符识别，它是利用光学技术和计算机技术把印在或写在纸上的文字读取出来，并转换成一种计算机能够接受、人又可以理解的格式。这是实现文字高速录入的一项关键技术。

8. 图像及视频编辑创作

目前市场上出现了很多运用机器学习算法对图像进行处理，可以实现对图片的自动修复、美化、变换效果等操作，并且越来越受到用户青睐。

人工智能视觉与图像领域企业分布如图 3-4-12 所示。

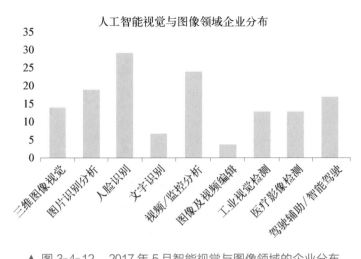

▲ 图 3-4-12　2017 年 5 月智能视觉与图像领域的企业分布

✦ 3.4.5　习题与实践

1. 简答题

（1）请列举日常生活中有哪些图像识别应用。

（2）人工智能和大数据在图像识别及图像检索中能发挥什么样的作用？

（3）如何正确处理公共场所中大量的人脸识别应用与公众对个人隐私保护要求之间的关系？

2. 实践题

（1）通过"形色识花"小程序，识别并了解你所看到的花朵及相关知识。

① 运行小程序"形色识花"，如图 3-4-13 所示。

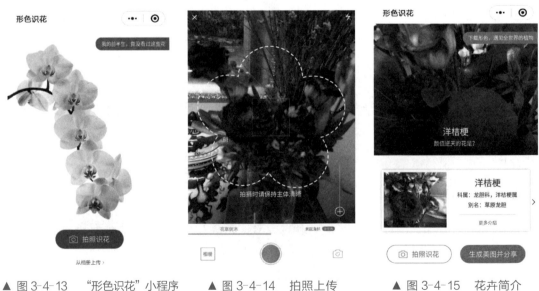

▲ 图 3-4-13　"形色识花"小程序　　▲ 图 3-4-14　拍照上传　　▲ 图 3-4-15　花卉简介

② 单击"拍照识花"按钮，将镜头对准你所想认识并了解的花朵，如图 3-4-14 所示。

③ 单击"确定"及"完成"按钮，此时出现如图 3-4-15 所示的有关花朵的简单介绍。

④ 单击"更多介绍"，可展开有关的诗词赏花、趣说花草、植物文化、植物养护、植物价值等各种信息，如图 3-4-16 所示。

⑤ 生成美图并分享，如图 3-4-17 所示。

（2）尝试使用小程序"拍图识字"，将一张图片上的文字识别为字符。

▲ 图 3-4-16　百科知识　　　▲ 图 3-4-17　分享　　　▲ 图 3-4-18　"拍图识字"小程序

3.5 综合练习

❖ 一、单选题

1. 以下不是扫描仪的主要技术指标是_____。
   A. 分辨率 　　　　　　　　　　B. 色深度及灰度
   C. 扫描幅度 　　　　　　　　　D. 厂家品牌

2. 以下叙述正确的是_____。
   A. 图形属于图像的一种,是计算机绘制的画面
   B. 经扫描仪输入到计算机后,可以得到由像素组成的图像
   C. 经摄像机输入到计算机后,可转换成由像素组成的图形
   D. 图像经数字压缩处理后可得到图形

3. 以下叙述错误的是_____。
   A. 位图图像由数字阵列信息组成,阵列中的各项数字用来描述构成图像的各个像素点的位置和颜色等信息
   B. 矢量图文件中所记录的指令用于描述构成该图形的所有图元的位置、形状、大小和维数等信息
   C. 矢量图不会因为放大而产生马赛克现象
   D. 将位图图像放大显示时,其中像素的数量会相应增加

4. 以下叙述正确的是_____。
   A. 位图是用一组指令集合来描述图片内容的
   B. 图像分辨率为 800×600,表示垂直方向有 800 个像素,水平方向有 600 个像素
   C. 表示图像的色彩位数越少,同样大小的图像所占用的存储空间越小
   D. 彩色图像的质量是由图像的分辨率决定的

5. 以下不属于扫描仪应用领域的是_____。
   A. 扫描图像 　　　　　　　　　B. 光学字符识别(OCR)
   C. 生成任意物体的 3D 模型 　　　D. 图像处理

6. 以下关于图像识别的应用,错误的说法是_____。

A．图像识别可以用于图像检索　　　　B．图像识别可以用于图像处理

C．图像识别可以用于安全防范　　　　D．图像识别可以用于自动驾驶

7． 以下不属于计算机图像识别技术的是_____。

A．用数学模型将图像轮廓提取出来

B．人工用文字对图像进行标注

C．机器学习后自动分类

D．用数据模型将图像颜色提取出来

8． 以下属于图像识别与检索的关键技术的是_____。

A．数据压缩　　　B．特征提取　　　C．文字标注　　　D．色彩提取

9． 以下不属于人工智能方法进行图像识别中预处理技术范畴的是_____。

A．特征提取　　　B．图像的灰度化　　　C．几何变换　　　D．图像增强

❖ 二、是非题

请在以下正确的说法前打√，错误的说法前打×。

1． 将一幅图片放大到一定倍数后出现马赛克现象，则该图片为矢量图。

2． 多媒体计算机获取图像的方法有：使用数码相机、屏幕截图、数码摄像机、数码摄像头、视频捕捉卡，以及直接在计算机上绘图等。

3． 在屏幕上显示的图像通常有两种描述方法。一种称为点阵图像，另一种称为矢量图形。

4． 表示图像的色彩位数越多，则同样大小的图像所占的存储空间越小。

5． Windows 中基本的位图文件的扩展名为 JPG。

❖ 三、实践题

请将以下所有实验内容的结果保存在自己创建的 C：\KS 文件夹中。

1． 打开素材"ZH3-1-1.jpg""ZH3-1-2.jpg"，制作如图 3-5-1 所示的效果。图片最终效果参照"ZHYZ3-1-1.jpg"，将结果以"ZHJG3-1-1.jpg"为文件名保存。

操作提示：

（1）将"ZH3-1-1.jpg"中的手机和人与背景分离，并添加"斜面浮雕"和"投影"的图层样式。

（2）对"ZH3-1-1.jpg"图像中的背景区域使用"颗粒"滤镜。

（3）将"ZH3-1-2.jpg"中的五线谱和樱桃内容合成到"ZH3-1-1.jpg"中，适当调整大小位置，并设置图层混合模式为"颜色"。

▲ 图 3-5-1　综合实践样张 1　　　　　　　▲ 图 3-5-2　综合实践样张 2

2. 打开素材"ZH3-2-1.jpg""ZH3-2-2.psd""ZH3-2-3.jpg",制作如图 3-5-2 所示的效果。图片最终效果参照"ZHYZ3-2-1.jpg",将结果以"ZHJG3-2-1.jpg"为文件名保存。

操作提示:

(1) 对"ZH3-2-1.jpg"图像背景图层使用"镜头光晕"(亮度 150%、电影镜头)滤镜。

(2) 将"ZH3-2-2.psd"图像中的人物合成到"ZH3-2-1.jpg"中,适当调整大小、位置。

(3) 对调整后的人物图层,利用蒙版将人物边沿渐隐在云中。

(4) 将"ZH3-2-3.jpg"中乐谱合成到"ZH3-2-1.jpg"中,调整大小位置,添加"渐变叠加"(透明彩虹渐变)图层样式。

3. 打开素材"ZH3-3-1.jpg""ZH3-3-2.jpg",制作如图 3-5-3 所示的效果。图片最终效果参照"ZHYZ3-3-1.jpg",将结果以"ZHJG3-3-1.jpg"为文件名保存。

操作提示:

(1) 对"ZH3-3-1.jpg"图像背景图层添加前景(白色)到透明的"径向渐变"。

(2) 将"ZH3-3-2.jpg"中的蝴蝶合成到 ZH3-3-1.jpg 中,调整大小位置,添加"斜面浮雕"图层样式。

(3) 再复制蝴蝶到"ZH3-3-1.jpg"中(右),调整大小位置,并添加"霓虹灯光"滤镜效果。

(4) 输入文字"蝶恋花",华文彩云字体、72 点、颜色♯feff81,并添加"投影"图层样式。

▲ 图 3-5-3　综合实践样张 3　　　　　　　▲ 图 3-5-4　综合实践样张 4

4. 打开素材"ZH3-4-1.jpg""ZH3-4-2.jpg",制作如图 3-5-4 所示的效果。图片最终效果参照"ZHYZ3-4-1.jpg",将结果以"ZHJG3-4-1.jpg"为文件名保存。

操作提示:

(1) 将"ZH3-4-1.jpg"中内容(人物和 iPad)与背景分离,添加"斜面浮雕"和"投影"图层样式。

(2) 用图章工具消除"ZH3-4-1.jpg"下方文字"ipad",并对背景区域使用"网状"滤镜。

(3) 将"ZH3-4-2.jpg"中的汽车合成到"ZH3-4-1.jpg"中,参照样张调整大小位置。

(4) 利用蒙版柔化汽车边缘,并为汽车添加"镜头光晕"滤镜。

5. 打开素材"ZH3-5-1.jpg"、"ZH3-5-2.jpg"、"ZH3-5-3.jpg",制作如图 3-5-5 所示的效果。图片最终效果参照"ZHYZ3-5-1.jpg",将结果以"ZHJG3-5-1.jpg"为文件名保存。

操作提示:

(1) 对"ZH3-5-1.jpg"图像中的背景区域使用"马赛克拼贴"滤镜。

(2) 将"ZH3-5-2.jpg"图像合成到"ZH3-5-1.jpg"中,调整大小位置,设置图层混合模式为"变亮"。

(3) 将"ZH3-5-3.jpg"图像合成到"ZH3-5-1.jpg"中,调整大小位置,添加"斜面浮雕"图层样式。

(4) 输入文字"科技改变生活",华文彩云字体、72 点、白色,添加"外发光"图层样式。

▲ 图 3-5-5　综合实践样张 5

▲ 图 3-5-6　综合实践样张 6

6. 打开素材"ZH3-6-1.jpg""ZH3-6-2.jpg",制作如图 3-5-6 所示的效果。图片最终效果参照"ZHYZ3-6-1.jpg",将结果以"ZHJG3-6-1.jpg"为文件名保存。

操作提示:

(1) 为"ZH3-6-1.jpg"图像镜框外围添加"纹理化"的滤镜效果。

(2) 在"ZH3-6-2.jpg"中建立 10 像素羽化的矩形选区并将其合成到"ZH3-6-1.jpg"中。

(3) 参照样张适当调整北极熊区域的大小、方向和位置,并添加"内发光"图层样式。

(4) 输入文字"遐思",字体为华文行楷、72 点、红色,添加"旗帜"变形、"弯曲"+27%、白色 3 像素描边。

7. 打开素材"ZH3-7-1.jpg""ZH3-7-2.jpg""ZH3-7-3.jpg",制作如图 3-5-7 所示的效果。图片最终效果参照"ZHYZ3-7-1.jpg",将结果以"ZHJG3-7-1.jpg"为文件名保存。

操作提示:

(1) 为"ZH3-7-1.jpg"图像添加"拼缀图"滤镜。

(2) 将"ZH3-7-2.jpg"合成到"ZH3-7-1.jpg"中,大小同"ZH3-7-1.jpg",并设置图层混合模式为"滤色"。

(3) 将"ZH3-7-3.jpg"中人物合成到"ZH3-7-1.jpg"中,调整位置大小;添加"纹理"和"外发光"图层样式。

▲ 图 3-5-7　综合实践样张 7　　　　▲ 图 3-5-8　综合实践样张 8

8. 打开素材"ZH3-8-1.jpg"、"ZH3-8-2.jpg",制作如图 3-5-8 所示的效果。图片最终效果参照"ZHYZ3-8-1.jpg",将结果以"ZHJG3-8-1.jpg"为文件名保存。

操作提示:

(1) 将"ZH3-8-1.jpg"中人物和手表与背景分离,再添加"斜面浮雕"和"投影"图层样式。将右侧手表表面的区域颜色调整为"反相",效果参照样张。

(2) 对"ZH3-8-1.jpg"中的背景区域(除人物和手表内容外),使用"便条纸"滤镜。

(3) 将"ZH3-8-2.jpg"合成到"ZH3-8-1.jpg"中,参照样张调整大小、位置、角度。

9. 打开素材"ZH3-9-1.jpg""ZH3-9-2.jpg",制作如图 3-5-9 所示的效果。图片最终效果参照"ZHYZ3-9-1.jpg",将结果以"ZHJG3-9-1.jpg"为文件名保存。

操作提示:

(1) 对"ZH3-9-1.jpg"图像背景层使用"径向模糊"(数量 100,方法:缩放)滤镜。

(2) 将"ZH3-9-2.jpg"中机器人合成到"ZH3-9-1.jpg"中,调整大小位置,添加"外发光"(大小 15 像素)图层样式。

(3) 输入文字"科技之光",微软雅黑字体、80 点、颜色♯00fff0、鱼形变形,并添加"斜面浮雕"图层样式。

▲ 图 3-5-9　综合实践样张 9　　　　▲ 图 3-5-10　综合实践样张 10

10. 打开素材"ZH3-10-1.jpg""ZH3-10-2.jpg",制作如图 3-5-10 所示的效果。图片最终效果参照"ZHYZ3-10-1.jpg",将结果以"ZHJG3-10-1.jpg"为文件名保存。

操作提示：

(1) 在"ZH3-10-1.jpg"背景层左上方添加"镜头光晕"滤镜(电影镜头,亮度 200%)。

(2) 将"ZH3-10-2.jpg"中的卡通动物合成到"ZH3-10-1.jpg"中,调整大小位置;使用图章工具补充制作出两只卡通动物的左眼。

(3) 利用蒙版将卡通动物放在花环后面,效果如样张。

11. 打开素材"ZH3-11-1.jpg""ZH3-11-2.jpg",制作如图 3-5-11 所示的效果。图片最终效果参照"ZHYZ3-11-1.jpg",将结果以"ZHJG3-11-1.jpg"为文件名保存。

操作提示：

(1) 对"ZH3-11-1.jpg"图像镜框之外的区域使用"便条纸"滤镜。

(2) 将"ZH3-11-2.jpg"图像合成到"ZH3-11-1.jpg"中,调整大小方向和位置,添加"强光"混合模式。

(3) 输入文字"澳门印象",微软雅黑字体、80 点、红色,并添加"投影"图层样式。

▲ 图 3-5-11　综合实践样张 11　　　　▲ 图 3-5-12　综合实践样张 12

12．打开素材"ZH3-12-1．png""ZH3-12-2．jpg"，制作如图3-5-12所示的效果。图片最终效果参照"ZHYZ3-12-1．jpg"，将结果以"ZHJG3-12-1．jpg"为文件名保存。

操作提示：

（1）将"ZH3-12-1．png"中的气球复制到"ZH3-12-2．jpg"中，调整位置大小。

（2）制作气球在水中的倒影，并调整图层不透明度如样张。

（3）输入文字"霞光中的飞行"，隶书、18点，并添加"橙黄橙"渐变叠加和投影图层样式。

第 4 章 动画基础

本章概要

《犬夜叉》《侠岚》《Charlotte》《黑子的篮球》《灌篮高手》等动画片你看过吗？这些动画作品是否吸引了你身边的朋友？事实上我国的动漫产业将至少拥有 1 000 亿的市场发展空间，动漫行业也被公认为 21 世纪最具发展潜力的行业。而目前我国动漫从业人员还远远低于影视动画人才需求。不管将来是否进入这一行业，通过学习制作计算机动画，对计算机动画的基本原理、制作方法有所了解，是实现未来梦想的基础。

学习目标

通过本章学习，要求达到以下目标。
1. 了解动画的原理。
2. 了解传统动画的制作过程。
3. 了解数字动画的分类。
4. 了解数字动画的制作软件。
5. 了解动画处理的主要方法及常用工具
6. 熟练掌握 Animate 逐帧动画、补间形状动画及补间动画的制作方法。
7. 掌握基本的 Animate 遮罩动画与骨骼动画的制作方法。
8. 掌握动画元件的使用方法。
9. 了解 3ds Max 简单动画的制作方法。

本章导览

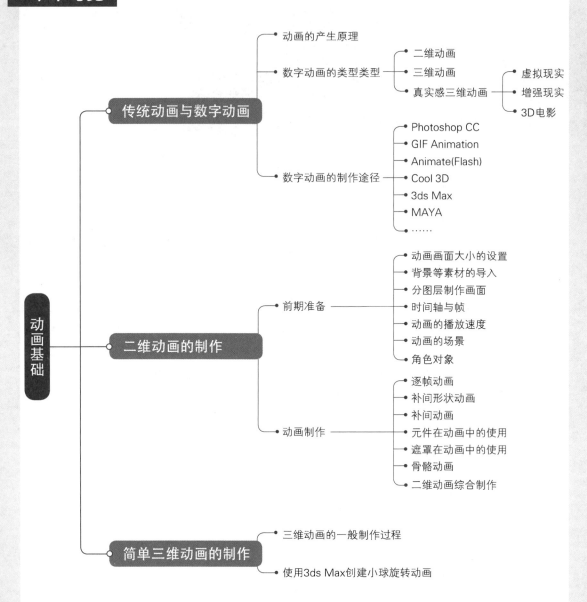

4.1 传统动画与数字动画

传统的动画是制作在透明胶片上的，先由艺术大师制作一系列画面中的部分关键画面，然后由一些助手制作关键画面之间的过渡画面。将动画画面中的每一个动作都先画在透明胶片上，以便能叠加到背景图上。最后将这些透明胶片分别放在背景图上进行拍照，形成最终的电影胶片。

✦ 4.1.1 动画的产生原理

动画的形成是利用了人眼的视觉暂留特征：每当一幅图像从眼前消失的时候，留在视网膜上的图像并不会立即消失，还会延迟约 1/16—1/12 秒。在这段时间内，如果下一幅图像又出现了，眼睛里就会产生上一画面与下一画面之间的过渡效果从而形成连续的画面。电影、电视和动画都是利用这一原理制作的。

例如，电影以 24 帧/秒的速度播放，电视以 25 帧/秒（PAL 制式）或以 30 帧/秒（NSTC 制式）播放电脑动画通常以 24 帧/秒或 12 帧/秒的速度播放。具体在用动画制作软件进行编辑时也可根据所表达的艺术效果，灵活设定播放的频率。

图 4-1-1 所示为表现花朵开放的 10 个画面，当这 10 个画面在不到 1 秒钟的短暂时间内依次连续地出现在眼前时，便可看到花朵开放的动画情景。

▲ 图 4-1-1　连续在眼前展现的 10 个画面形成动画

因此，视觉暂留现象理论解释了通过连续播放一系列具有差异的静止画面，形成连续变化的图画的动画原理。

需要指出的是，目前研究的动画产生理论已不再限于视觉暂留特征这一简单的解释，而引入了现代心理学的元素，更进一步说就是画面和色彩的变化使人脑产生的运动幻觉才是动画产生的真正原因。

❖ 4.1.2 数字动画的类型

从动画的视觉效果来看,计算机动画可分为:产生平面动态图形效果的二维动画、具有立体效果的三维动画和用于虚拟现实的真实模拟动画。另外,人们习惯上把通过电影电视等活动图像采集加工得到的视频也列入动画的范畴。

1. 二维动画

二维动画是在二维平面上显示平面角色和背景组成的动画画面,如图 4-1-2 所示。传统的卡通动画便是一种二维动画的形式,制作时,每一幅画面都要事先画出来,工作量很大。

▲ 图 4-1-2 二维动画举例

为了减轻绘画负担,人们把画面上的角色、背景分层次绘制在透明薄膜上,再叠加拍摄,静态的背景可以绘制得少些。动态的角色可以分为关键画面和过渡画面,由不同经验的人员绘制。二维动画软件在开发时借用了这种制作动画的思路,将同一个画面的不同背景、角色分层,用户可以在每个层上制作关键画面内容,即创建关键帧图像,而关键帧之间具有一定变化规律的图像可通过插值算法由计算机自动生成。给出关键帧之间的插值规则之后,由计算机计算生成中间的画面。

在二维动画制作中,最常用的是基于角色的动画。这种动画被认为是由各个可运动的"角色"配合场景构成的,角色可以是任何能在计算机屏幕上显示的对象,如线条、矩形、文字、图像,甚至是另一段动画,角色可以表现在各种场景中。

角色的变化如果没有规律可寻,则需要一帧一帧地制作,然后连续地播放来体现动画,这被称为逐帧动画;如果角色的变化有一定的规律,则可以制作好角色的初始状态和部分关键状态,由计算机软件来产生关键状态之间的变化过程,即得到补间动画。

2. 三维动画

二维动画体现的是平面动画,而三维动画则是要在二维的平面中展示具有空间立体感的角色对象和场景的动画,如图 4-1-3 所示。比如,利用 3ds Max 制作摄影机动画时,首先利用计算机建立三维人物、道具和场景的模型,即建立角色;接着添加虚拟摄影机,通过调整摄影机参数,让这些角色在三维场景里动起来,靠近或远离、移动或旋转等;最后为了使动画效果更逼真,在场景中添加灯光,为三维模型赋予材质贴图。这样,完全由计算机制作的一系列栩栩如生的三维画面就形成了。

▲ 图 4-1-3 三维动画举例

三维动画需要具有三维透视感。三维对象的渲染由于需要大量的计算,因此对计算机的配置有较高的要求。

与所有的活动图像一样,三维动画也是由连续变化的一幅幅画面组成的,每一幅画面称为一帧,每一帧都是由计算机计算出的具有透视感的静态画面。所以,三维动画的制作基础是静态的三维透视画面的制作。

制作一帧静态的三维透视画面,首先要在计算机中输入并建立一个被表现物体的立体模型,即建模。譬如若要做一幅立方体的立体画面,可首先将它的八个顶点的空间坐标输入计算机,并在计算机中以这些点为基础构造所有的面。然后选取一个观察点,让计算机算出由该观察点看到的物体的形状。计算过程将包括对物体所有的点、线、面的透视变换,并且还须计算找出物体中因被遮住而无法看到的部分,它们将不出现在最后生成的画面上,这个过程称为消隐。

具有了建模、透视与消隐的功能后,就能制作简单的框架结构的立体画面了。把一个建筑物的空间结构输入计算机,就能产生该建筑物的透视画面。通过改变观察点的空间位置,就能得到不同距离与角度的建筑物照片。逐渐地移动观察点的位置,并每次都计算生成相应的画面,再把所有产生的画面串起来,这就是三维动画了。

以上是制作三维动画的最基本的原理。由于每产生一帧画面都需对模型中所有的点、线、面作透视与消隐计算,当所建模型较复杂时,所需的计算量是相当巨大的。

上述过程中完成的画面是由线条框架构成的,它具备了透视感,但不具有现实物体的质感及光照效果,因而不像真实的。为了给予画面真实的感觉,三维动画制作软件通常允许为模型中的每个面指定其外观、颜色及材料特性,还可以设置光源的位置与亮度等参数。比如可以把建筑物的墙面指定为灰色的花岗石,而窗是透明的玻璃等。此外,还可以设置几个放在不同位置、具有不同亮度的光源给予照明。当生成画面时,计算机会先经透视与消隐确定哪些面将被显示及显示的形状,然后对显示的每一个面,按其颜色与材料的反射光、吸收光的特性,及照射到这个面上的光源的强度和角度等参数,计算出这个面的每一个点的颜色值。一幅具有很强的真实感的立体画面就这样生成了。如图 4-1-4 所示为哪吒三维模型图。

▲ 图 4-1-4　三维模型

有了逼真的静态三维透视画面,再将观察点逐渐移动,或者逐渐地改变模型中的数据,每次计算产生一幅画面,就能获得连续的三维真实动感画。

三维电脑动画设计不仅可以逼真地模拟真实的三维空间,构建三维造型及设计运动,还可以设计灯光的强弱、位置及运动,设计虚拟摄像机的拍摄景别,产生真实世界不存在的特殊效果。

3. 真实感三维动画

真实感三维动画包括虚拟现实、增强现实、3D 电影等,其视觉效果与人眼观察现实世界的效果相同,为了达到这样真实的三维动画效果,人们进行了研究,发现人的眼睛之所以能看到三维效果,是因为两个眼睛观看同一物体时具有视觉差,如果拍摄或制作的同一个画面有这样的差异,配合具有偏振效果或双眼时间差效果的 3D 眼镜或 3D 头盔,使左右眼睛各自能看到有差异的画面,在脑海中便可以形成真正的立体效果。

✦ 4.1.3 数字动画的制作途径

早期的电脑动画系统主要使用编程语言,由于技术比较专业,只能由电脑专业人员来操纵。随着计算机技术的普及,微机设备性能的提高,非专业人士也开始涉足动画的制作活动,出现了许多制作二维动画的工具软件,就连被称为"平面设计大师"的 Photoshop,也增加了制作二维动画的功能,其 CS6 版本更增加了制作 3D 动画的功能。另外,GIF Animation 则经常被用来制作短小的 GIF 动画。

当然,在众多的动画制作软件中,应用最为广泛的还是首推 Adobe 公司出品的 Animate,它擅长于交互式二维动画的制作,在互联网上可以看到大量的此类动画作品,许多游戏、电视广告也用此工具制作而成。

三维动画系统的研究始于 20 世纪 70 年代初。1972 年,美国研究人员开发了 MOP 三维电脑动画系统。1975 年,美国俄亥俄州州立大学电脑图形学研究小组设计研究出 ANIMA 系统。

目前,许多电影动画使用 AutoDesk 公司出品的 MAYA 制作,这家公司的 3ds Max 也是功能比较完善的三维动画制作软件;而 Ulead 公司推出的 Cool 3D 软件,则可以用来快速地建立三维图形对象,并通过设置关键帧,快速地完成动画的制作。实际上,该软件也能输出 JPEG 和 GIF 格式的三维图像,制作的图不仅能用于网页,还可以用它做有各种效果的标题、对象和标记等。Blender 则是一款开源的跨平台全能三维动画制作软件,提供从建模、动画、材质、渲染、到音频处理、视频剪辑等一系列动画短片制作解决方案,甚至打破了 2D 和 3D 壁垒,可以用来制作 2D 逐帧动画,有兴趣可以从其官方网站 https://www.blender.org/ 了解更多内容。如果想比较快速地做出一些简单的二维平面动画,万彩动画大师也是一种不错的选择,它包含了大量的模板和动画元素,不需要花费大量精力学习软件的使用,利用其中的模板和动画元素,在短时间内,也可以制作出靓丽的动画作品。图 4-1-5 所示为利用 3ds Max 制作三维动画过程中的一个画面。

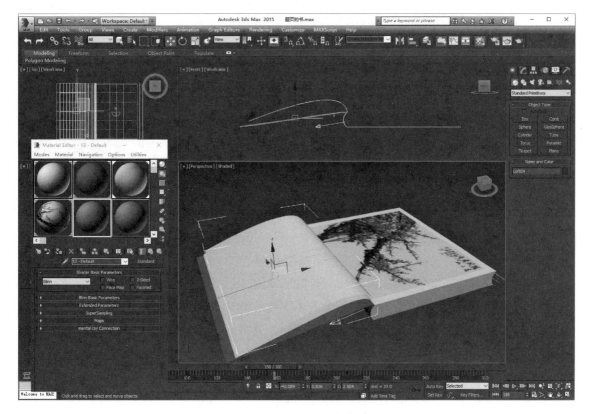

▲ 图 4-1-5　三维动画制作中的画面

❖ 4.1.4　习题与实践

1. 简答题

（1）简述动画产生的原理。
（2）简述二维动画与三维动画的区别。

2. 思考题

（1）你所了解的制作平面动画的工具软件有哪些？
（2）你所了解的制作三维动画的工具软件有哪些？

4.2 二维动画的制作

传统动画完全由人工绘制,任务十分艰巨。如果制作一秒钟的动画需要 15 帧画面,1 小时的动画片就要绘制 54 000 张画面,而且前后画面之间还必须保持连贯性,其难度和复杂性是可想而知的。

计算机动画技术最初是为飞机模拟研制的,美国贝尔实验室于 1963 年制作了第一部电脑动画"两半自旋转翼飞机重力梯度飞行姿态控制装置"。而如今,电脑动画已经广泛应用于商业广告、计算机辅助教育、影视和系统模拟等领域。

计算机动画制作与传统动画制作最大的不同是:设计人员可以制作动画中比较关键的画面(在许多动画制作软件中,这种关键画面被称为关键帧),由计算机通过计算自动产生动画中间的过渡帧画面。如此一来,动画的制作效率就会提高许多。从文字录入、图像生成、着色、修饰、剪接、叠合到打样、出稿以及录制,形成一个整体过程。电脑动画省去了许多工序,提高了效率,大大缩短了设计周期。电脑动画还可控制编辑音像同步,方便地实现电脑屏幕输出、视频输出、胶片输出。事实上,计算机动画技术研究的就是这种技术该如何实现。由此可见,计算机动画技术具有传统动画技术无可比拟的优越性。

不同的软件提供了不同的动画制作方法,动画的制作流程具有一定的共性。通常在制作动画之前,应对动画需要表现的内容有所构思和规划。例如:动画角色、背景、动作等应有一定的想象与设计,然后再动手制作。

由于人们日常看到的世界属于在三维(3D)空间环境,如果制作 3D 动画,则在设计真正的动画之前,对角色及场景的建模、对象表面纹理、光照和视角等都需要有一定的设计,才能做出比较逼真的动画效果;相比较而言,二维(2D)动画的角色只是平面的,相对就比较简单。为了让大家体验一般动画的制作方法,本书主要介绍二维动画。

❖ 4.2.1 前期准备

1. 动画画面大小的设置

在制作动画之前,通常需要确认动画背景的范围、角色的表现范围,有些动画制作软件,如 Animate,将用于展示的动画范围称作舞台,设置舞台的大小,就是要让动画的展示画面与动画将要显示的显示器屏幕的大小相匹配。如需要制作一个在计算机上展示的动画,可以将舞台设置为 1024 像素×768 像素大小;而如果要制作一个在 Android 手机上展示的动画,则需要将舞台设置为 480 像素×800 像素。如图 4-2-1 所示为

Animate 中用于设置舞台大小的"文档设置"对话框,图 4-2-2 是万彩动画大师中的设置舞台大小的界面。

▲ 图 4-2-1　Animate"文档设置"对话框

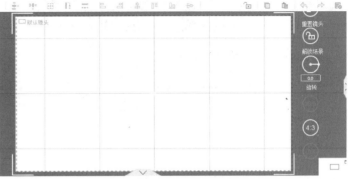

▲ 图 4-2-2　万彩动画大师中舞台大小设置

2. 背景等素材的导入

如果动画中需要使用外界元素,通常可以通过导入的方式。在导入(Import)时,可以根据软件中导入对话框中支持的文件扩展名来了解其所支持的文件格式。图 4-2-3 为在 Animate 中导入图片、声音等素材的方式,图 4-2-4 是在万彩动画大师中导入图片的界面。

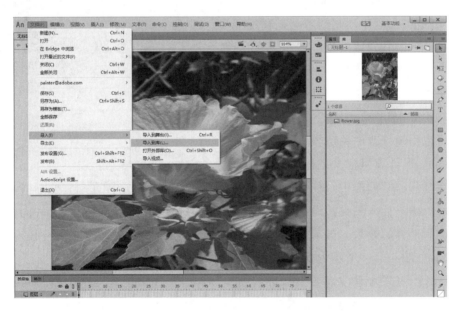

▲ 图 4-2-3　在 Animate 中导入外部素材

3. 分图层制作画面

画面上的对象可以以不同的方式运动,为了方便制作,软件中往往提供分图层的制作环

▲ 图 4-2-4　在万彩动画大师中插入图片

境,将不同运动方式的对象安置在不同的图层上,以方便设置不同的运动方式。图 4-2-5 所示为 Animate 中的两个图层,一个放置了背景风景画,一个是前景上的气球。图 4-2-6 所示是万彩动画大师中将背景图像和人物对象放置在不同图层叠加的效果。

4. 时间轴与帧

从图 4-2-5 和图 4-2-6 都能看到舞台画面下方的时间轴面板,由于动画的特点是利用了人眼睛视网膜上的视觉暂留效应,不同时刻的画面内容存在着一定的差异,才能看到流畅的动画。利用时间轴,便可以方便地安排不同时刻的画面。这些画面被称作帧。比如在 Animate 中,帧又分为可以编辑修改的关键帧、延长显示关键帧内容的普通帧、计算机根据某种规则插补的过

▲ 图 4-2-5　Animate 中的多图层画面

渡帧等。在"时间轴"面板中,每一行代表了一个图层,每个图层中的一个小方格,代表着某个时刻。可以通过插入关键帧设置可以编辑的画面,选定关键帧修改舞台上的内容,达到不同时刻画面有差异的效果。如果整段动画中的画面都是通过编辑关键帧得到的,制作的就是逐帧动画,如图 4-2-7 所示为女子步行的逐帧动画。

在 Animate 中,执行"文件/导出/导出影片"命令,选择的格式为"GIF 序列",可以将动画导出为若干张 GIF 图片,每一张对应着某个时刻的画面,如同 4-2-8 所示。

5. 动画的播放速度

为了使动画画面显得连贯,一般每秒需要播放 12—24 个画面。在 Animate 中,通过图 4-2-1 所示的"文档设置"对话框中的"帧频"参数可以修改,修改后通过执行"控制/测试"

▲ 图 4-2-6　万彩动画大师中的多个图层叠加画面

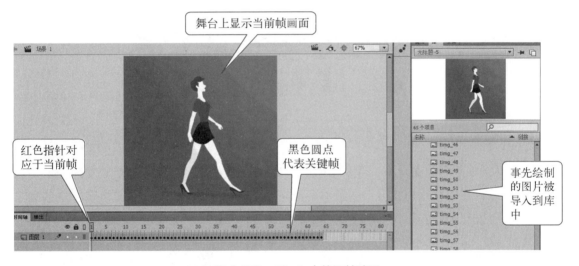

▲ 图 4-2-7　Flash 中的逐帧动画

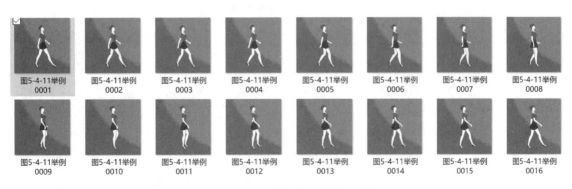

▲ 图 4-2-8　动画导出的图片序列

命令检查动画效果。在万彩动画大师中，可以通过选择播放速度来调整帧频，如图4-2-9所示。

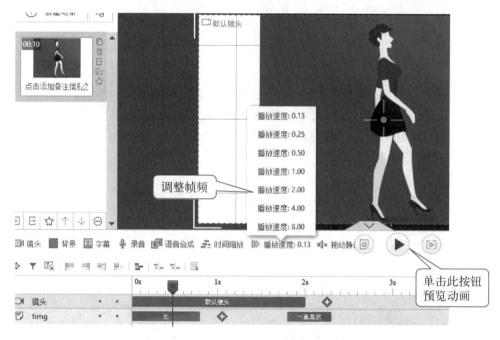

▲ 图4-2-9　设置动画的播放速度并预览动画效果

6. 动画的场景

制作动画的感觉像在导演一部复杂的电影或戏剧。为了能让制作者充分发挥他们的想象力，动画软件可以让用户在多个场景中制作完全不同的动画，并按一定的顺序将这些场景相连接。默认时，动画制作在第一个场景中。

例如：在Animate中，默认在场景1中建立动画，如果需要增加场景，可以执行"窗口/场景"命令，打开如图4-2-10所示的"场景"面板，进行场景的添加、删除或切换，也可以重命名场景。图4-2-11是万彩动画大师中添加、删除场景的按钮。

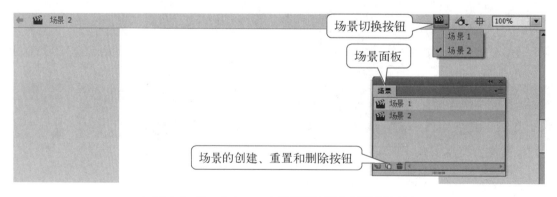

▲ 图4-2-10　Animate中的场景面板和场景切换按钮

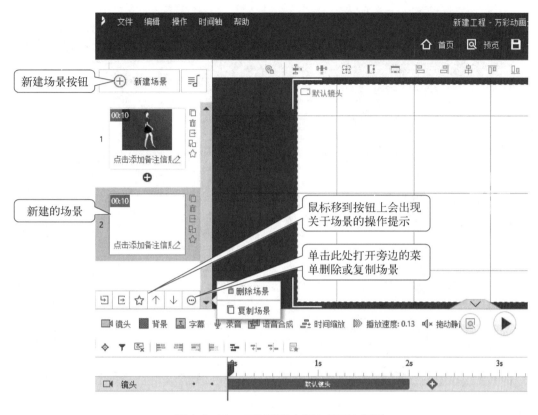

▲ 图 4-2-11　万彩动画大师中的两个场景

7. 角色对象

为了简化动画的制作，可以将动画中涉及的各种元素制作成角色对象，这些角色对象在不同的动画制作软件中的名称不一定相同，但有着类似的作用。例如：在 Animate 中，制作好的角色对象以元件的形式放在库中，需要的时候可以取出放在舞台上，或在制作其他角色的时候使用。

Animate 的元件分为图形、影片剪辑和按钮，它们的内容既可以是静态的，也可以是动态的。影片剪辑具有独立的时间轴，一个影片剪辑元件就是一段独立的动画，可以作为其他动画的素材。按钮则可以感应鼠标或键盘操作，用于制作交互式动画。图 4-2-12 所示为一段 Animate 动画的编辑界面，其中孙悟空是事先做好的影片剪辑元件，背景和云彩对应着图形元件。

万彩动画大师中已经提供了不少现成角色，如图 4-2-13 所示，可以直接将需要的角色拖到舞台场景中使用，也可以从外界导入事先做好的图、动画等元素作为角色使用。

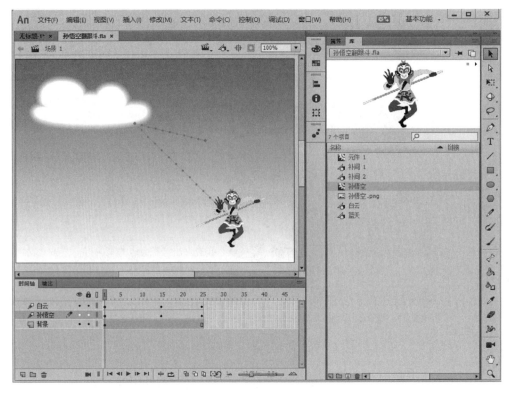

▲ 图 4-2-12　利用元件制作动画

▲ 图 4-2-13　角色的使用

❖ 4.2.2 动画制作

从以上介绍中可以看到，万彩动画大师中提供了大量的角色模板，可以像制作PPT那样简单快捷地制作用于事物介绍的动画，本文不再举例。而使用Animate创作动画则自由灵活得多，但制作难度也相应提高很多。

在用Animate制作动画时，根据动画角色的变化规律不同，动画的制作可分为两类：一类是每幅画面的变化没有规律可寻的逐帧动画制作；另一类是画面的变化有规律，计算机通过计算插补中间画面，形成渐变动画。

渐变动画又可分为补间形状与补间动画等。补间形状动画需要先安排首、尾两个关键画面（称为关键帧）的内容，然后再设置中间的变化过程。补间动画则需要先安排首、尾画面上的角色，再定义之后的属性关键帧，以确定其变化规律。补间形状动画的变化是形状的改变，可以是同一对象的变形，也可以从一个对象变形到另一个对象；对于角色是位置、大小等的变化，则制作的是补间动画。对于诸如人物行走这样的有一定运动规律的动画，还可以制作骨骼动画。

1. 逐帧动画

同传统的动画制作方法一样，如果在连续的一组画面中每一幅的内容都不相同，并且其变化也没有规律可寻，就需要逐个制作画面上的内容，播放时这些画面连贯起来便可以看到动画的效果，逐帧动画就是这样建立的。下面通过具体实例体会如何建立逐帧动画。（本章所介绍的例子是使用Animate软件制作，使用其他软件也可以制作类似动画，请自行举一反三，Animate的基本界面及基本使用方法请参见相关小贴士）

例 4-1

参照"L4-2-1样例.gif"，将配套素材"第4章\baby"文件夹中的9张卡通婴儿的图片制作成GIF动画

(1) 新建文档并导入素材

① 启动Adobe Animate CC，并单击"新建"中的"Action Script 3.0"。在新的文档窗口中，执行"文件/导入/导入到库"菜单命令，将"baby"文件夹中的9张卡通婴儿的图片导入到库中。导入过程及库中的结果如图4-2-14所示。当打开"导入到库"对话框并找到了需要导入的图片后，可以在按Shift键的同时选中要导入的多个文件，以便将它们一起导入。

② 将库中的第1幅图片拖拽到舞台，如图4-2-15所示。执行"修改/文档"命令，在弹出的"文档设置"对话框中单击"匹配内容"按钮（如图4-2-16所示），并设置帧频为12 fps后单击"确定"按钮，使舞台大小与舞台上的对象内容相匹配。

▲ 图 4-2-14　执行"文件/导入到库"命令导入素材

▲ 图 4-2-15　将第 1 幅图片从库拖拽到舞台

▲ 图 4-2-16　"文档设置"对话框

(2) 制作各关键帧图像

① 在时间轴上第 2 帧的位置右击,从快捷菜单中执行"插入空白关键帧"命令,如图 4-2-17 所示,然后将第 2 张图片拖拽到第 2 帧的舞台上。

② 用类似的方法分别在时间轴上的第 3、4、5、6、7、8、9 帧插入空白关键帧,并在第 3、4、5、6、7、8、9 帧分别将其余图像依次拖拽到舞台上。

(3) 测试、保存及导出影片

① 执行"文件/另存为"命令,将制作好的动画保存为"L4-2-1.fla"。

② 执行"文件/导出/导出影片"命令,选择保存类型为"SWF 影片(∗.swf)"格式,将动画导出为"L4-2-1.swf"。

③ 在资源管理器中对产生的 SWF 动画文件双击,可以看到动画的播放效果,如图 4-2-18 所示,如果没有安装动画播放器,可以选择所希望的打开方式(例如选择 Internet Explorer 浏览器),观看该动画循环播放的效果。

▲ 图 4-2-17　第 2 帧的位置插入空白关键帧　　　　▲ 图 4-2-18　动画播放效果

④ 在 Animate 中,利用"文档设置"对话框将帧频由 12 改为 3,再次导出动画,并观察效果。

例 4-2

参照"L4-2-2 样例.swf",制作五彩文字 Flash 逐字显示,然后闪烁三次的动画

(1) 新建文档并制作五彩文字

① 启动 Animate,新建"ActionScript3.0"类型的空白文档。

② 输入文本对象。选择文本工具,在"属性"面板中设置字符格式(系列、样式、大小、颜色等),在舞台左上角输入文本"Flash"(可利用对齐面板将文字对齐到舞台左上角),如图 4-2-19 所示。

▲ 图 4-2-19　输入文本对象

③ 利用"文档设置"对话框使舞台大小匹配内容,在"显示比例"下拉列表中选择"显示帧"以调整舞台的显示大小。

④ 使用选择工具单击选定文字对象,执行"修改/分离"菜单命令 2 次,将文本分离为矢量形状,并设置为五彩色填充,如图 4-2-20 所示。

▲ 图 4-2-20　将文本设置为五彩色

(2) 制作文字逐渐显示并闪烁三次的动画

① 在第 2 帧右击,从快捷菜单中执行"插入关键帧"命令。同样,在第 3—11 帧依次插入关键帧,如图 4-2-21 所示。

▲ 图 4-2-21　在 2—11 帧分别插入关键帧

② 选择第 1 帧,删除 Flash 文本中后面 4 个字符;选择第 2 帧,删除 Flash 文本中后面 3 个字符……;选择第 4 帧,删除 Flash 文本中最后 1 个字符;第 5 帧保持不变。这样就在第 1—5 帧形成文字逐个显示的动画效果。

③ 选择第 6 帧,按 Delete 键删除舞台上所有内容,使该帧变成空白关键帧;对第 8 帧和第 10 帧做同样的操作。这样就形成文字闪烁的动画效果,此时的时间轴如图

4-2-22 所示。

(3) 测试动画效果并调整播放频率

① 测试影片,发现动画播放太快。执行"修改/文档"命令,将帧频更改为 12fps。

▲ 图 4-2-22　删除 3 个关键帧内容后的时间轴面板

② 再次测试影片。如果还是感觉太快,可以对时间轴上每个关键帧右击后,在快捷菜单中执行"插入帧"命令,插入 2 个普通帧来延长画面的显示时间,调整后时间轴上的安排如图 4-2-23 所示。

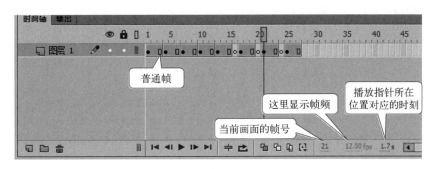

▲ 图 4-2-23　调整播放速度后的时间轴面板

(4) 保存及导出影片

执行"文件/另存为"命令,将制作好的动画保存为"L4-2-2.fla"。执行"文件/导出/导出影片"命令,选择保存类型为"SWF 影片(*.swf)"格式,将动画导出为"L4-2-2.swf"。

> **小贴士**：不同的动画制作工具,可以产生不同格式的动画文件,在 Animate 中,执行"文件/导出"命令时,可以选择导出图像、影片、视频、动画四大类。选择其中一类后,在打开的对话框中,可以看到不同的文件格式,如图像有 GIF、JPEG、PNG－8、PNG24；旧版图像还有 SVG 格式；导出影片除了 SWF 外,还有 JPEG 序列、GIF 序列、PNG 序列；视频格式为 MOV(导出视频格式前,需要安装 Adobe Media Encoder 视频转换软件);导出动画则产生动态 GIF。
>
> SWF 是 Animate 动画格式,这种动画格式的特点是能用比较小的存储空间来表现丰富多彩的多媒体形式,而且动画可以具有交互性。SWF 格式的动画,在画面缩放时也不会失真,非常适合描述由几何图形组成的矢量二维动画。由于这种格式的动画可以与网页格式的 HTML 文件充分结合,并能添加 MP3 音乐,因此曾被广泛地应用于互联网上。万彩动画大师中,可以将 SWF 格式的文件作为素材整合到其所创建的动画中。但随着 HTML5 的普及,SWF 的应用逐渐减少。
>
> 执行"文件/发布设置"命令,从打开的"发布设置"对话框中选择"HTML 包装器"格式,可发布包含 SWF 影片的 HTML 网页文件。还可以进一步设置 SWF 电影在网页中的尺寸大小、对齐方式、画面品质、窗口模式(如有无窗口、背景是否透明)等属性。

2. 补间形状动画

补间动画是在建立动画过程的首尾两个关键帧内容后，由计算机通过首尾帧的特性以及动画属性要求来计算得到并补间，插入中间画面。

补间动画又叫做中间帧动画，渐变动画，只要建立起始和结束的画面（关键帧），中间部分由软件自动生成，省去了制作动画中间画面的复杂过程。

Animate 补间分为三种：① 补间动画；② 补间形状；③ 传统补间。

补间形状是针对矢量图形对象的动画，是画面中点到点的位置、颜色的变化，补间动画是针对对象、组合或元件的实例等非矢量对象的整体移动、放大或缩小、颜色、透明度等方面的变化。

例 4-3

参照"L4-2-3 样例.swf"，制作一个 20 帧的动画，画面中央黄色的月牙逐渐地变成了白色的圆月

① 新建动画文档，设置舞台背景色为蓝色(♯000099)，设置帧频为 12fps。

② 使用工具箱中的"椭圆工具"，设置边框色（即笔触颜色）为无色，填充色为黄色，在舞台左下方绘制一个正圆（按住 Shift 键拖拽鼠标，可以直接绘制正圆），如图 4-2-24 所示。

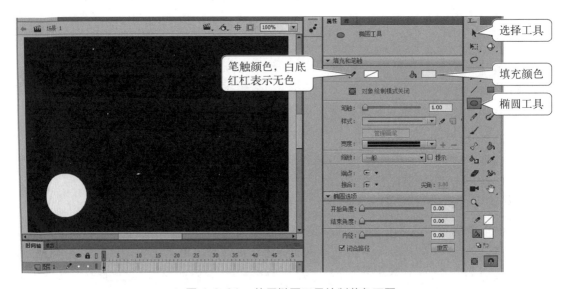

▲ 图 4-2-24　使用椭圆工具绘制黄色正圆

③ 在第 20 帧右击，从快捷菜单中执行"插入空白关键帧"命令，然后在舞台右上角绘制白色正圆，如图 4-2-25 所示。

④ 选择第 1 帧，在黄色正圆的旁边绘制一个非黄色的同样大小的正圆。选择非黄色圆形，将其移动到黄色圆形上（如图 4-2-26 所示）。使用选择工具在圆形外的舞台空白处单击，取消圆形的选择。再次单击选择非黄色圆形，按 Delete 键删除选中的图形，得到黄色月

牙形。

⑤ 右击时间轴上的第 1 帧,在快捷菜单中执行"创建补间形状"命令,此时可观察到时间轴上第 1—20 帧这个范围产生一条箭头线并且变成了绿色,如图 4-2-27 所示。

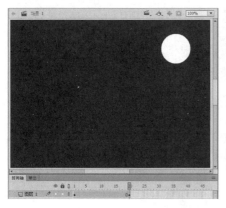
▲ 图 4-2-25　在第 20 帧绘制白色正圆

▲ 图 4-2-26　将两个圆形圆部分重叠

▲ 图 4-2-27　创建形状补间动画

⑥ 测试影片,保存并导出动画。

> 提示:如果希望白色圆月多停留一会儿,可以增加第 20 帧画面的显示时间。

> 小贴士:在 Animate 中,形状补间可以针对矢量图形和矢量对象进行,也就是说,制作形状补间动画时,首、尾关键帧上的图形应该都是矢量图形或矢量对象。矢量图形具有这样的特征:在图形对象被选定时,对象上面会出现白色均匀的小点。利用工具箱中的直线、椭圆、矩形、刷子、铅笔等工具可直接绘制矢量图形,其他非矢量图形可以执行"修改/分离"命令转换成矢量图形;使用"基本矩形工具"或"基本椭圆工具"绘制的是矢量对象。

3. 补间动画

例 4-4

利用"L4-2-4 素材.fla",参照"L4-2-4 样例.swf",制作一个在花丛中飞舞的蝴蝶动画,要求蝴蝶在 2 秒内从画面右下角沿着一个曲线飞到左上角,飞行过程中蝴蝶逐渐变小并且翅膀有翻转变化。

(1) 打开素材文档并利用素材制作动画背景

① 打开配套资源中的"L4-2-4 素材.fla"文件,执行"修改/文档"菜单命令,将动画的帧频设置为 12 fps。

② 执行"窗口/库"菜单命令，可以看到库中的两个素材，将其中的花丛拖拽到舞台，并利用"对齐"面板将其与舞台对齐，如图 4-2-28 所示。

③ 在时间轴第 24 帧处插入帧，这样可将第 1 帧的画面一直显示到第 24 帧。锁定图层 1。

(2) 制作蝴蝶补间动画

① 新建图层 2，将库中的蝴蝶拖拽

▲ 图 4-2-28　制作动画背景

到舞台右下方（注意：库中蝴蝶为图形元件）。用"任意变形工具"适当调整蝴蝶角度，如图 4-2-29 所示。

▲ 图 4-2-29　将蝴蝶拖拽到图层 2 的舞台

▲ 图 4-2-30　插入补间动画

② 右击图层 2 时间轴的第 1 帧，在快捷菜单中执行"创建补间动画"命令，如图 4-2-30 所示。

③ 在时间轴上选中图层 2 的第 24 帧，将蝴蝶拖拽到舞台左上方，并用"任意变形工具"适当缩小，此时舞台上可观察到在第 1—24 帧之间出现一条运动轨迹线，如图 4-2-31 所示。

④ 使用工具箱中的"选择工具"，在运动轨迹中央选择一个点，向上拖拽，形成一个弧线，如图 4-2-32 所示。

(3) 制作蝴蝶翻转翅膀的效果

① 在"图层 2"时间轴上的第 8 帧，使用

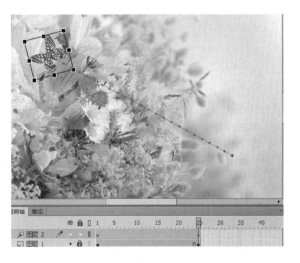

▲ 图 4-2-31　调整图层 2 第 24 帧蝴蝶的大小与位置

"任意变形工具"适当使蝴蝶变窄。如图4-2-33所示。

② 在"图层2"时间轴上的第15帧,使用"任意变形工具"适当使蝴蝶变宽。

③ 同样方法,右击"图层2"时间轴上的第20帧,在快捷菜单中执行"插入关键帧/缩放"命令,使用"任意变形工具"适当使蝴蝶变窄。

▲ 图4-2-32　将直线运动轨迹修改为曲线　　▲ 图4-2-33　插入缩放关键帧,修改蝴蝶宽度

(4) 测试、保存及导出影片

① 执行"控制/测试"菜单命令,查看动画效果。

② 执行"文件/另存为"命令,将动画源文件保存为L4-2-4.fla,执行"文件/导出/导出影片"命令,将动画输出为L4-2-4.swf。

例 4-5

利用"L4-2-5素材.fla",参照"L4-2-5样例.swf",制作一个风扇动画,风扇叶片为顺时针旋转。文字"舒乐电扇,清凉一夏"从舞台左侧移动到右侧

(1) 导入素材及设置动画背景画面

① 打开"L4-2-5素材.fla"文件,执行"修改/文档"命令,将帧频设置为12 fps。

② 打开"库"面板,将库中资源"罩"拖拽到舞台上,放置在如图4-2-34所示的位置。右击时间轴上第20帧,在快捷菜单中执行"插入帧"命令。锁定图层1。

③ 新建图层2,将图层2移动到图层1的下方。选择图层2时间轴上的第1帧,将库中的"座"拖拽到舞台,放置在如图4-2-34所示的位置。锁定图层2。

(2) 制作风扇叶片旋转的动画

① 在图层1和图层2之间新建图层3,将库中的"叶"拖拽到图层3的第1帧(拖拽3次),使用"任意变形工具"适当调整好3个叶片的位置与角度,如图4-2-35所示。

提示:此时可临时隐藏"图层1",等调整好3个叶片后再重新显示"图层1"。

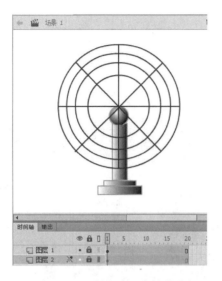
▲ 图 4-2-34　制作动画中的静止部分

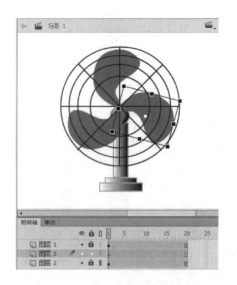
▲ 图 4-2-35　制作动画中的运动对象

② 使用工具箱中的"选择工具"框选 3 个叶片,执行"修改/转换为元件"命令,将该 3 个叶片转换为一个图形元件。

③ 右击图层 3 的第 1 帧,在快捷菜单中执行"创建补间动画"命令。

④ 选择图层 3 的第 1 帧,打开"属性"面板,设置"旋转次数"为 3 次,"方向"为顺时针,如图 4-2-36 所示。

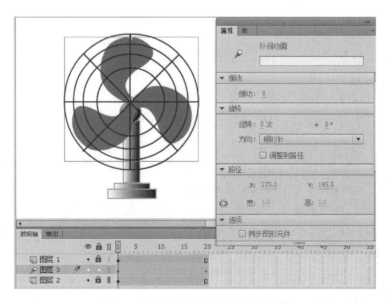
▲ 图 4-2-36　制作风扇叶片旋转动画

(3) 制作文字从左向右移动的动画

① 在所有层的上面新建图层 4,选中图层 4 的第 1 帧,选择工具箱中的"文本工具",设置字体为华文行楷、蓝色、36 磅,在舞台上方左侧输入文字"舒乐电扇,清凉一夏",如图 4-2-37

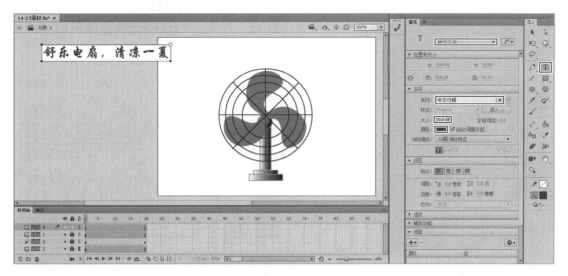

▲ 图 4-2-37　创建文本对象

所示。

② 右击图层 4 的第 1 帧，在快捷菜单中执行"创建补间动画"命令。

③ 选中图层 4 的第 20 帧，将文字水平移动到舞台右侧，如图 4-2-38 所示。

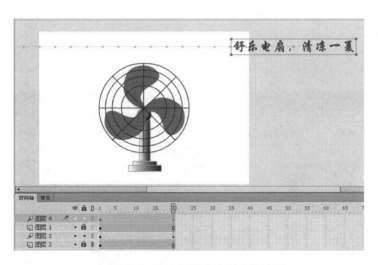

▲ 图 4-2-38　调整文本对象的位置

(4) 测试、保存及导出影片

执行"控制/测试"命令或按 Ctrl + Enter 组合键测试动画效果。然后将动画源文件保存为"L4-2-5.fla"，将影片导出为"L4-2-5.swf"。

4. 元件在动画中的使用

在 Animate 中，元件主要用于补间动画（不能用于形状补间动画）中。如果要创建一段补间动画，可以先创建动画开始的第一个关键帧，并将其舞台上的对象转换为元件，然后在该关键帧上创建补间动画，定义不同时刻画面上该实例的位置、大小、不透明度等属性，Animate 会自动产生这些属性中间的变化过程。以下举例说明元件在补间动画中的使用。

例 4-6

参照"L4-2-6 样例.swf"，利用素材图片制作小鸟飞过树林的动画

① 启动 Animate 并新建文档，调整帧频为 12 fps。

② 执行"文件/导入/导入到库"命令，将"tree.jpg""bird1.jpg"和"bird2.jpg"导入到库。

▲ 例 4-6

③ 创建 bird 影片剪辑元件。
执行"插入/新建元件"命令，打开如图 4-2-39 所示的"创建新元件"对话框进行创建。

④ "bird"元件的编辑。创建后进入元件的编辑窗口，利用库中的"bird1.jpg"和"bird2.jpg"图片制作小鸟飞翔姿势动画，如图 4-2-40 所示。

▲ 图 4-2-39 "创建新元件"对话框

提示：可以将图片设置居中，并在图片分离之后，利用"魔术棒工具"删除背景。

▲ 图 4-2-40 制作"bird"元件

⑤ 利用库中的"tree.jpg"制作背景图层 tree。将图片拖拽到场景 1 的舞台上，并设置其宽度为 800 像素，高度为 600 像素，与舞台对齐左上角，并将舞台大小设置为与内容匹配，即舞台大小也是 800×600 像素，效果如图 4-2-41 所示。

⑥ 制作 bird 图层。增加新图层并命名为"bird"，将库中的"bird"影片剪辑元件拖拽到

▲ 图 4-2-41　制作背景图层

舞台左上角,并将其适当缩小,将画面延续到第 60 帧,如图 4-2-42 所示。

▲ 图 4-2-42　制作"bird"图层

⑦ 制作小鸟在林中飞翔补间动画。锁定 tree 图层,选择 bird 图层,在 bird 层首帧插入补间动画,分别在第 15、30、45、60 帧舞台的不同位置放置小鸟实例,可以看到实例移动时留下的带点路径。拖拽路径线,将其改成弧形,如图 4-2-43 所示。执行"控制/测试"命令,可以看到小鸟沿路径匀速飞翔。

⑧ 拆分动画并调整小鸟运动速度,使其在 45 帧之前减速运动。按住 Ctrl 键后单击选定第 46 帧,使用快捷菜单中的"拆分动画"命令,将该图层动画拆分成两段。选定该图层第 1 帧,在"属性"面板中将"缓动"参数设置为 40,如图 4-2-44 所示。

⑨ 设置小鸟在第 46—60 帧逐渐消失。将红色指针移动到第 60 帧,选定舞台上的小鸟实例,在"属性"面板中从"色彩效果"下方的"样式"下拉列表中选择"Alpha",将下方的滑块拖拽到最左端,即设置 Alpha = 0,如图 4-2-45 所示。

⑩ 测试影片并修改"bird"元件。测试影片时,如发现小鸟的背景没有擦除干净,可以将

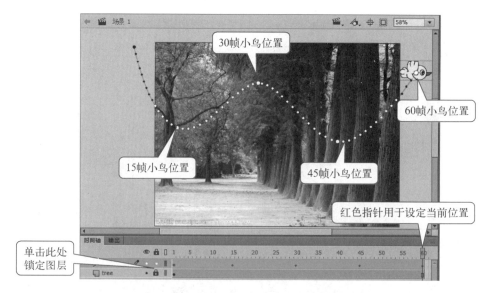

▲ 图 4-2-43　制作小鸟在林中飞翔动画

▲ 图 4-2-44　拆分动画并调整运动速度

▲ 图 4-2-45　设置小鸟实例成为透明

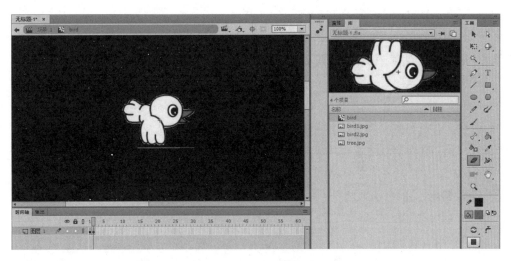

▲ 图 4-2-46　"bird"元件的修改

动画背景设置为深色后,进入"bird"元件编辑画面,如图 4-2-46 所示,用橡皮擦工具擦除剩余的白色背景。

⑪ 将动画保存并导出。

> **小贴士**:元件是动画的素材,修改库中的元件后,无论该实例在哪里,或者已经修改了哪些实例属性,对应于该元件的实例都会被统一修改。
>
> 拖拽库中的元件到舞台上,就可以使用该元件的实例完成补间动画。对于影片剪辑类型的实例,不仅可以调整其大小、位置,还可以调整其不透明度、色调,甚至可以通过改变其滤镜效果达到不同的补间变化效果。
>
> 当画面中有不同运动方式的对象时,可以分别将它们放置在不同的图层上,画面效果是多个图层叠加的效果,上面图层的对象会覆盖住下面图层。每个图层制作好后,可以锁定,以免相互干扰。

5. 遮罩在动画中的使用

通过遮罩动画可以实现更丰富的动画效果。遮罩动画至少必须有两个图层,上面的一个图层为"遮罩层",下面的称为"被遮罩层",也可以有一个以上的被遮罩层;透过遮罩图层上的对象形状,可以看到其下方的被遮罩图层中的画面内容,也就是说在遮罩层中有对象的地方就是透明的,而没有对象的地方就是不透明的,被遮罩层中相应位置的对象是看不见的。

例 4-7

利用"L4-2-7 素材.fla",参照"L4-2-7 样例.swf",制作一个十二生肖从右向左移动的动画

(1) 打开动画素材文档并设置文档属性

打开"L4-2-7素材.fla"文件，执行"修改/文档"命令，将舞台大小设置为宽800像素、高600像素，背景颜色设置为♯CCCCCC，帧频设置为12 fps。设置舞台比例为"显示帧"。

(2) 设置动画背景图层

将库中的"灯笼.png"图片拖拽到舞台上。使用"对齐"面板将其设置为在舞台上居中对齐。在50帧处按F5键插入帧，使其延伸到第50帧。将图层1重命名为"灯笼"，并锁定该图层，如图4-2-47所示。

(3) 制作十二生肖从右向左移动的动画

① 创建图层2，并重命名为"十二生肖"，将库中的"生肖"元件拖拽到舞台上，使老鼠在灯笼的右侧，如图4-2-48所示。

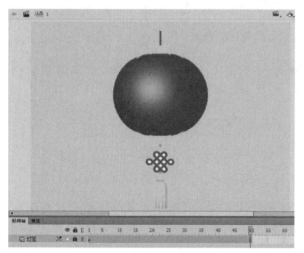

▲ 图4-2-47　设置背景图层　　　　▲ 图4-2-48　确定首帧生肖的位置

② 右击"十二生肖"图层的第1帧，执行"创建补间动画"命令。

③ 将时间轴上的红色滑块拖拽到第50帧，按住Shift键，用"选择"工具向左水平移动"生肖"，将"猪"移动到灯笼左边外面。锁定"十二生肖"图层。

> 提示：按住Shift键是为了确保"十二生肖"在水平方向移动。

④ 测试影片，可以观察到"生肖"动物们从右边经过"灯笼"移动到左边的动画。

(4) 添加遮罩层

① 在"十二生肖"图层上方新建图层，并重命名为"椭圆"。将库中的元件"圆"拖拽到舞台上，略微调整宽度和高度，使其与灯笼主体部分重合，如图4-2-49所示。

> 提示：可以在选定对象后，使用键盘方向键对对象位置进行微调。

② 在"椭圆"图层的名称位置右击,从快捷菜单中执行"遮罩层"命令,并将红色滑块拖拽到中间,可以看到"生肖"只能在灯笼的主体部分显示,其余部分都"消失"了,如图 4-2-50 所示。

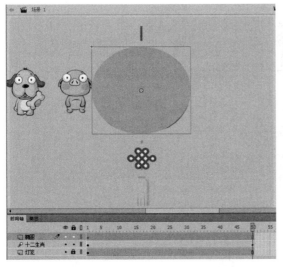

▲ 图 4-2-49　设置"椭圆"图层　　　　▲ 图 4-2-50　将"椭圆"图层转化为遮罩层

(5) 测试、保存及导出影片

测试影片,观看动画效果,并将动画文件保存为"L4-2-7.fla",导出为"L4-2-7.swf"。

例 4-8

利用"L4-2-8 素材.fla",参照"L4-2-8 样例.swf",制作卷轴在水平方向从中间向两边展开的动画

① 在资源管理器中双击"L4-2-8 样例.swf",打开和观察动画效果。

② 打开动画素材文档,观察库中素材,如图 4-2-51 所示,通过预览窗中的播放按钮试听"birdsound.mp3"。

▲ 例 4-8

③ 制作画底图层。将图层 1 重命名为"画底",将库中的"卷轴.jpg"素材拖拽到画底图层第 1 帧的舞台上,将该图片和舞台的大小都调整为 800×600 像素,并对齐显示。

④ 制作画图层。锁定画底图层,新建名为"画"的图层,放置库中的"画.jpg",并调整其大小和位置,如图 4-2-52 所示。

⑤ 使画面延长到 60 帧,并锁定画图层,在其上方添加"蝴蝶 1"和"蝴蝶 2"图层,将库中"蝴蝶 1.jpg"和"蝴蝶 2.jpg"分别放置在这两个图层,并制作蝴蝶移动的补间动画,路径效果参考图 4-2-53 和图 4-2-54。

▲ 图 4-2-51　库窗口中的素材

▲ 图 4-2-52　制作画图层

> 提示：在制作补间时，系统会提示将蝴蝶图片转换为元件，并可以通过编辑元件去除蝴蝶的白色背景。在完成补间的制作后，可以在"补间"面板上选中"调整到路径"，然后观察时间轴上该图层的变化和舞台上动画的变化。

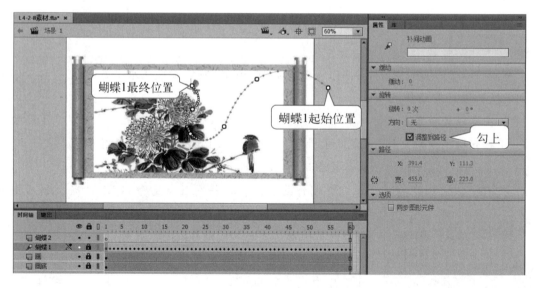

▲ 图 4-2-53　"蝴蝶 1"图层动画

⑥ 利用预设动画制作文字图层上的动画。锁定"蝴蝶 1"和"蝴蝶 2"图层，插入文字图层，在文字图层的第 20 帧输入如 4-2-55 所示的"采花蝴蝶"文字，并将其转换为"文字"影片剪辑元件，然后对该实例设置"3D 文本滚动"的默认动画预设效果。在第 59 帧，将文字拖拽到画的上方，如图 4-2-56 所示。在第 60 帧插入帧，并拆分动画。

▲ 图 4-2-54 "蝴蝶 2"图层动画

▲ 图 4-2-55 文字图层上设置预设动画

▲ 图 4-2-56 文字图层中最后一个画面

⑦ 制作矩形遮罩图层动画。锁定文字图层，在该图层的上方插入名为"矩形"的图层。在该图层的第 1 帧到 60 帧，制作一个没有边框的矩形从水平居中逐渐展开的补间形状动画，矩形高度超过卷轴上下两边，填充颜色随意，首尾帧如图 4-2-57 和 4-2-58 所示。

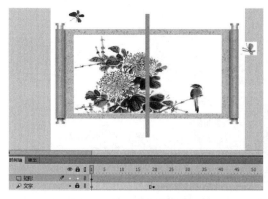

▲ 图 4-2-57　遮罩图层的第 1 帧　　　　▲ 图 4-2-58　遮罩图层的第 60 帧

⑧ 将矩形图层设置成遮罩图层属性，使其下方图层变成被遮罩图层。使用遮罩图层的快捷菜单，将其转换成遮罩层，如图 4-2-59 所示。其下方的文字图层缩进显示，自动变成了被遮罩层，如图 4-2-60 所示。选定文字图层下方的所有图层（可以利用 Shift 键辅助），执行快捷菜单中的"属性"命令，打开如图 4-2-61 所示的"图层属性"对话框，将这些图层都转换为被遮罩图层。

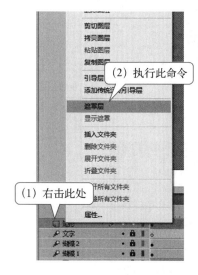
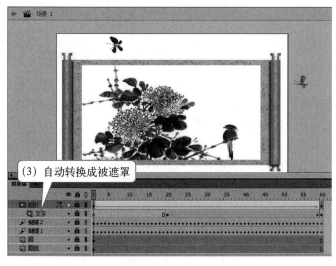

▲ 图 4-2-59　将矩形图层转换　　　　▲ 图 4-2-60　文字层自动转换成被遮罩
　　　　　　　为遮罩层

⑨ 制作图像上方移动的左右轴。在矩形图层上方插入两个图层，分别命名为"左轴"和"右轴"，将库中的"左边轴.jpg"放置在左轴图层，将"右边轴.jpg"放置在右轴图层，制作两轴分别向左和向右移动的补间动画，如图 4-2-62 所示。

▲ 图 4-2-61　文字层下面的图层都转换成被遮罩

▲ 图 4-2-62　制作图像上移动的左右轴

⑩ 使用简单脚本停止动画。在右轴图层上方插入"AS"新图层，在"AS"图层的第 60 帧插入关键帧，利用快捷菜单中的"动作"命令，打开如图 4-2-63 所示的"动作"面板，输入 stop（）；语句，插入语句后，该关键帧的上方会显示"a"。

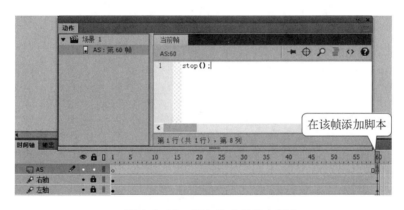

▲ 图 4-2-63　添加停止的脚本语言

⑪ 为动画添加音效。在"AS"图层的上方插入音效新图层，在该图层的第 10 帧插入关键帧，并将库中的"birdsound.mp3"拖拽到舞台上，可以看到时间轴上出现的声音波形，如图 4-2-64 所示。

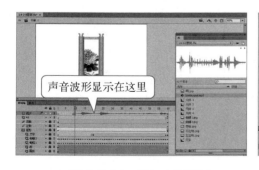

▲ 图 4-2-64　添加音效图层

▲ 图 4-2-65　设置音频同步

> 提示：若希望音效能完整播放，可以在选定音效所在关键帧后，在属性面板中将"同步"设置为"事件"，如图 4-2-65 所示。

⑫ 测试影片，并保存和导出动画。

6. 骨骼动画

在 Animate 动画中，有时要制作诸如人物走路、动物摇尾巴、毛毛虫爬行、机械手臂运动等动画，如果利用逐帧动画实现，需要手工绘制角色的每一个动作，工作量比较大。但利用骨骼动画，就可以方便地实现这类效果。

同 3ds Max 的骨骼动画一样，Animate 的骨骼动画利用的也是正反向动力学原理。利用 Animate 的"骨骼工具"，可以很便捷地把影片剪辑元件的实例或矢量图形对象连接起来，形成父子关系，来实现类似于关节骨骼运动的动画。例如可以将骨骼绑定到固定对象，并使用"任意变形工具"调整骨骼各部分的支点。

例 4-9

参照"L4-2-9 样例.swf"，制作小人提拳然后冲拳的动画

(1) 新建和设置文档

启动 Animate 后，新建 Actionscript3.0 类型的文档。将画面设置为"显示帧"。

(2) 绘制小人

① 利用矩形工具和椭圆工具（笔触颜色设置为无色）创建如图 4-2-66 所示 5 个图形。

② 将各图形转换为影片剪辑元件后组成如图 4-2-67 所示的小人。在图形上右击，利用快捷菜单中的"排列"命令组可以调整各图形的前后排序。

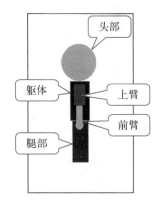
▲ 图 4-2-66　绘制小人的各个部分

▲ 图 4-2-67　小人造型

▲ 图 4-2-68　创建骨架

(3) 添加骨架并调整支点

① 在工具箱上选择"骨骼工具"，从小人躯体顶部中间开始，分别向上臂、头部拖拽出骨架，再从上臂向前臂拖拽出骨架，最后从躯体向腿部拖拽出骨架，如图 4-2-68 所示。时间轴

上会自动将小人各部分合并到新生成的骨架图层,而原来的图层1变成空层。

② 使用任意变形工具将上臂、前臂及腿部的支点都调整到各图形顶部的中间位置,如图 4-2-69 所示。这里所说的"支点"指的是用任意变形工具选中图形后,图形上显示的小圆点。在此操作过程中,如果各图形的位置、前后排序有变化,要重新调整好。

(4) 制作小人运动动画

① 右击骨架图层的第 15 帧,执行快捷菜单中的"插入姿势"命令,然后使用选择工具将前臂旋转到如图 4-2-70 所示的位置。

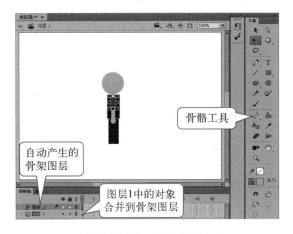

▲ 图 4-2-69　调整骨架支点

▲ 图 4-2-70　提拳姿势

② 在骨架图层的第 30 帧插入姿势,但各图形不作任何改变。

③ 在骨架图层的第 35 帧插入姿势,使用选择工具将上臂、前臂旋转并移动到如图 4-2-71 所示的位置。

④ 在骨架图层的第 60 帧插入帧。

(5) 测试影片

测试影片,并保存和导出动画。

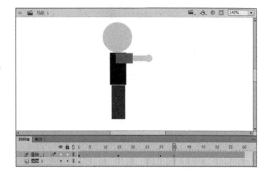

▲ 图 4-2-71　冲拳姿势

> **小贴士**:在骨架图层的帧上右击,从快捷菜单中执行"删除骨架"命令,可以删除角色上的骨架。在骨架图层的姿势帧上右击,从快捷菜单中执行"清除姿势"命令,可以将该帧上插入的姿势删除。

7. 二维动画综合制作

例 4-10

打开"L4-2-10 素材.fla"文件,参照"L4-2-10 样例.swf",制作一个交通信号灯的动画,要求先绿灯亮 40 帧,后黄灯亮 20 帧,最后红灯亮 30 帧,然后在绿灯亮的最后 15 帧中增加闪烁 3 次的效果,帧频为 12 fps。

(1) 导入素材及设置动画背景画面

① 打开"L4-2-10 素材.fla"文件,执行"修改/文档"命令,设置帧频为 12 fps。

② 执行"窗口/库"命令,显示库面板,设置舞台显示大小为"显示帧"。

③ 在第 1 帧上将库中的"背景"元件拖拽到舞台,如图 4-2-72 所示。

④ 执行"窗口/对齐"命令,打开"对齐"面板。勾选"与舞台对齐",单击"水平中齐"及"垂直中齐",如图 4-2-73 所示。

⑤ 鼠标在时间轴的第 90 帧处右击,在快捷菜单中执行"插入帧"命令(或者按 F5 键),这样在 1—90 帧的时间段内,整个背景都会处于静止状态。

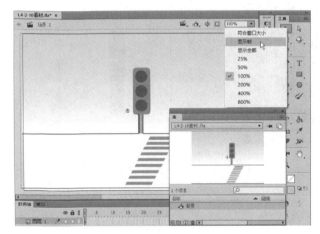

▲ 图 4-2-72 将背景元件拖拽到舞台　　　　▲ 图 4-2-73 对齐背景图片

(2) 制作绿灯亮 40 帧的动画效果

① 单击时间轴左下方"新建图层"按钮,新建图层 2。

② 选中时间轴上图层 2 的第 1 帧。

③ 选择工具箱中的"椭圆工具",设置"笔触颜色"为无色,设置"填充颜色"为绿色。

④ 按 Shift+Alt 键,在交通信号灯的最下方的黑色圆从圆心向外拖拽鼠标,绘制一个绿色的正圆,如图 4-2-74 所示。

(3) 绿灯熄灭黄灯亮

① 右击时间轴图层 2 的第 41 帧处,在快捷菜单中执行"插入空白关键帧"命令(或者按 F7 键),此时绿灯消失。

② 设置"填充颜色"为黄色(♯FFFF00)。用绘制绿色圆的方法在信号灯的中间绘制一个黄色的圆。

(4) 黄灯熄灭红灯亮

① 在时间轴图层 2 的第 61 帧处插入空白关键帧。设置"填充颜色"为红色(♯FF0000),用相同的方法在信号灯的上方绘制一个红色的圆。

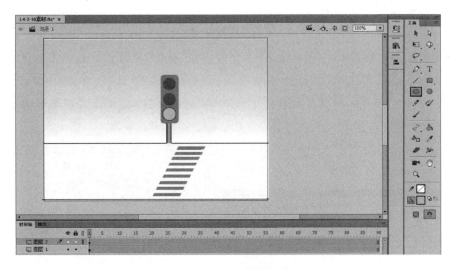

▲ 图 4-2-74　绘制绿色信号灯

② 通过按 Ctrl+Enter 键可观察绿黄红灯分别亮暗的动画效果。

(5) 绿灯闪烁 3 次

① 按住 Ctrl 键,分别单击时间轴图层 2 的第 25、30、35 帧;按 F6 键,在该 3 帧处插入关键帧。

② 分别右击时间轴图层 2 的第 26、31、36 帧,选择快捷菜单中的"插入空白关键帧"命令,达到了闪烁的动画效果,时间轴上的状态如图 4-2-75 所示。

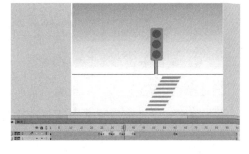

▲ 图 4-2-75　制作绿灯闪烁动画

(6) 测试、保存及导出影片

将动画文件保存为 L4-2-10.fla,导出为 L4-2-10.swf,然后测试影片(提示:执行"控制/测试"命令或按 Ctrl+Enter 键),观察动画放映效果。

例 4-11

打开"L4-2-11 素材.fla"文件,参照"L4-2-11 样例.swf",制作一个总长为 60 帧的动画,父母站在舞台中央,从第 1 帧至第 20 帧,天使般的孩子从天而降至父母中间,从第 20 帧至第 35 帧,"心"冉冉升起并逐渐变大,从第 40 帧至第 50 帧,"心"形变为红色的文字"Love My Family"(字体:Arial,颜色:红色,字号:60)并保持至第 60 帧

(1) 导入素材及设置动画背景画面

① 打开"L4-2-11 素材.fla"文件,执行"修改/文档"命令,设置帧频为 24 fps。

② 将库中的图像"父亲"和"母亲"拖拽至舞台适当位置。

③ 在时间轴第 60 帧处右击,在快捷菜单中执行"插入帧"命令。

④ 单击时间轴左侧的"锁",锁定图层 1,结果如图 4-2-76 所示。

(2) 建立孩子自上而下的动画效果

① 单击时间轴左下方"新建图层"按钮,新建图层2。

② 单击时间轴上图层2的第1帧,将库中的图像"孩子"拖拽至舞台上方位置。

③ 右击图层2的第1帧,在快捷菜单中执行"创建补间动画"命令,如图4-2-77所示。此时会弹出"将所选的内容转换为元件以进行补间"的提示窗口,提示将图像转换为元件,单击"确定"按钮。

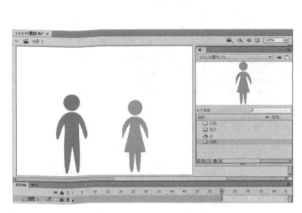
▲ 图 4-2-76 设置动画背景

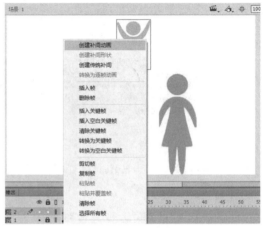
▲ 图 4-2-77 创建补间动画

提示:补间动画的对象必须是元件。

④ 在时间轴上选中图层2的第20帧,将孩子拖拽到舞台下方父母中间,此时可观察到在第1—20帧之间出现了一条运动轨迹线,如图4-2-78所示。

(3) 建立"心"由20帧至35帧逐渐变大的动画效果

① 单击时间轴左下方"新建图层"按钮,新建图层3。

② 右击时间轴上图层3的第20帧,选择快捷菜单中的"插入空白关键帧",将库中的图像"心"拖拽至舞台中央孩子的头部位置。

③ 选中图层3第20帧的"心",执行"修改/分离"命令,"心"变为矢量图像。

④ 右击图层3的第35帧,在快捷菜单中执行"插入关键帧"命令。将第35帧的"心"拖拽至舞台上方适当位置。

⑤ 用工具栏中"任意变形工具",选中第35帧"心",拖拽控制点,适当放大。

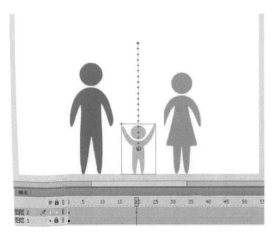
▲ 图 4-2-78 修改20帧"孩子"的位置

⑥ 右击时间轴图层 3 的第 20 帧,在快捷菜单中执行"创建补间形状"命令,结果如图 4-2-79 所示。

▲ 图 4-2-79 制作"心"放大动画

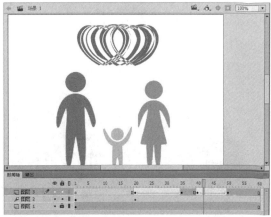

▲ 图 4-2-80 制作"心"变文字动画

(4) 建立"心"从第 40 帧至第 50 帧,逐渐变为红色文字"Love My Family"的动画效果

① 右击时间轴上图层 3 的第 40 帧,选择快捷菜单中的"插入关键帧"。

② 右击时间轴上图层 3 的第 50 帧,选择快捷菜单中的"插入空白关键帧"。选择工具栏中的文字工具,输入文字"Love My Family"(字体:Arial,样式:Black,颜色:红色,字号:60)。

③ 右击第 50 帧的文字"Love My Family",执行 2 次"分离"命令。

提示:文字对象做补间形状动画时,必须"分离"为矢量图形。

④ 右击时间轴图层 3 的第 40 帧,在快捷菜单中执行"创建补间形状"命令,结果如图 4-2-80 所示。

(5) 测试、保存及导出影片

执行"文件/另存为"命令,将动画文件保存为"L4-2-11.fla",执行"文件/导出/导出影片"命令,将动画输出为"L4-2-11.swf"。

例 4-12

打开"L4-2-12 素材.fla"文件,参照"L4-2-12 样例.swf",制作一个绿色出行广告宣传动画(动画总长 80 帧,帧频为 12 fps)

(1) 打开素材文档并利用素材制作动画背景

① 打开"L4-2-12 素材.fla"文件,执行"修改/文档"命令,将舞台大小设置为 600×400 像素,帧频设置为 12 fps。

② 打开"库"面板,将"街道.jpg"图像拖拽到舞台。

③ 打开"对齐"面板,勾选"与舞台对齐",单击"匹配宽度""匹配高度""垂直中齐"及"水平中齐",使"街道"背景图片与舞台大小相同并对齐。

④ 右击时间轴第 80 帧,在快捷菜单中执行"插入帧"命令并锁住图层 1,效果如图 4-2-81 所示。

▲ 图 4-2-81 设置动画背景

▲ 图 4-2-82 缩小并对齐广告图片

(2) 建立"广告"图片以淡入的方式旋转出现逐渐布满整个舞台

① 新建图层 2,将库中的"广告.jpg"拖拽到舞台,执行"修改/转换为元件"命令,将其转换为图形元件。

② 使用"任意变形工具"适当缩小,用"对齐"面板使其居中对齐,如图 4-2-82 所示。

③ 右击时间轴上图层 2 的第 20 帧,在"快捷菜单"中执行"插入关键帧"命令,将"图层 2"第 20 帧的图像调整为与舞台相同大小,如图 4-2-83 所示。

④ 用"选择工具"单击图层 2 第 1 帧的图像,打开"属性"面版,下拉"样式"列表,选择"Alpha",设置 Alpha 值为 40%,如图 4-2-84 所示。

▲ 图 4-2-83 插入关键帧并放大"图片"

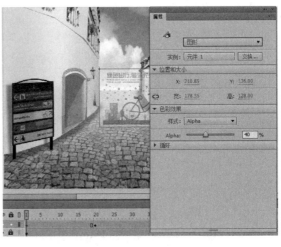

▲ 图 4-2-84 修改"图片"的透明度

⑤ 右击时间轴上图层 2 的第 1 帧,在"快捷菜单"中执行"创建传统补间"命令,此时在第 1 帧和第 20 帧之间,出现一黑色箭头线。

⑥ 单击时间轴上图层 2 的第 1 帧,在"属性"面板中设置顺时针旋转 1 次,如图 4-2-85 所示。

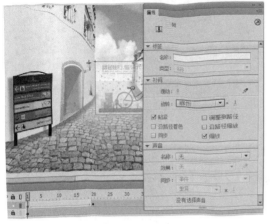
▲ 图 4-2-85　设置旋转参数

▲ 图 4-2-86　制作"共享单车"缩小淡出的动画

(3) 建立"共享单车"图像从第 21 帧至第 80 帧逐渐淡出的动画效果

① 右击时间轴上图层 2 的第 21 帧,在"快捷菜单"中执行"插入空白关键帧"命令。

② 将库中的"共享单车"拖拽到图层 2 的第 21 帧,在第 80 帧插入关键帧。

③ 用"选择工具"单击第 80 帧的"共享单车"图像,打开"属性"面板,设置 Alpha 值为 0%。

④ 右击时间轴上图层 2 的第 21 帧,在"快捷菜单"中执行"创建传统补间"命令,此时在第 21 帧和第 80 帧之间,出现一黑色箭头线,效果如图 4-2-86 所示。

> 提示:以上 2 个"传统补间"动画效果,也可以采用"补间动画"来制作,可尝试用不同方法去实现动画效果,体会两种方法的异同。

(4) 利用已有的"骑车人"影片剪辑元件,建立"骑车人"图像从第 21 帧至第 70 帧自右向左行驶最后静止 10 帧的动画效果

① 新建图层 3,右击时间轴上图层 3 的第 21 帧,在"快捷菜单"中执行"插入空白关键帧"命令。

② 将库中的"骑车人"影片剪辑元件拖拽到图层 3 第 21 帧的右侧。

③ 用"任意变形工具"适当放大"骑车人",如图 4-2-87 所示。

④ 右击时间轴上图层 3 的第 21 帧,在"快捷菜单"中执行"创建补间动画"命令。

⑤ 单击时间轴上图层 3 的第 70 帧,将"骑车人"拖拽到舞台左侧,如图 4-2-88 所示。

▲ 图4-2-87　设置21帧"骑车人"的位置与大小　　▲ 图4-2-88　设置第70帧"骑车人"的位置

(5) 测试、保存及导出影片

将动画文件保存为"L4-2-12.fla",导出为"L4-2-12.swf",然后测试影片,观察动画放映效果。

例 4-13

打开"L4-2-13素材.fla"文件,参照"L4-2-13样例.swf",制作小虾游泳的动画,先建立一个名称为"虾"的影片剪辑元件,然后制作一个小虾在水中穿行72帧后静止24帧的动画(背景颜色为♯66CC99,帧频为12 fps)。

(1) 打开素材文件,设置文档属性

启动Animate,打开"L4-2-13素材.fla"文件,显示库面板,将舞台背景颜色设置为♯66CC99,帧频为12 fps。

(2) 创建一个名称为"虾"影片剪辑元件,其内容为虾系列图片产生的逐帧动画

① 执行"插入/新建元件"命令,或者按Ctrl+F8快捷键,出现"创建新元件"的对话框,输入名称为"虾",类型选"影片剪辑"。

② 将库中的"虾1"拖拽到舞台中心点,单击时间轴上的第2帧,按F7插入空白关键帧。将"库"中的"虾2"拖拽到编辑窗口的中心,重复上述操作。将"虾3.PNG"—"虾6.PNG"图片拖拽到相对应的帧上。利用"对齐"面板,将各帧的虾居中对齐,如图4-2-89所示。

③ 结束影片剪辑的编辑。单击编辑窗口左上角的"场景1",影片剪辑元件制作完成,回到"场景"的舞台上,"虾"的影片剪辑元件被保存在库中。

(3) 在舞台插入影片剪辑元件并改变其大小方向

① 确认当前帧在图层1的第1帧上。双击图层1文字,将该图层命名为"虾",将库中"虾"的影片剪辑元件拖拽到舞台的右下角。

② 执行"窗口/变形"命令,或者按Ctrl+T键,出现"变形"面板,缩放大小均为50%,旋转为-90°,最后在96帧处插入帧。

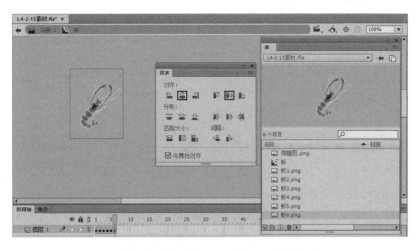

▲ 图 4-2-89　建立"虾"影片剪辑动画

(4) 制作动画的荷花背景

① 单击时间轴左下角的"新建图层"按钮,创建图层 2,并命名为"荷花"。

② 将库中的"荷塘图"拖拽到舞台并居中,最后单击该图层的锁定按钮,将该图层锁定。

(5) 制作虾的补间动画

① 右击"虾"层的第 1 帧,在"快捷菜单"中执行"创建补间动画"命令。

② 在时间轴上单击 48 帧处,将"虾"的影片剪辑元件拖拽到左边水草的下方。

③ 在时间轴上单击 49 帧处,用任意变形工具拖拽旋转"虾"元件将其的头部对向右边的文字,如图 4-2-90 所示。

④ 在时间轴上单击 72 帧处,将"虾"元件移到右边的文字下方并再将其缩小一点。

⑤ 用"选择工具"选中第 72 帧的"虾",打开"属性"面板,将 Alpha 值设为 40%,如图 4-2-91 所示。

▲ 图 4-2-90　设置第 49 帧"虾"的方向

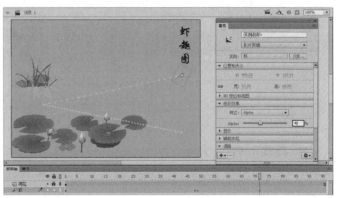
▲ 图 4-2-91　设置第 72 帧"虾"的大小与透明度

(6) 测试、保存及导出影片

将动画文件保存为"L4-2-13.fla",导出为"L4-2-13.swf",然后测试影片,观察动画放映效果。

例 4-14

参照"L4-2-14 样例.swf",利用配套素材 bird.png 和 stone.jpg 两幅图片,制作一个望远镜随飞鸟运动效果的动画(动画画面宽度和高度设置为 1024×768 像素,每秒 12 帧,总长 50 帧)。

▲ 例 4-14
本例视频提供了另一种操作方法

(1) 新建文档及导入素材

① 启动 Animate,并单击"新建"中的"Action Script 3.0",执行"修改/文档"命令,将文档宽高设置为 1024×768 像素,并设置帧频为 12 fps。

② 将舞台大小调节为"显示帧",执行"文件/导入/导入到库"菜单命令,将配套素材"bird.png"和"stone.jpg"图片导入到库。

(2) 制作背景

① 将默认图层重命名为"背景",将库中的"stone.jpg"拖拽到舞台上,并利用"属性"面板,将图片的宽度修改为 1 024,将高度修改为 768(如果锁定宽高比,则修改了宽度后,高度自动变成 768 像素)。利用"对齐"面板,将图片调整为在舞台上居中对齐。

② 执行"修改/转换为元件"菜单命令,选择元件类型为"图形",名称设置为"山"。然后利用"属性"面板,将实例"山"的透明度调整为 30%,最后右击时间轴第 50 帧,执行"插入帧"命令,并将背景图层锁定,如图 4-2-92 所示。

▲ 图 4-2-92　设置背景层

▲ 图 4-2-93　创建"望远镜"图形元件

(3) 制作遮罩效果

① 新建图层,并重命名为"山",打开库面板,将"山"图形元件拖拽到舞台,执行"修改/变形/缩放和旋转"命令,将该元件缩放为 110%,并利用"对齐"面板居中对齐,最后锁定该图层。

② 在"山"图层的上方添加新图层,并命名为"望远镜"。使用椭圆工具,按 Shift 键同时在舞台上拖拽,绘制一个圆(无边框色,填充色为任意)。选定该圆后,按 Shift 键+Alt 键,将圆向右边拖拽,复制成为 2 个有部分重叠的圆。然后使用选择工具框选所绘制的双圆,执行"修改/转换成元件"命令,将其转换为名为"望远镜"的图形元件,效果如图 4-2-93 所示。

③ 右击"望远镜"图层的图层名称位置，执行快捷菜单中的"遮罩层"命令，便可以看到图层自动缩进，并显示出遮罩效果，如图 4-2-94 所示。

> 提示：遮罩层和被遮罩层同时锁定时，才能看到遮罩效果，取消锁定后，可以对这两个图层进行编辑修改。

▲ 图 4-2-94　将"望远镜"图层转换为遮罩层

(4) 制作无背景的飞鸟元件

① 执行"插入/新建元件"命令，创建名称为"飞鸟"的图形元件，将库窗口中的"bird.png"拖拽到该新元件的舞台上，并使用"对齐"面板将其在舞台上居中对齐。

② 执行"修改/文档"命令，将背景设置为其他颜色，如图 4-2-95 所示，以方便删除飞鸟四周的白色背景。

▲ 图 4-2-95　修改舞台背景层

③ 使用"选择工具"单击选定舞台上的飞鸟,执行"修改/分离"命令,单击蓝色背景处取消选定。然后使用工具箱中的"魔术棒工具"(与"套索工具"在一起)单击飞鸟的白色背景部分,按 Delete 键删除白色背景。如果这样还没有删除干净,可以使用工具箱中的"橡皮擦工具",在需要擦除的位置上拖拽,擦除残余部分。

④ 将背景恢复到白色。单击舞台左上方的"场景 1"按钮,回到场景编辑舞台。

(5) 制作飞鸟图层

① 在望远镜图层上方新建图层,并重命名为"飞鸟",打开"库"面板,将"飞鸟"图形元件拖拽到舞台右下角。

② 使用工具箱中的"任意变形工具"单击舞台上的飞鸟,使其四周出现控制点,按住 Shift 键同时拖拽右下角控制点将飞鸟缩小到比较合适的大小。

> 提示:按住 Shift 键的同时进行拖拽,能按比例缩放对象。

③ 执行"插入/补间动画"命令,使该图层变成补间动画图层,然后分别将时间轴上的播放指针(红色滑块)放置到第 15、30、45 帧,将飞鸟放置到不同的位置。然后通过拖拽舞台上出现的渐变提示点线,将飞鸟飞翔路径调整为合适的弧线,如图 4-2-96 所示。

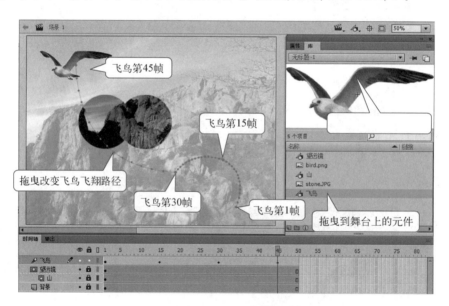

▲ 图 4-2-96 创建"飞鸟"补间动画

(6) 制作望远镜与飞鸟同步运动的补间动画

① 单击望远镜图层上的锁取消对该图层的锁定,执行"插入/补间动画"命令,将该图层转变为补间动画图层,然后分别将第 1、15、30、45 帧上的望远镜的位置放置在与飞鸟一致的地方。然后锁定该图层。

② 选择飞鸟图层,并单击选中飞鸟图层的补间动画路径线,按 Ctrl + C 键复制该路径线,然后锁定该图层。取消望远镜图层上的锁定,并选定该图层舞台上的补间动画路径线,

件/粘贴到当前位置"命令,望远镜图层上的补间动画路径线被取代为与飞鸟图层相一致的路径线,如图 4-2-97 所示。

③ 将望远镜图层第 50 帧与 51 帧之间的交界处(指针成为单线双剪头)拖拽到第 45 帧,然后按住 Shift 键,拖拽第 45 和 46 帧之间的交界处到第 50 帧,使望远镜运动的最后一个画面位于第 45 帧,与飞鸟图层相一致。锁定望远镜图层后,拖拽红色滑块,可以看到望远镜与飞鸟基本同步运动。效果如图 4-2-98 所示。

▲ 图 4-2-97　将望远镜动画路径设置为与飞鸟一致

▲ 图 4-2-98　望远镜随飞鸟运动的效果

(7) 测试、保存及导出影片

① 执行"文件/另存为"命令,将制作好的动画保存为"L4-2-14.fla"。

② 执行"文件/导出/导出影片"命令,将动画导出为"L4-2-14.swf"。

③ 测试影片,查看动画放映效果。

例 4-15

打开"L4-2-15 素材.fla"文件,参照"L4-2-15 样例.swf",制作章鱼的一条腿运动的动画。

① 动画的准备。打开"L4-2-15 素材.fla"文件,设置舞台大小为"显示帧",并将所有图层都延续显示到 50 帧。

② 观察素材。分别单击时间轴上"显示或隐藏所有图层"眼睛下方的黑色圆点,观察各个图层对应的画面内容,如图 4-2-99 所示。

③ 为 arm1 添加骨架。选定 arm1 图层第 1 帧,单击骨骼工具后,在舞台上 arm1 对象上拖拽出几段,如图 4-2-100 所示。

④ 设置章鱼腿的运动。分别将播放指针(红色滑块)移动到第 11、25、35、50 帧,每到一处使用选择工具拖拽章鱼腿改变其位置,如图 4-2-101 所示。

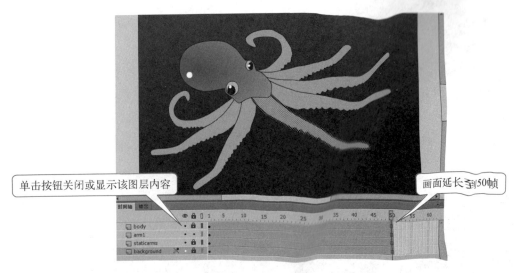

▲ 图 4-2-99 添加音效图层

▲ 图 4-2-100 使用骨骼工具为 arm1 定义骨骼

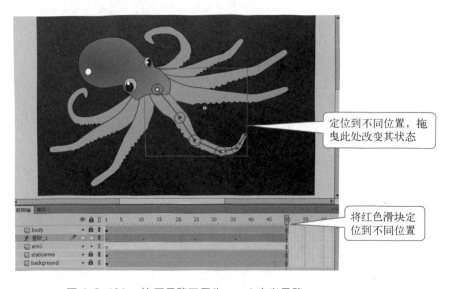

▲ 图 4-2-101 使用骨骼工具为 arm1 定义骨骼

⑤ 将动画文件保存为"L4-2-15.fla",导出为"L4-2-15.swf",然后测试影片,观察动画放映效果。

4.2.3 习题与实践

1. 简答题

(1) 逐帧动画与补间动画的主要区别是什么?
(2) "插入"菜单中的"补间动画"命令与"传统补间"命令在用法上有什么区别?
(3) 遮罩图层(即遮罩层)能直接创建吗?如何将一般图层转化为遮罩图层?

2. 实践题

(1) 打开"SY4-2-1素材.fla"文件,参照"SY4-2-1样例.swf",按下列要求制作动画。
① 设置影片大小为 500 px×400 px,帧频为 10 帧/秒,背景颜色为"#000000"。
② 将"迪士尼.jpg"图片放入到舞台,调整其大小与舞台相同,转换为元件,创建从第 1 帧到第 30 帧淡入出现的动画,显示至第 60 帧。
③ 新建图层 2,将库中"元件 1"元件放在图层 2 第 30 帧的舞台右上方,显示至第 60 帧。再次新建图层,将库中"元件 2"元件放入,居中,创建从第 1 帧到第 30 帧顺时针旋转 3 周,并移动到"元件 1"位置处的动画,显示至第 60 帧。
④ 新建图层 4,将库中"文字 1"元件放入在第 30 帧,闪烁 3 次至第 50 帧,显示至第 60 帧。
⑤ 动画源文件存储为"SY4-2-1.fla",导出动画文件名为"SY4-2-1.swf",都保存在 C:\KS 文件夹中。

(2) 打开"SY4-2-2素材.fla"文件,参照"SY4-2-2样例.swf",按下列要求制作动画。
① 设置影片大小为 176 px×208 px,动画总长为 60 帧。
② 将"bj.gif"元件放置在图层 1,显示至第 60 帧,作为动画的背景。
③ 新建图层 2,对"yj1.gif"元件进行适当处理,使"yj1.gif"元件从图层 2 第 10 帧至第 40 帧自右向左运动,静止显示至第 60 帧。
④ 新建图层 3,利用库中的"元件 1"元件制作动画,使该元件自图层 3 第 15 帧至第 40 帧自右向左运动。静止显示至第 60 帧。
⑤ 动画源文件存储为"SY4-2-2.fla",导出动画文件名为"SY4-2-2.swf",都保存在 C:\KS 文件夹中。

(3) 打开"SY4-2-3素材.fla"文件,参照"SY4-2-3样例.swf",按下列要求制作动画。
① 将库中"迪士尼.jpg"图片放入舞台,调整其大小和舞台相同,作为整个动画的背景,显示至 50 帧。
② 新建图层,将库中"元件 1"元件放入,创建从第 1 帧到第 25 帧由左下方运动到中间的动画,显示至第 30 帧,创建从第 30 帧到第 50 帧由中间运动到右下方逐渐变小为 60% 并淡

出的动画。

③ 新建图层,将库中"元件 2"元件放入,显示至 50 帧。

④ 利用遮罩,使"元件 2"文字能够从第 1 帧到第 25 帧逐渐显示出来,并显示至 50 帧。

⑤ 动画源文件存储为"SY4-2-3.fla",导出动画文件名为"SY4-2-3.swf",都保存在 C:\KS 文件夹中。

4.3 简单三维动画的制作

如果需要在计算机上显示三维立体效果的动画,可以制作三维动画。三维动画的一般制作过程为:动画角色建模→材质贴图→灯光和摄像机→创建动画→输出动画。

❖ 4.3.1 简单的三维动画制作体验

以下使用由美国 Autodesk 公司开发的三维动画制作软件 3ds Max 体验三维建模及三维基本动画的制作。

例 4-16

参照"L4-3-1 样例.avi",使用 3ds Max 2015 创建小球旋转的动画

① 启动 3ds Max 2015,其默认的程序窗口基本组成如图 4-3-1 所示。

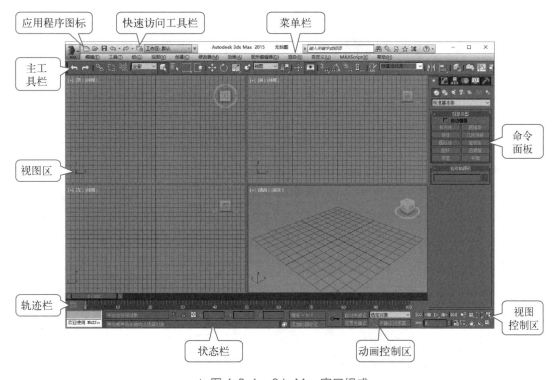

▲ 图 4-3-1 3ds Max 窗口组成

② 在主工具栏上单击选择 3 按钮，打开三维捕捉开关。在选中的 3 按钮上右击，打开"栅格和捕捉设置"对话框，勾选"栅格点"与"边/线段"复选框（其他不要选，否则操作时会造成不必要的干扰）。关闭"栅格和捕捉设置"对话框。

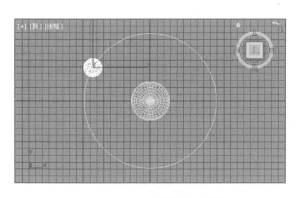

▲ 图 4-3-2　创建基本三维模型

③ 单击或右击选择视图区中的顶视口。执行"创建/图形/圆"菜单命令，光标捕捉到顶视口中心的栅格点（两条最粗删格线的交点——世界坐标系原点），按下鼠标左键拖动光标绘制圆形（本例动画中小球的轨道，见图 4-3-2 中的圆形），并在命令面板的"插值"卷展栏勾选"自适应"复选框 ☑ 自适应（系统自动优化以提高曲线精度），在"渲染"卷展栏勾选"在渲染中启用"复选框 ☑ 在渲染中启用（使圆形能够渲染出来，默认设置下图形是不渲染的）。

④ 执行"创建/标准基本体/球体"菜单命令，捕捉顶视口中心栅格点，按下鼠标左键拖动光标绘制球体（见图 4-3-2 中大的球体），并在命令面板的"参数"卷展栏取消勾选"平滑"复选框 ☐ 平滑。

⑤ 执行"创建/标准基本体/几何球体"菜单命令，捕捉圆形的弧线，按下鼠标左键拖动光标绘制几何球体（见图 4-3-2 中小的球体），并在命令面板的"参数"卷展栏取消勾选"平滑"复选框，至此，动画模型创建完成。

⑥ 在主工具栏上再次单击 3 按钮以关闭三维捕捉开关，准备开始录制动画。

⑦ 在主工具栏上单击选择 按钮，打开角度捕捉开关。在选中的 按钮上右击，再次打开"栅格和捕捉设置"对话框，将"角度"设置为 180 角度： 180.0 （度）。关闭"栅格和捕捉设置"对话框。

⑧ 在主工具栏上单击选择"选择并旋转"工具 ，在顶视口单击选择大的球体，此时显示的旋转控制装置与默认的视图坐标系的关系为：沿红色竖直线方向拖动光标可使球体围绕 X 轴旋转——X 轴正向水平向右；沿绿色水平线拖动光标可使球体围绕 Y 轴旋转——Y 轴正向竖直向上；沿黄色圆圈拖动光标可使球体围绕 Z 轴旋转——Z 轴正向垂直于屏幕指向用户。

⑨ 在动画控制区单击选择 自动关键点 按钮（默认设置下底色变红色），进入轨迹栏基本动画的录制模式。在动画控制区的"新建关键点的默认入/出切线"按钮 上按下鼠标左键不要松开，从弹出的菜单中选择 ，将运动设置为匀速。场景中大的球体在第 0 帧保持当前的状态。将轨迹栏上的时间滑块 < 0/100 > 向右拖动到最右端，即第 100 帧 < 100/100 > 。在顶视口将光标定位在黄色圆圈上，按下鼠标左键沿顺时针方向拖动光标，使大球围绕 Z 轴旋转 360 度。如图 4-3-3 所示（注意操作过程中上方标出的角度

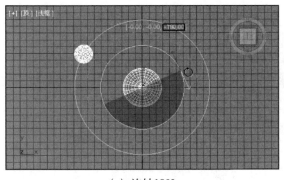 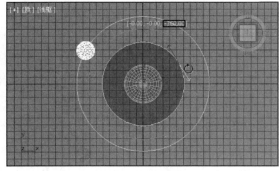

(a) 旋转180°　　　　　　　　　　　　(b) 旋转360°

▲ 图 4-3-3　录制动画

提示值)。

⑩ 创建大球动画。在动画控制区单击 自动关键点 按钮退出动画录制模式。在主工具栏上单击 按钮,关闭角度捕捉开关。

⑪ 用添加动画控制器的方法创建小球动画。在顶视口单击选择小球,执行"动画/位置控制器/路径约束"菜单命令,在顶视口的圆形弧线上单击,这样小球就可以沿着圆形路径旋转了。

⑫ 单击或右击选择视图区中的透视口。在动画控制区单击"播放动画"按钮 ,观看动画效果。

⑬ 保存场景并导出动画。在 3ds Max 窗口左上角的应用程序图标 上单击,利用弹出的菜单中的"另存为"命令保存场景文件(*.max 格式)。

⑭ 执行"渲染/渲染设置"命令,打开"渲染设置"对话框。在"时间输出"参数区选择"活动时间段"单选按钮。在"输出大小"参数区选择画幅大小。在"渲染输出"参数区单击"文件"按钮,打开"渲染输出文件"对话框,输入文件名,选择保存类型"AVI 文件(*.avi)",单击"保存"按钮。在弹出的"AVI 文件压缩设置"对话框中设置动画质量(主帧频率采用默认值即可),单击"确定"按钮返回"渲染设置"对话框。单击对话框右下角的"渲染"按钮,即可渲染输出动画。

⑮ 动画输出完毕后关闭渲染窗口,关闭"渲染设置"对话框,退出 3ds Max。

❖ 4.3.2　习题与实践

1. 简答题

常用的三维动画制作软件有哪些?各自的长处是什么?

2. 操作题

使用 3ds Max 2015,参照"SY4-3-1 样例.avi",创建小球弹跳的动画,保存为"SY4-3-1.max"。

操作提示：

（1）在顶视口创建球体。

（2）进入"自动关键点"动画录制模式，将时间滑块拖动到第 50 帧。在主工具栏上选择"选择并移动"工具 ，在透视口单击选择球体（注意状态栏上 Z 轴坐标值为 0），光标定位在 Z 轴上向上拖动球体到一定高度。

（3）将时间滑块拖动到第 100 帧，将状态栏上 Z 轴坐标值设置为 0。

（4）退出动画录制模式。在主工具栏上单击"曲线编辑器"按钮 打开"轨迹试图-曲线编辑器"窗口。曲线上有 3 个关键点，单击选择左边的关键点，在窗口顶部的工具栏上单击选择"将切线设置为快速"按钮 ；选择顶部中间的关键点，在工具栏上选择"将切线设置为慢速"按钮 ；将右边的关键点也设置为快速（和左边的关键点一样）。最终曲线形状如图 4-3-4 所示。

（5）关闭"轨迹试图-曲线编辑器"窗口。保存场景文件，输出动画，退出 3ds Max 2015。

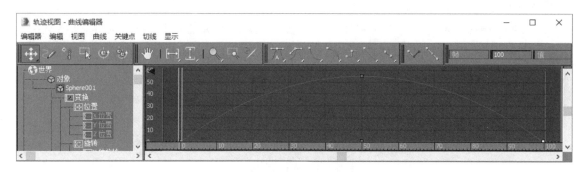

▲ 图 4-3-4　"轨迹试图-曲线编辑器"窗口

4.4 综合练习

❖ 一、单选题

1. 以下属于动画制作软件的是_____。
   A. Photoshop   B. Ulead Audio Editor
   C. Animate(Flash)   D. Dreamweaver

2. 在 Animate(Flash)中,用文本工具制作的文字为_____对象。
   A. 非矢量   B. 矢量   C. 位图   D. 图像

3. _____是 Animate(Flash)的标准脚本语言。
   A. C 语言   B. JAVA   C. VB   D. ActionScript

4. Animate(Flash)中,在元件编辑状态下对元件的修改将_____所有的该元件的实例。
   A. 不影响   B. 影响   C. 有时影响   D. 有时不影响

5. _____是 Animate(flash)导出影片的默认格式。
   A. SWF   B. GIF   C. MPEG   D. 3DS

6. 在 Animate(Flash)中,使用"文档设置"对话框不能更改的属性是_____。
   A. 舞台大小   B. 帧速率   C. 显示比例   D. 背景颜色

7. 在 Animate(Flash)中,使用任意变形工具不可以对舞台上的组合对象实施_____变形。
   A. 倾斜   B. 封套   C. 缩放   D. 旋转

8. 以下_____不是 Animate(Flash)的特色。
   A. 简单易用   B. 基于矢量图形   C. 基于位图图像   D. 流式传输

❖ 二、是非题

请在以下正确的说法前打√,错误的说法前打×。

1. 在 Animate(Flash)中,将一个实例拖拽到舞台上,这个实例就变成了元件。

2. 动画的形成是利用了人眼的视觉暂留特征。

3. 目前研究的动画产生理论已不再限于视觉暂留特征这一简单的解释,更进一步说就是画面和色彩的变化使人脑产生了运动幻觉,这才是动画产生的真正原因。

4. 从动画的视觉效果来看,计算机动画可分为:产生平面图形效果的二维动画和具有立体效果的真实模拟动画。

5. 3ds Max 是由美国 Autodesk 公司开发的二维动画制作软件,主要用于模拟自然界、产品设计、建筑设计、影视动画制作、游戏开发、虚拟现实技术等领域。

✦ 三、操作题

1. 打开本书配套资源第 4 章文件夹中的"ZH4-4-1 素材.fla"文件,按下列要求制作动画。效果参照本书配套资源第 4 章文件夹中的"ZH4-4-1 样例.swf"文件(除"样张"字符外),制作结果以"ZH4-4-1.swf"为文件名保存在 C:\KS 文件夹下。注意:添加并选择合适的图层,动画总长为 40 帧。

(1)将元件 6 放置在图层 1,在第 1—20 帧制作其加速下降的动画效果,第 20—40 帧制作其减速下降并逐渐消失的动画效果。

(2)将元件 6 放置在图层 2,在第 1—20 帧制作其加速下降的动画效果,并静止显示至 40 帧。

2. 打开本书配套资源第 4 章文件夹中的"ZH4-4-2 素材.fla"文件,按下列要求制作动画。效果参照本书配套资源第 4 章文件夹中的"ZH4-4-2 样例.swf"文件(除"样张"字符外),制作结果以"ZH4-4-2.swf"为文件名保存在 C:\KS 文件夹下。注意:添加并选择合适的图层,动画总长为 80 帧。

(1)将库中"地球"元件放置在图层 1 的第 1 帧,作为动画的背景,显示 80 帧。

(2)第 1—20 帧,海宝在地球正上方自身顺时针旋转 2 圈。

(3)第 21—40 帧,海宝绕地球顺时针旋转一圈。

(4)第 41—60 帧,海宝图案变成了文字"海宝欢迎您",并静止显示到 80 帧。

3. 打开本书配套资源第 4 章文件夹中的"ZH4-4-3 素材.fla"文件,按下列要求制作动画。效果参照本书配套资源第 4 章文件夹中的"ZH4-4-3 样例.swf"文件(除"样张"字符外),制作结果以"ZH4-4-3.swf"为文件名保存在 C:\KS 文件夹下。注意:添加并选择合适的图层,动画总长为 70 帧。

(1)将库中"背景"元件放置在图层 1 的第 1 帧,作为动画的背景,显示至 70 帧。

(2)第 1—25 帧,救护车从右侧走到左侧。

(3)第 26—45 帧,救护车变为文字"夜间行车"。第 55 帧,文字变黄色;第 60 帧,文字变蓝色。

(4)第 5—30 帧,自行车从右侧走到左侧。

(5) 第 31 帧—50 帧，自行车变为文字"安全第一"。第 55 帧，文字变蓝色；第 70 帧，文字变红色。

4. 打开本书配套资源第 4 章文件夹中的"ZH4-4-4 素材.fla"文件，按下列要求制作动画。效果参照本书配套资源第 4 章文件夹中的"ZH4-4-4 样例.swf"文件（除"样张"字符外），制作结果以"ZH4-4-4.swf"为文件名保存在 C：\KS 文件夹下。注意：添加并选择合适的图层，动画总长为 60 帧。

(1) 设置影片大小为 500 px×322 px，帧频为 12 帧/秒。将"背景"元件放置到舞台中央，创建从第 1 帧到第 40 帧背景从无到有的动画效果，并静止显示至第 60 帧。

(2) 新建图层，将"蝴蝶动画"影片剪辑放置到舞台，调整大小和方向，创建第 1 帧到第 20 帧蝴蝶从右上角飞到花上，然后调整方向，从第 25 帧到第 40 帧飞到另一朵花上的动画效果，并显示至 60 帧。

(3) 新建图层，创建文字"蝴蝶飞舞"，华文楷体，大小 36，使文字从第 1 帧到 40 帧文字从蓝色变为红色且变大，并静止显示至第 60 帧。

(4) 新建图层，将库中"幕布"元件放入，淡化（Alpha 为 40%），创建从第 45 帧到第 60 帧从左到右拉上幕布的动画效果。

5. 打开本书配套资源第 4 章文件夹中的"ZH4-4-5 素材.fla"文件，按下列要求制作动画。效果参照本书配套资源第 4 章文件夹中的"ZH4-4-5 样例.swf"文件（除"样张"字符外），制作结果以"ZH4-4-5.swf"为文件名保存在 C：\KS 文件夹下。注意：添加并选择合适的图层，动画总长为 60 帧。

(1) 将库中的"背景"元件放置到舞台中央，设置影片大小与"背景"图片大小相同，帧频为 10 帧/秒，并静止显示至 60 帧。

(2) 新建图层，将"小鸟动画"影片剪辑放置在该图层，调整大小和方向，创建小鸟从第 1 帧到第 40 帧从右上到左下的动画效果，并显示至 60 帧。

(3) 新建图层，将"文字 1"元件放置在该图层，从第 1 帧静止显示至第 20 帧。然后创建从第 20 帧至第 50 帧将"文字 1"变形为"文字 2"，且"文字 2"颜色变为"♯FF9900"的动画效果，并静止显示至 60 帧。

(4) 新建图层，利用"叶子 1"元件，适当调整方向，创建从第 1 帧到第 30 帧叶子从右往左，从第 30 帧到第 60 帧叶子从左往右摇曳的动画效果。

6. 打开本书配套资源第 4 章文件夹中的"ZH4-4-6 素材.fla"文件，按下列要求制作动画。效果参照本书配套资源第 4 章文件夹中的"ZH4-4-6 样例.swf"文件（除"样张"字符外），制作结果以"ZH4-4-6.swf"为文件名保存在 C：\KS 文件夹下。注意：添加并选择合适的图层，动画总长为 80 帧。

(1) 设置影片大小为 400 px×300 px，帧频为 12 帧/秒。

(2) 将"元件 2"适当调整大小后放在中心，制作在第 1—9 帧保持静止，第 10—20 帧逐渐变大的动画效果，并显示至 80 帧。

(3) 新建图层，在第 20—40 帧制作"元件 1"淡入的动画效果，并显示至 80 帧。

(4) 新建图层,在第 41—60 帧制作放大后的"元件 2"变化为"旧上海浮光掠影"元件文字的动画效果,并显示至 80 帧。

(5) 新建图层,利用"幕布"元件,从第 1 帧到 59 帧在左边静止,并创建从第 60 帧到第 80 帧拉上幕布的效果。

7. 打开本书配套资源第 4 章文件夹中的"ZH4-4-7 素材.fla"文件,按下列要求制作动画。效果参照本书配套资源第 4 章文件夹中的"ZH4-4-7 样例.swf"文件(除"样张"字符外),制作结果以"ZH4-4-7.swf"为文件名保存在 C:\KS 文件夹下。注意:添加并选择合适的图层,动画总长为 40 帧。

(1) 设置影片大小为 400 px×300 px,帧频为 12 帧/秒,背景颜色为"♯999999"。

(2) 从第 1 帧到第 5 帧,"苍蝇在飞"元件从底部中间运动至右上角,从第 5 帧到第 10 帧,从右上角运动至左上角,并静止显示至 20 帧;在第 20 帧使用"打扁了"元件代替"苍蝇在飞"元件,并静止显示至 40 帧。

(3) 新建图层,从第 10 帧到第 18 帧制作"苍蝇拍"元件从右下角向左上移动,并静止显示至 25 帧。

(4) 从第 25 帧到第 35 帧制作"苍蝇拍"变为"文字"元件的效果,显示至 40 帧。

第 5 章

视频处理基础

本章概要

视频是多媒体系统中主要的媒体形式之一。现代人需要在短时间内传递最多的信息,仅有文字和图片已经不够了,视频就是这样一个快速的载体。现在,诸如微信小视频、西瓜视频等非常受欢迎!这些视频都是怎么制作的?你是不是也想把自己平时的照片制作成视频给家人朋友展示?本章主要介绍数字视频的获取、压缩编码、文件格式、常用播放工具,以及使用"快剪辑"视频处理软件制作视频的基本方法。

学习目标

完成本章的学习后,你就能具备下列知识并能制作自己的视频了。
1. 能说出数字视频信息有哪些获取途径。
2. 能说出什么是数字视频。
3. 能说出视频为什么能压缩,视频压缩的基本原理和常用编码方案。
4. 能区别 10 种不同的常用视频文件格式的差异,并知道如何能使用它们。
5. 能使用"格式工厂"工具软件进行所熟悉的视频文件格式的转换。
6. 能使用"快剪辑"工具软件,根据需要进行视频信息的导入、剪辑、合成、叠加、转换和配音等视频编辑。
7. 会进行视频的导出和上传。

本章导览

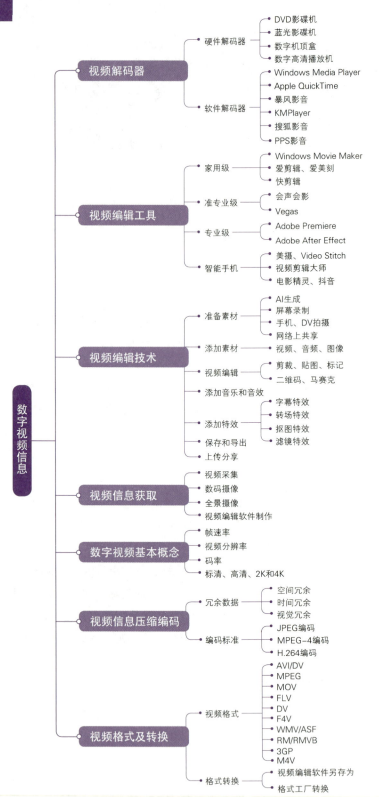

5.1 视频基础

视频是多幅静止图像(图像帧)与连续的音频信息在时间轴上同步播放的混合媒体。当多幅静止图像以一定速率依次连续地快速呈现,就形成了具有运动感的连续影像,因此视频也被称为运动图像。与动画产生运动感的原理相似,视频的动感也是利用了人眼的视觉暂留效应。

✦ 5.1.1 数字视频信息的获取

视频按照存储信息与处理方式的不同,可以分为模拟视频和数字视频两种。传统的影音设备,如录像机、电视机、VHS摄像机等,都是用视频模拟信号记录数据,目前已经不常使用了。这种模拟视频数据必须通过专用设备将其转换为数字视频数据,才能在计算机中进行处理。目前使用较为广泛的是一些数字视频设备,如数码摄像机、数字摄像头、3D摄像机等,用这些数字设备可以直接获得数字视频信号,以便连接计算机使用。

1. 利用视频采集卡获取

在使用计算机进行视频编辑时,如果原始视频资料是传统影音设备拍摄的,或者是存储在模拟设备中的,则首先需要将模拟视频信号转换为数字信号。这个将模拟信号转换为数字信号的过程称为"A/D"转换,可以通过视频采集卡实现。视频采集卡 VCC(Video Capture Card)又称视频捕捉卡,广泛应用于工业检测、智能交通、医学影像等领域,主要功能是对视频输入端的模拟信号进行采集、量化和编码压缩成数字视频,其过程如图 5-1-1 所示。视频采集卡一般都配有相应的采集应用程序以控制采集过程,一些数字视频编辑软件(如

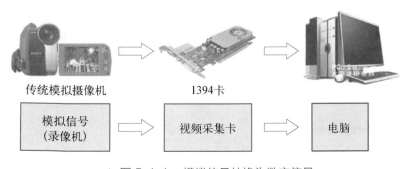

▲ 图 5-1-1 模拟信号转换为数字信号

"会声会影"）也带有采集、编辑、格式转换的功能。视频采集卡种类繁多，有 1 394 采集卡、USB 采集卡、HDMI 采集卡、VGA 视频采集卡、PCI 视频采集卡等。

2. 利用数字视频设备获取

可用于视频拍摄的数字视频设备有数码摄像机、数字摄像头、手机、3D 摄像机等。

数码摄像机简称 DV（Digital Video），它通过感光元件将光信号转变成电信号，再将电信号转变为数字信号。如图 5-1-2 所示。目前主流的数码摄像机多采用 MPEG-4 和 H.264 视频编码，其动态影像记录分辨率可以达到 1920×1080 甚至更高。数码摄像机一般通过 USB 接口或者 IEEE1394 接口与计算机连接。

数字摄像头也是一种广泛使用的数码摄像装置，它通过感光元件和内部电路直接把视频信号转换成数字信号，通过 USB 接口连接计算机，实现实时的视频采集。如图 5-1-3 所示。

▲ 图 5-1-2　数码摄像机

▲ 图 5-1-3　数字摄像头

▲ 图 5-1-4　全景拍摄器材

3D 摄像机是一种全景视频拍摄装置，用它可以进行全方位 360 度拍摄；用户在观看视频时，也可以随意调节观看角度上下左右全方位观看。如图 5-1-4 所示。全景拍摄是指以某个点为中心进行水平 360 度和垂直 180 度的拍摄，多采用鱼眼镜头。拍摄后的视频还要用专用软件进行拼接，以便驱动全景浏览。目前全景视频大多用于旅游景点拍摄、场馆的展示和医疗观察上。

3. 使用视频编辑软件制作

使用 Windows Movie Maker、爱美刻、爱剪辑、快剪辑、Adobe Premiere、Adobe After Effect、Ulead Video Studio 等视频编辑软件可以制作视频。这些编辑软件可以对图像素材、音频素材和视频素材在"时间线"上进行任意修改、剪接、渲染、特效等处理。其支持的存储格式也非常多。使用视频编辑软件制作视频，让视频的编辑更随意和自由，也使视频制作者能充分发挥想象力，有更大的创作空间。

✦ 5.1.2　数字视频基本概念

无论是使用数字设备直接拍摄或者使用视频工具软件编辑制作，在创建和保存数字视频信息时必须了解下述视频概念。

1. 帧速率

帧是动画的构成元素，在动画中每一幅静态图像被称为一帧。帧速率指每秒录制或播放多少帧，单位是帧/秒(fps)。帧速率越高，视频画面就越流畅，视频文件占用的空间就会越大。一般电影的帧频是 24 fps，电视的帧频是 25 fps，也有 30 fps。

2. 视频分辨率

视频分辨率指对每帧图像在水平和垂直方向进行像素划分。例如 640×480 像素，表示每帧图像在水平上被划分为 640 个像素点，垂直方向上划分为 480 个像素点。视频分辨率的大小决定了视频每一幅静态图像的质量和视频的尺寸大小。但视频尺寸通常只用垂直方向的像素数表示，一般有 480 P、720 P、1 080 P 等。

3. 码率

码率也称视频比特率，指每秒传输视频信息的二进制位数，单位为比特/秒(bps)。比特率越高，传送数据速度越快。当带宽足够高时，码率可以设高一些，这样不仅减少等候时间也能保证网上播放视频的连续性；当带宽不足时，只能选择低的码率。码率一般有 1 500 bps、3 000 bps 等。

4. 标清、高清、2 K 和 4 K

标清视频(Standard Definition，SD)垂直分辨率一般 480 P，最高不超过 576 P；高清视频(High Definition，HD)最低 720 P，一般可达 1 080 P。

2 K 和 4 K 是高于高清电视标准的数字电影格式，分辨率分别为 2 048×1 365 像素和 4 096×2 730 像素。目前，高端数字电影摄像机均支持 2 K 和 4 K 的标准。

◆ 5.1.3 视频压缩与编码

视频信息数字化以后，通常都需要进行压缩，以减少存储空间的占用。视频压缩主要基于视频数据在空间上、时间上和视觉上的多种冗余。

1. 视频信息中的冗余数据

空间冗余是静态图像中存在的最主要的一种数据冗余。图像中同一景物表面上采样点的颜色之间通常存在着空间相关性，相邻各点的取值往往相近或者相同，这就是空间冗余。例如，图像中有一片连续的区域，这个区域的像素都是相同的颜色，那么空间冗余就产生了。利用空间数据冗余进行的压缩也称为帧内压缩。

时间冗余是运动图像(视频、动画)和音频数据中经常存在的一种数据冗余。图像序列中两幅相邻的图像,后一幅图像与前一幅图像之间在内容上具有高度相关性,这称为时间冗余。利用这种前后图像内容上的延续性进行的压缩,也被称为帧间压缩。

视觉冗余是根据人眼的视觉特性而言的。人类的视觉系统并不能对图像画面的任何变化都能感知到,一般人类视觉系统的分辨能力约为 26 灰度等级,而图像量化采用 28 灰度等级。通常情况下,人类视觉系统对亮度变化敏感,而对色度的变化相对不敏感;对物体边缘敏感,而对内部区域相对不敏感;对整体结构敏感,而对内部细节相对不敏感。因此,那些太亮太暗的数据、色度变化不大的数据,人眼往往看不到或者分辨不出,被人眼视为多余的,这就是视觉冗余。

2. 视频信息的压缩编码

视频信息中存在大量冗余数据使得视频信息的压缩成为可能。目前常用的视频信息压缩编码标准主要有 JPEG/M-JPEG、H.26X 系列和 MPEG 系列等。

JPEG 编码标准在视频信息的压缩中,是一种标准的帧内压缩编码方式。

H.26X 系列是国际电传视讯联盟(ITU)主导,侧重网络传输的视频编码。最初的 H.261 主要应用在可视电话和视频会议领域,适合记录静止图像,对剧烈运动的图像记录质量较差;H.263 在 H.261 基础上扩展带宽利用率,实现对全运动视频的记录;目前应用较普遍的 H.264 编码将运动图像压缩技术提升到一个更高的阶段,具有高压缩比、高图像质量、良好的网络适应性等优点,实现了在较低带宽上提供高质量的图像传输。随着视频摄录像技术的进步,人们对视频清晰度的要求不断提高,新的压缩编码 H.265 应运而生,它采用更先进的算法来提高压缩比、节约带宽和存储空间,可以 H.264 近 2 倍的传输速度传送普通高清音视频。

MPEG(Moving Picture Experts Group)是 1988 年成立的运动图像专家组的简称,负责数字视频、音频和其他媒体的压缩、解压缩、处理和表示等国际技术标准的制定工作。MPEG 视频编码系列中有 MPEG-1、MPEG-2、MPEG-4、MPEG-7、MPEG-21 等,其中 MPEG-1 只能针对动作不激烈的视频信号获得好的图像质量,没有得到广泛应用;MPEG-2 增加了对多声道的音频编码,但整体压缩率比较低,不适合网络应用;目前应用最广泛的是 MPEG-4,它是专为移动通信设备在互联网上实时传输视音频信号而制定的低速率、高压缩比的视音频编码标准;MPEG-7 是为互联网视频检索制定的编码标准;MPEG-21 为多媒体传输和使用定义一个标准化的开放框架,为不同的网络用户提供透明的、可不断扩展的多媒体资源。

❖ 5.1.4 数字视频文件存储格式

数字视频文件的存储格式取决于视频的压缩编码方式,而随着网络的发展,适用于网络应用的流视频格式应运而生。所以数字视频格式一般分为影像格式和流视频格式两种。通过互联网观看影像格式的视频,必须先将视频资源完全下载到本地计算机上再播放,用户需要等待较长时间而且占用用户计算机一定的存储空间。而流格式视频使用流媒体传输技术，无须下载全部资源，从服务器上下载一小部分数据，放入视频流缓冲区后即开始实时播放；缓冲区中播放过的视频将被舍弃，后面的视频内容陆续进入缓冲区后再播放，从而实现边下载边播放。下面对目前常见的视频文件格式进行简单介绍。

1. MPEG系列

MPEG系列包括MPEG视频、MPEG音频和MPEG系统（视频、音频同步）三部分。MPEG视频又包括MPEG-1、MPEG-2和MPEG-4三个主要的压缩标准。其中MPEG-1标准主要用于VCD的制作，文件扩展名有.mpg、.mpe、.mpeg、.m1v和VCD光盘中的.dat等。MPEG-2标准则用于DVD的制作，以及一些HDTV（高清晰电视广播）和有较高要求的视频编辑场合。常见的文件扩展名有.mpg、.mpe、.mpeg、.m2v和DVD光盘中的.vob等。而MPEG-4标准是为了播放流式媒体的高质量视频而专门设计的，它可根据现有带宽，通过特殊技术压缩和传输数据，以最少的数据获得最佳的图像质量，还具备交互性和版权保护等特殊功能。其主要用于在线视频、语音发送（视频电话）以及电视广播等场合。采用MPEG-4标准进行编码的文件格式有AVI、DIVX、MOV、ASF、MP4等。

2. AVI/DV

AVI（Audio Video Interleaved，音频视频交错）格式是由微软公司开发的，是传统的Windows系统通用视频格式。AVI格式兼容性好、调用方便、图像质量好，根据不同的应用要求，可以调整分辨率；大多数播放器都能播放，在视频领域是应用最广泛、应用时间最久的格式之一。

DV（Digital Video Format）格式是由索尼、松下、JVC等多家厂商联合推出的一种家用数字视频格式，目前常用的数码摄像机就是使用这种格式记录视频数据的。它可以通过IEEE1394端口传输视频数据到计算机，也可以将计算机中编辑好的视频数据回录到摄像机中。这种视频格式的文件扩展名一般是AVI，所以又称DV-AVI格式。

3. ASF/WMV

ASF（Advanced Streaming Format）格式，是微软较早推出的一种流视频格式，可以使用Windows Media Player进行播放。WMV（Windows Media Video）格式是ASF格式升级延伸而来，也是微软推出的一种采用独立编码方式并且可以直接在网上实时观看视频节目的文件压缩格式。WMV格式的主要优点有：本地或网络回放、可扩充的媒体类型、多语言支持、环境独立性、版权保护等。

4. MOV

MOV（Movie Digital Video Technology，电影数字视频技术）格式即QuickTime影片格式。它是苹果公司开发的一种视音频文件格式，默认播放器是苹果的QuickTime Player。

该格式视频具有较高的压缩比率、较完美的视频清晰度等优点,同时以其领先的多媒体技术和跨平台特性、较小的存储空间要求、技术细节的独立性以及系统的高度开放性,得到业界的广泛认可,目前已成为数字媒体领域事实上的工业标准。

5. M4V

M4V 格式是苹果公司开发的一种标准视频文件格式,应用于视频点播网站和各类移动设备(iPod、iPhone、PlayStation Portable 等)上。此格式基于 MPEG-4 编码第二版,是 MP4 格式的一种特殊类型,其后缀常为.mp4 或.m4v。其视频编码采用 H.264 编码,音频编码采用 AAC。相比于其他格式,它能够以更小的体积实现更高的清晰度。

6. FLV

FLV(Flash Video)格式是随着 Flash MX 的推出而开发出的一种流媒体视频格式。FLV 文件体积小巧,1 分钟清晰的 FLV 视频大小为 1MB 左右,一部电影在 100 MB 左右,是普通视频文件体积的 1/3。CPU 占有率低、视频质量良好,曾经在网络上非常流行。

7. F4V

F4V 是 Adobe 公司为了迎接高清时代而推出的支持 H.264 的流媒体格式。作为一种更小更清晰更利于在网络传播的格式,F4V 正逐渐取代传统的 FLV 格式。FLV 格式采用的是 H.263 编码,而 F4V 则支持 H.264 编码的高清晰视频。F4V 格式的清晰度明显比用 H.263 编码的 FLV 格式好。

8. RM/RMVB

RM(Real Media)格式是 Real Networks 公司开发的一种流式视频文件格式,主要用于低速率广域网上视频影像的传输。可以根据不同的网络传输速率采用不同的压缩比率,从而实现影像数据的实时传送和实时播放。RMVB 格式是由 RM 视频格式升级延伸出的新视频格式,不仅具备 RM 格式的特点,还能根据影像内容智能调整编码速率,使文件品质更高,容量更小;还有内置字幕和无需外挂插件支持等优点。

9. 3GP

3GP(3rd Generation Partnership Project,第三代合作伙伴项目计划)格式是一种 3G 流媒体的视频编码格式,主要是为配合 3G 移动通信网络的高传输速度而开发的,也是手机中最常用的一种视频文件格式。其文件体积小,移动性强,适合移动设备使用。目前大部分支持视频拍摄的移动设备都支持 3GP 格式的视频。

目前流行的视频网站,如优酷、搜狐等高清频道下载的视频,文件格式多为 FLV、F4V、MP4、M4V 等。

✤ 5.1.5　数字视频格式的转换

视频文件格式众多，且出自不同企业、研究机构或组织。不同格式的视频文件编码方式也不同，这给视频的播放和编辑带来不便。当发现所安装的播放器无法播放某种格式的视频文件时，可以通过视频编辑软件将某种格式的视频文件另存为其他格式的视频文件，也可以使用视频格式转换工具直接将不兼容的视频格式转换为自己需要的视频格式。

常见的可用于视频格式转换的工具有格式工厂、会声会影、Windows Moive Maker、魔影工厂等。在众多视频格式转换工具中，"格式工厂"是一款免费的、应用最广泛的多媒体格式转换软件。它支持各种数字视频格式和各种手机视频格式的转换，在转换过程中还可以修复某些意外损坏的视频文件。它的使用也很简单，只需要"添加文件""选项设置""输出配置"三个简单步骤，就可以轻松完成视频格式的转换。下面简单介绍"格式工厂"软件的使用。

1. 基本界面

"格式工厂"软件安装之后，可以通过开始菜单找到并单击运行，如图 5-1-5 所示。启动之后显示如图 5-1-6 所示的初始界面。

▲ 图 5-1-5　启动"格式工厂"

▲ 图 5-1-6　"格式工厂"初始界面

2. 格式转换

"格式工厂"使用非常简单，按照下面的步骤操作，如图 5-1-7 所示。

① 从左侧窗格中选择想要转换的目标格式。
② 在弹出的对话框中，单击"添加文件"或"添加文件夹"按钮，选择需要转换的原文件。
③ 单击"确定"按钮。
④ 单击"开始"按钮，开始转换格式，直到系统提示转换完成。

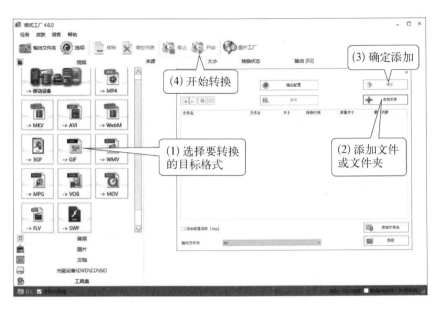

▲ 图 5-1-7　格式转换步骤

3. 输出配置与视频截取

在添加了文件或文件夹之后，如果单击"输出配置"按钮，可以打开"视频设置"对话框，如图 5-1-8 所示。可以对视频输出格式的各项参数如视频音频编码标准、音频采样频率声道数、字幕类型等进行设置。如果选中文件列表框中的某个视频文件，再单击"选项"按钮或者"截取片段"按钮，打开"截取片断"对话框，可以对视频音频进行片断截取的操作，如图 5-1-9 所示。

▲ 图 5-1-8　输出配置

▲ 图 5-1-9　视频截取

❖ 5.1.6　视频播放工具

数字视频文件格式众多，压缩编码方式各不相同，因此需要使用相应的解码器进行解码播放。视频解码器有硬件解码器，如 DVD 影碟机、蓝光影碟机、数字机顶盒、数字高清播放机等。也有软件解码器，即各类视频播放工具，如适用于 Windows 操作系统的 Windows Media Player、适用于 MacOS 苹果操作系统的 QuickTime Player，还有适用于网络视频的 RealPlayer 播放器和免费的 KMplayer 及暴风影音、爱奇艺等众多视频播放工具。解码播放器的核心是支持的视频格式的多少，格式越多功能越强，可以安装万能视频解码器来增强视频播放器的多格式支持能力。下面简单介绍一些常用的视频播放工具。

1. Windows Media Player

Windows Media Player 简称 WMP，是微软公司出品的一款免费的播放器，是 Windows 操作系统的一个组件，能播放 .mpg、.mpeg、mp2、.avi、.wmv、.asf 等格式的视频、音频文件，还可以通过插件增强视频音频解码功能。

2. Apple QuickTime

Apple QuickTime 播放工具支持多种数字视频文件的播放。对音频的播放，除了 MP3 等波形音频外，还支持 MIDI 音频的播放；能支持主要的图像格式，如 JPEG、BMP、PICT、PNG 和 GIF 等。它可以收听和收看网络播放。

3. 暴风影音

暴风影音播放器是由北京暴风科技有限公司研发设计的最受网民欢迎的视频播放器之一，是一款全球领先的万能媒体播放软件，兼容多数的视频和音频格式。最新版本暴风影音播放器采用全新架构，共支持 687 种视频格式，在原来版本优质强大功能的基础上，提升了启动和使用速度。开放解码器调节接口供用户使用，号称是"没有播不了的视频"的播放工具。

4. KMPlayer

KMPlayer 是一个将网络上所有解码程序全部收集于一身的影音播放软件，有了它就能够顺利观赏所有特殊格式的影片。它还能够播放 DVD 与 VCD，并能汇入多种格式的外挂字幕，支持多种影片效果调整选项，功能非常强大。

5. 搜狐影音

搜狐影音是搜狐公司出品的，主要功能是为观看搜狐视频的用户提供超速加载。该软件采用全新内核并嵌入智能模块，保证了对所有视频的高速加载，并且具有断点续传和记忆下载等功能。

6. PPS 影音

PPS 影音是全球第一家集 P2P 直播、点播于一身的网络视频播放软件，能够在线收看电影、电视剧、体育直播、游戏点播等，播放流畅，故网民是家用装机必备软件之一。

✦ 5.1.7 习题与实践

1. 简答题

（1）获取数字视频的方法有哪些？
（2）数字视频信息中存在哪几类冗余数据？
（3）有哪些常用的视频信息压缩编码标准？
（4）列举常见的视频文件格式及其特点。
（5）列举常用的视频播放工具。

2. 实践题

（1）学习使用 Windows Media Player 和暴风影音播放软件，观看"配套资源\第 5 章"文件夹中的图片、音乐和视频内容。

（2）学习使用"格式工厂"软件，将配套资源"第 5 章"文件夹中 MP4 格式的视频素材转换为其他格式（如 WMV、SWF 格式）。

5.2 视频编辑

视频信息的编辑处理包括视频素材的导入、剪辑、合成、叠加、转换、特效、滤镜、配音等。视频信息的编辑方法分为两大类：线性编辑和非线性编辑(简称非编)。线性编辑是一种早期的传统视频编辑方式，以原始录像带为编辑素材，在视频编辑机上对录像带素材进行编辑，费时费力。而且录像带上的模拟视频信息经过多次反复处理后，画面质量会严重受损。线性编辑目前已经很少使用了。非线性编辑是在计算机技术的支持下，使用合适的编辑软件，对数字视频素材在"时间线"上进行任意修改、剪接、渲染、特效等处理。画面质量不会受损，存储格式也可以任意选择。

❖ 5.2.1 视频编辑软件简介

视频编辑软件种类繁多，Windows Movie Maker、剪映、爱美刻、爱剪辑、快剪辑、会声会影、Vegas 等工具，比较适合零基础、没有任何视频制作经验的人使用。Adobe Premiere、Adobe After Effect、Ulead Video Studio 等工具则适合比较专业的人员使用。下面简单介绍几类常用的视频编辑软件。

1. 家用级视频编辑工具

(1) Windows Movie Maker

Windows Movie Maker 是 Windows 系统附带的一个视频剪辑小软件。功能比较简单，可以组合镜头、声音、加入镜头切换的特效，只要将镜头片段拖入就行，支持添加标题、字幕、分割、录制旁白等，提供了多种动画及视觉特效，很适合家用摄像后的一些小规模的视频处理。

(2) 爱剪辑

爱剪辑是一款大众娱乐级的免费视频剪辑软件，提供了非常多的 MTV 字幕、转场、文字、相框、贴图特效，可制作卡拉 OK 文字跟唱特效。它能够满足各种常用剪辑需求，又能快速上手，可用来剪辑网上流行的短视频或者生活纪念用途的视频。这款软件近年来非常流行，用它制作的视频遍布各大视频网站。

(3) 爱美刻

爱美刻是一款免费在线视频制作软件，用户只要登录网站，选择一款视频模板(如生日、婚礼等)上传自己的照片和视频就可以制作。其模板效果很专业，简单易用。

（4）快剪辑

快剪辑是一款360出品的免费视频剪辑软件。界面设计非常的简洁、易理解，提供基本的视频编辑功能，如裁剪、添加字幕、马赛克等，制作完成后，可分享至爱奇艺、今日头条等，结合360安全浏览器，可以轻松录制网络上的视频。

2. 准专业级视频编辑工具

对于有一定视频制作基础的人来说，可以选择会声会影、Vegas 工具进行视频编辑。它们有一个共同的特点，就是将专业视频编辑软件中的许多复杂操作简化为几个简单的功能模块，使整个软件界面清晰简洁，用户只需按照软件向导式的菜单顺序操作，便可轻松完成从视频采集、编辑直到输出的一系列复杂过程。用这些软件可以制作出许多非常专业化的视频特效。

（1）会声会影（Video Studio）

会声会影是友立公司出品的一套专为个人及家庭所设计的影片剪辑软件。它不仅符合家庭或个人所需的影片剪辑功能，甚至可以挑战专业级的影片剪辑软件，适合普通大众使用，操作简单易懂，具有制作向导模式，界面简洁明快、功能丰富。该软件具有图像抓取和编修功能，可以抓取、转换多种影像格式的文件和实时记录抓取画面文件，支持各类编码，具有成批转换功能与捕获格式完整的特点，提供有超过100多种的编制功能与效果，可导出多种常见的视频格式，甚至可以直接制作成 DVD 和 VCD 光盘。

（2）Vegas

Vegas Movie Studio 是一款操作简单而功能全面的视频剪辑软件，它整合了影像编辑和声音编辑。对音频可设置自动交叉、淡入淡出等多种效果，并且预设有许多精美视频特效。强大的视频剪辑、精确的音频控制和简易的操作使 Vegas 成为一款简化而高效的视音频编辑工具。不论是专业人士或是个人用户，都可因其简易的操作而轻松上手。

3. 专业级视频编辑工具

对于学习能力强的专业级用户，Adobe Premiere 和 After Effect 则会更有吸引力。这些软件功能更强大，能够满足特殊的需求，灵活性也比较强。

（1）Adobe Premiere

Premiere 是一款目前比较流行的非线性视频编辑软件，由 Adobe 公司推出，是数码视频编辑的强大工具，有较好的兼容性，且可以与 Adobe 公司推出的其他软件相互协作。Premiere 广泛应用于广告制作、电视节目制作、电影剪辑等领域，提供了采集、剪辑、调色、美化音频、字幕添加、输出、DVD 刻录的一整套流程，可以完成在编辑、制作、工作流上遇到的所有挑战，满足创建高质量作品的要求。Premiere 是一款侧重于剪辑的软件，用于视频段落的组合和拼接，并提供一定的特效与调色功能。目前常用版本有 CS4、CS5、CS6、CC 以及 CC 2014 等。该软件配合 After Effect 还可以做出令人满意的特效。

Premiere 导出的文件巨大，需配套使用视频压缩软件。同时导出时间超长，占用内存较大。

（2）Adobe After Effect

Adobe After Effects（简称 AE）是 Adobe 公司推出的一款视频剪辑及设计软件，适用于制作动态影像设计，是视频后期合成处理的专业非线性编辑软件。After Effects 应用范围广泛，涵盖影片、电影、广告、多媒体以及网页等，很多电脑游戏都使用它进行合成制作。这款软件有很多第三方创作的模板，以及数百种预设的效果和动画，仅需替换里面的照片或视频即可做成炫酷的后期效果。

4. 智能手机上的视频编辑工具

随着技术进步，智能手机的视频录制效果也越来越好，人们需要自拍以后利用手机进行简单的视频编辑。以下这些是常用的手机视频制作软件。

剪映：是一款全能易用的桌面端剪辑软件，提供剪辑、特效、音乐等编辑功能，操作简便、功能丰富，支持多平台，适合短视频创作。

美摄：自带美颜的视频拍摄剪辑软件，可以视频加字幕或者加配音，拍摄制作不限时长。

Video Stitch：视频拼接大师，视频和图片拼接神器，可以把照片和视频按照喜欢的方式组合。

视频剪辑大师：可进行视频编辑、剪辑和分割。

电影精灵：视频编辑和电影制作软件，导演、制片、主演……这些角色可以由一个人搞定！

抖音：音乐创意短视频软件，全网首创音乐滤镜，声音算法赋予视频新创意。

小影：短视频拍摄制作 App，视频剪辑功能比较强大，可以加滤镜、拼接、调速以及特效镜头。

轻松抠图：背景擦除软件，最方便的抠图 P 图神器，可与影视制作软件完美搭配。

✤ 5.2.2　数字视频的编辑处理

想要编辑和制作数字视频，首先要准备好视频素材。素材可以使用数字录像设备拍摄后获得，也可以从一些共享视频网站上获取，还可以利用如 360 浏览器的"边播边录"等录屏功能获取。接着选择一款自己常用的视频编辑工具软件，用该视频编辑软件对素材进行编辑处理，包括对素材进行调速、裁剪、分割、静音、删除、分离音轨、叠加、设置滤镜效果等常用操作；还包括制作片头、片尾字幕；镜头间的转场特效等。最后还需要将编辑好的视频导出成常用的视频文件，也可以进一步上传到网上，这样，所制作的视频就可以分享给大家欣赏了。

本节以 360 安全浏览器录屏模块和剪映视频编辑工具的使用为例，介绍数字视频信息处理的一般方法和过程。

1. 准备素材

(1) 通过录屏获取素材

打开360安全浏览器,访问任意视频网站并播放视频,鼠标移动至视频播放器上时,右上角会出现浮动工具条,如图5-2-1所示。

▲ 图5-2-1 录制小视频的工具条

单击"边播边录"按钮,即可进入录屏界面,如图5-2-2所示,单击工具条中间的红色大按钮便可开始录制。

▲ 图5-2-2 视频录制界面

工具栏右侧显示当前录制时长、已录制视频大小、CPU占用率、帧率、码率和分辨率级别。工具栏左侧可选超清(1 080 P)、高清(720)、标清(480 P)三种录制标准,当检测到电脑配置较低时会提示可能卡顿,对配置过低的会禁用超清录制并默认选择标清录制。单击区域录制模式可以拖拽鼠标指针选取录屏区域,并单击"完成"后仅录制区域内画面。区域右上角随录制状态切换提示"准备录制"或"录制中"。录制时长最长支持30分钟。

如果看不到"边录边播"按钮,可以修改浏览器的设置。单击360安全浏览器右上角三横菜单中齿轮状的"设置"命令按钮,进入浏览器设置界面,如图5-2-3所示。在左侧选择"界面设置"分类,勾选"在视频右上角显示工具栏"即可。

录屏文件默认保存在360安全浏览器中最后一次下载文件所选择的保存文件夹中,也可以单击360浏览器"工具"菜单中齿轮状的"设置"按钮,对下载文件保存位置进行修改,如图5-2-4所示。

▲ 图 5-2-3　360 浏览器"界面设置"

▲ 图 5-2-4　360 浏览器"基本设置"

完成录制后,单击红色按钮停止录制,将自动启动快剪辑软件,进入素材编辑界面,如图 5-2-5 所示。对于录好的视频,可以直接保存导出;也可以进行各种剪辑以后,再保存导出。

可通过以下 3 种方式启动快剪辑:安装后双击桌面上快剪辑快捷方式;前述录屏过程结束后自动启动快剪辑;单击 360 安全浏览器工具栏中的"快剪辑"按钮图标。

(2) 通过手机拍摄获取素材

手机拍摄的视频素材也可以导入到快剪辑中使用。如果用手机拍摄的视频画面需要旋转,可以先单击快剪辑欢迎页右上角的"视频旋转"按钮,添加视频后可以选择顺时针 90°、逆时针 90°和 180°的视频旋转,如图 5-2-6 所示。

▲ 图 5-2-5　"快剪辑"素材编辑界面

▲ 图 5-2-6　视频旋转

(3) 其他途径获取素材

除了通过录屏和手机获得视频素材外,还可以将其他数字设备拍摄的视频或图像素材,本地计算机上已有的各类素材,网络上共享的视频、音频和图像素材,导入到视频编辑软件中使用。使用网上多媒体素材时一定要具有版权意识,不得随意下载或使用有版权标识的素材用于商业目的,以避免侵权犯罪的发生。

(4) AI 生成素材

在剪映专业版中,AI 生成素材为视频创作带来了全新的可能性。

AI 生成图片是一项强大的功能。可以在软件中输入详细的描述性语句，比如"一片宁静的森林，阳光透过树叶洒下"，AI 便会根据你的描述生成一系列精美的图片。这些图片可以直接添加到视频项目中，为作品增添独特的视觉元素。操作起来非常简单，只需在"AI 生成"页面输入描述，点击"立即生成"，然后从生成的结果中挑选满意的图片添加到轨道上即可。

AI 还能生成特效文本字幕。如果想要为视频添加炫酷的字幕效果，可以选择"AI 生成"中的"灵感"，挑选合适的模板，如"火焰特效字幕"，然后点击"做同款"，修改模板中的文本为所需的内容。或者在"效果描述"中输入具体的特效要求，如"金色发光，字体大小 40 号"等，AI 会迅速生成带有特效的文字，让字幕瞬间变得与众不同。

AI 辅助图文成片功能也十分实用。可以通过"图文成片"中的"智能写文案"输入提示词，比如"一次难忘的旅行经历"，剪映会生成一个精彩的故事内容。接着选择"智能匹配素材"，软件会自动为这个故事寻找合适的素材，快速生成一个视频雏形，然后可以在此基础上进一步编辑和调整，大大提高创作效率。

生成素材的软件还有很多。AI 的赋能让视频创作更加轻松、高效且富有创意，为创作者们打开了一扇新的创作之门。

2. 剪映专业版的下载安装

打开电脑浏览器，搜索"剪映专业版"，进入官网，系统会根据电脑的类型自动匹配相应的版本，下载后安装即可。在苹果电脑中，打开 Mac 的 App Store，搜索"剪映专业版"，下载并安装。

3. 剪映专业版的界面

剪映软件安装之后，可以通过"开始"菜单找到并单击运行，如图 5-2-7 所示，启动之后，显示图 5-2-8 所示的欢迎界面。单击"开始创作"按钮 ![开始创作] ，进入编辑界面。在音视频编辑界面中，有素材区、播放器窗口、时间线和功能面板。

▲ 图 5-2-7　启动剪映专业版

▲ 图 5-2-8　剪映编辑界面

视频编辑往往会涉及大量多媒体素材,为了便于管理,视频编辑软件通常都会采用项目管理的方式。项目文件中会记录素材文件所在位置、文件名等信息,以及最后一次保存的视频文件的各种信息等。"快剪辑"的项目文件扩展名为. qme。项目文件默认保存位置在"AppData/Local/JianyingPro/User·Data/Projects/com. lveditordraft/×月×日"文件夹中。剪映网页版采用了一种基于JSON格式的项目文件。这种格式的项目文件能够有效地存储和传输剪映专业版中的各种设置和元素,包括视频轨道、音频轨道、效果、转场等。JSON格式的灵活性使得剪映专业版能够方便地处理和保存复杂的编辑项目,同时也便于在不同平台和设备之间进行数据交换和同步。

4. 编辑处理

(1) 创建或打开已有草稿

打开剪映,首先进入的是剪映的欢迎界面,点击"开始创作"按钮,即可新建一个草稿,点击右上角的"×"号,自动保存到剪辑草稿区,如图 5-2-9 所示。单击剪辑草稿区中的任一草稿,即可进入该草稿的编辑界面,继续剪辑。

▲ 图 5-2-9 剪辑草稿区

(2) 导入素材

在素材面板中点击导入素材,即可导入提前准备好的本地素材,方便后续剪辑。也可以单击左边的素材库,下载海量的线上素材,以获得更加丰富的音视频素材。

在进行视频剪辑之前,通常已经根据设想进行了视频拍摄或者素材选择,随之要进行的是视频剪辑片段在时间轴上的安排。在素材区可以添加和管理各种来源的素材。可以通过拖拽将素材添加到时间线的不同轨道上。当鼠标指针移动到素材区中的素材上时,素材右上角会出现" + "按钮,可以单击" + "按钮,将素材添加到轨道。如果素材是视频或音频,会自动添加到对应的视频轨道或音频轨道上;如果是图片素材,则会添加到视频轨道上,可根据需要调整其显示时长。拖动左右白色裁剪框,可以裁剪素材、拖动素材、调整素材的位置及轨道等。图5-2-10为添加了素材后的编辑界面。

▲ 图5-2-10　剪映编辑界面添加本地素材

① 导入本地素材。

单击素材区左上角的"导入"按钮,可以导入本地素材。剪映支持的视频格式有MP4、MOV、AVI、FLV、MKV、WMV,支持的音频格式有MP3、WAV、AAC、M4V,支持的图片格式有JPG、PNG、BMP、GIF等,添加图像素材后,静止图像默认持续时间为5秒。

② 添加AI生成素材。

单击左侧的"图片生成",输入描述画面的文字,比如"一片美丽的花海""夕阳下的城市街道"等详细的描述性语句,然后点击"立即生成"选项。等待一段时间后,系统会根据输入的文字生成若干张相关的图片。生成完成后,点击图片即可在右侧的播放器页面中进行预览。单击右侧的"参考主体"按钮,可以输入一张图片,进行简单的设置后,生成一张新的图片。

③ 添加云素材。

登录账号:打开剪映专业版软件,如果之前没有登录账号,需要先进行登录。登录后才能使用云素材功能,因为云素材是与账号关联的。

打开云素材库:进入软件主界面后,在左侧栏中找到"云素材"选项并点击。这里会显示已有的云素材分类,如视频、音频、图片等。

浏览和选择云素材:在云素材库中,可以看到各种素材的缩略图和相关信息。通过滚动鼠标滚轮或拖动素材库的滚动条来浏览素材。当找到想要使用的素材时,点击素材的缩略图进行预览。在预览窗口中,可以查看素材的详细内容,确认是否符合需求。

添加云素材到时间轴:确定要使用某一云素材后,将鼠标指针放在素材上,会出现

"+"号,可直接将素材拖拽到时间轴上的相应位置。

管理云素材:可以在云素材库中对已有的云素材进行管理,比如创建文件夹对素材进行分类整理。点击云素材库页面上方的"新建文件夹"按钮,输入文件夹名称,然后将素材拖放到相应的文件夹中。对于不再需要的云素材,可以选中素材后点击"删除"按钮进行删除,但删除操作需谨慎,以免误删重要素材。

如果想将自己本地的素材上传到剪映云空间,以便在其他设备上使用或与他人共享,可以点击"我的云空间",然后按照提示进行素材上传操作。上传后的素材会出现在云素材库中,方便随时调用。

(3) 编辑素材

在时间线上,可以对素材进行排列、修剪、设置倒放等基础操作。也可以在时间线上选中该素材,在功能面板中进行画面与音频的精细化调整。也可以给素材添加动画、变速等效果。

在播放器窗口中,可以播放、暂停、显示播放时长/总时长、全屏播放视频、设置显示比例;在时间线区中,可以对选定的素材进行改变时长、分割、裁剪、移动、删除、调速、添加标记、定格、镜像、旋转、调大小等操作;对于有音频的视频,可以设置静音,也可以将音频与视频分离,以便分别单独进行编辑,还可以录音、吸附等。

(4) 添加音频

音频的添加能为视频增添氛围和情感。点击媒体库中的"导入"按钮,选择音频文件导入。然后,将音频文件拖拽到时间轴上的音频轨道,并使用属性面板中的音量滑块调整音量。还可以对音频进行裁剪和淡入淡出处理,使其与视频完美结合。常用的剪映音频处理的实用技巧主要有以下几点。

① 音频剪辑。

精确裁剪:添加音频后,将鼠标指针放在音频轨道的边缘,指针会变成双向箭头,此时拖动边缘可裁剪音频的长度。如果需要更精确的裁剪,可以先将时间轴上的播放指针移动到想要裁剪的位置,然后点击"分割"按钮,将音频分割成多个片段,再删除不需要的部分。比如,音频的前奏或结尾过长,可通过这种方式进行裁剪,使音频与视频内容更契合。

音频拼接:如果有多个音频片段需要拼接在一起,可以将它们依次拖放到时间轴的音频轨道上,使它们按顺序排列。在拼接时,要注意音频之间的过渡是否自然,可以通过添加淡入淡出效果来改善过渡。

② 音量调整。

整体音量平衡:选中音频轨道后,在右侧的属性面板中可以找到"音量"选项,通过拖动滑块来调整音频的整体音量大小。要确保音频的音量既不会过大掩盖了视频中的其他声音(如人声、环境音等),也不会过小导致听不清。例如,在一个有人物对话的视频中,背景音乐的音量要适当降低,以突出对话内容。

关键帧音量变化:利用关键帧功能可以实现音频音量的渐变效果。在音频轨道上添加关键帧,然后在不同的关键帧位置设置不同的音量值,音频的音量就会在播放过程中根据关键帧的设置而变化。比如,在视频的开头逐渐增加音乐的音量,营造出一种渐进的氛围;或者在视频的结尾让音乐的音量逐渐减小,使视频结束得更加自然。

③ 音频特效运用。

变声效果:剪映提供了多种变声效果,如男声、女声等。选中音频轨道上的音频文件,点击"变声"按钮,即可选择喜欢的变声类型,并可进一步调整变声的参数,如音调、音色等。这个功能可以为音频添加独特的效果,比如在制作搞笑视频时,可以将人物的声音进行变声处理,增强趣味性。

声音的空间效果:在音频的属性设置中,有一些空间效果的选项,如"环绕音"等。通过调整这些参数,可以让音频听起来更有空间感,仿佛声音是从不同的方向传来的。例如,在制作一个模拟场景的视频时,如在森林中,可以将鸟鸣声的音频设置为环绕音,让观众有身临其境的感觉。

④ 音频的淡入淡出。

在音频的开头和结尾处添加淡入淡出效果,可以使音频的过渡更加自然。选中音频轨道,在音频的开头和结尾处分别点击"淡入"和"淡出"按钮,然后调整淡入淡出的时长。一般来说,淡入和淡出的时间不宜过长,几秒钟的时间即可,否则会影响音频的整体效果。

⑤ 音频的降噪处理。

如果音频中存在噪音,可以使用剪映的降噪功能来降低噪音干扰。选中音频轨道后,在属性面板中找到"降噪"选项,点击开启,剪映会自动对音频进行降噪处理,使音频更加清晰。不过,降噪处理可能会在一定程度上影响音频的质量,所以要根据实际情况进行调整。

⑥ 音频的分离与提取。

分离视频中的音频:如果视频本身带有音频,想要将视频中的音频分离出来单独处理,可以在导入视频后,选中视频轨道上的视频文件,点击"音频分离"按钮,视频中的音频就会被分离到单独的音频轨道上,然后可以对其进行剪辑、调整等操作。

提取视频中的音频:若只想提取视频中的音频部分,可以点击"提取音乐"功能,选择相应的视频文件,即可提取出视频中的音频作为独立的音频文件使用。这在需要使用视频中的某一段音频作为背景音乐或其他用途时非常方便。

⑦ 多轨道音频编辑。

剪映支持多个音频轨道,可以添加多个音频文件到不同的轨道上。这样可以方便地对不同的音频进行管理和编辑,比如将背景音乐和音效分别放在不同的轨道上,以便分别调整它们的音量、效果等。同时,多轨道音频编辑还可以实现音频的叠加效果,创造出更丰富的音频层次。

(5) 添加字幕

点击左上角工具栏"文本"按钮,选择文字模版、智能字幕、识别歌词等,能为素材添加不同类型的字幕。将默认文本拖动到时间线上,即可自定义编辑该文本;也可以选择花字,并调整花字的属性;选择文字模版,可以快速给素材添加标题、气泡等字幕效果。

在智能字幕中,可以把语音识别成字幕,也可以让文稿与画面自动匹配。识别歌词,可以直接把国语音乐中的人声识别成字幕,并自动添加到时间轴上。大多数文本类型目前都可以进行字体样式、大小、位置等基础调节,以及花字、气泡、动画等高阶调节,如图5-2-11所示。

▲ 图 5-2-11　添加字幕

（6）添加效果

单击时间线上的素材，可以在素材区为视频片段添加丰富多样的贴纸、特效、转场等效果，如图 5-2-12 所示。

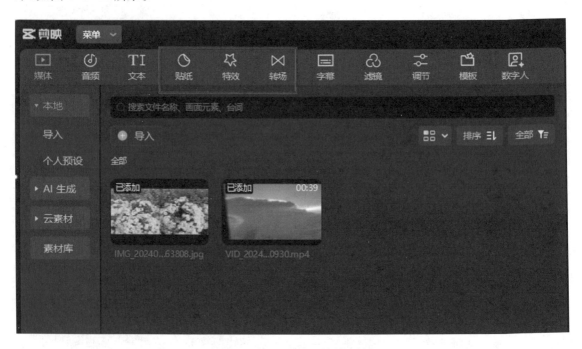

▲ 图 5-2-12　贴纸、特效、转场

（7）色彩调节

点击"滤镜"，选择一个合适的滤镜拖动到时间线上合适的位置。利用调节功能，对素材的画面色彩进行基础参数调节，还可以把调节好的参数保存成预设，方便下次使用，如图 5-2-13 所示。添加风格 LUT，让画面更有质感，这是剪映专业版独有的功能。LUT 在剪映中发挥着重要作用。它是一种颜色查找表，能快速为视频赋予特定的色彩风格。用户可以导入各种风格的 LUT，如电影感、复古风、清新色调等。使用 LUT 能统一多段视频颜色，让整个作品更加协调。在剪映中,选择合适的 LUT 需结合视频内容,自然风光可搭配鲜艳风格,人物访谈则适合柔和色调。还能尝试多个 LUT 叠加,创造独特效果,但要注意强度。结合基本调色参数,调整 LUT 透明度,可使视频色彩更自然。

▲ 图 5-2-13　色彩调节

(8) 导出视频

视频剪辑完成后,点击右上角导出,可以进行码率、格式设置,导出即可,如图 5-2-14 所示。

▲ 图 5-2-14　导出设置

视频导出后,选择西瓜或抖音图标,如图 5-2-15 所示,会自动跳转到西瓜创作中心或抖音创作中心,可以继续完成所有发布前可能需要的配置操作,省去了额外的上传时间。

▲ 图 5-2-15　发布平台选择

✦ 5.2.3　习题与实践

1. 简答题

（1）常用的视频编辑软件有哪些？

（2）剪映专业版软件可以对时间线上的视频片段添加哪些特效？

2. 实践题

使用手机版剪映 App，制作"美丽风景"短视频，发布并推广。

（1）准备 3 段横版视频素材，每段大概 4—6 秒，可以自己拍摄视频、图片（一键成片、剪同款、开始创作这 3 种方式可以分别尝试一下）。

▲ 图 5-2-16　手机版剪映

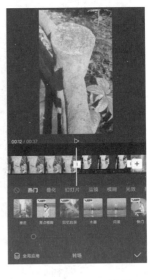

▲ 图 5-2-17　转场

（2）转场设置：叠化并应用到全部（点击时间轴上两段视频之间的小白框按钮，选择所需的转场效果，调整转场时长，预览，应用到全部，最后确认，点击√）。

> 提示：就像戏剧中的幕，小说中的章节一样，一个个段落连接在一起，就形成了完整的电影。因此，段落是电影最基本的结构形式，电影在内容上的结构层次是通过段落表现出来的。而段落与段落、场景与场景之间的过渡或转换，这就叫做转场。

（3）音频设置：点击音频按钮，通过"音乐""音效""提取音乐""抖音收藏""录音"等方式添加音乐。点击音乐素材，进行淡化、分割、踩点、删除、变速、复制等设置。

（4）字幕设置：将白色时间线放到需要添加文本的开始位置，点击"新建文本"输入内容。选择样式按钮可进行格式调整，选中文本条可进行文本朗读操作。使用"识别字幕""识别歌词"功能，识别完整后，点击文本可对识别不正确的内容进行编辑。

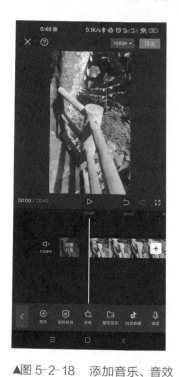
▲图 5-2-18　添加音乐、音效

▲图 5-2-19　添加字幕

▲图 5-2-20　特效

（5）增加特效：特效功能有 10 种类型，选择适合的特效，点击√。在特效进度条中，可调整特效的位置和时长。

（6）添加滤镜：将时间线放在需要添加效果的位置（此处为起点），添加滤镜效果。点击滤镜效果进度条后端白框调整效果时长。滤镜效果编辑完成后进行预览。同一片段可添加多条滤镜效果。

（7）导出并发布。

▲ 图 5-2-21　滤镜

▲ 图 5-2-22　发布

5.3 综合练习

❖ 一、单选题

1. 使用_____设备可以获得数字视频。
   A. 手机　　　　　　　　　　　　B. DV 机
   C. 3D 摄像机　　　　　　　　　 D. 以上都可以

2. 使用_____工具软件可以对数字视频进行编辑制作。
   A. Windows Movie Maker　　　　 B. Adobe Premiere
   C. Ulead Video Edit　　　　　　 D. 以上都可以

3. Windows Media Player 能播放的视频文件扩展名为_____。
   A. AVI　　　　B. ZIP　　　　C. TIF　　　　D. PCX

4. 下列编码标准中，_____不是视频编码标准。
   A. MPEG-1　　 B. MPEG-2　　 C. MPEG-3　　 D. MPEG-4

5. 下列编码标准中，_____是视频编码标准。
   A. H.263　　　B. H.264　　　C. H.265　　　D. 以上都是

6. 下列文件格式中，_____格式的文件不是视频影像文件。
   A. MOV　　　　B. AVI　　　　C. JPG　　　　D. MPG

7. 下列文件格式中，_____格式的文件属于视频影像文件。
   A. MP4　　　　B. MP3　　　　C. MID　　　　D. GIF

8. 下列文件格式中，_____格式的文件不属于流视频文件。
   A. MP4　　　　B. RM　　　　 C. MPEG　　　 D. 3GP

❖ 二、是非题

请在以下正确的说法前打√，错误的说法前打×。

1. 流畅的视频效果是依据人眼的视觉残留特性产生的，当每秒有 24 幅图像连续播放时,人眼看到的就是连续变化的视频。

2. 人类视觉系统的分辨能力一般为 26 个灰度等级,而一般图像量化采用的是 28 个灰度等级,这种冗余就称为时间冗余。

3. 连续播放的视频中包含了大量的图像序列,相邻图像序列有着较大的相关性,内容差异细微,存在大量的重复信息。这种冗余被称为空间冗余。

4. MPEG 编码标准包括 MPEG 视频、MPEG 音频、视频音频同步三大部分。

5. 线性编辑是在计算机技术的支持下,充分利用合适的编辑软件,对视频素材在时间线上任意进行修改、拼接、渲染、特效等处理。

✦ 三、综合实践

1. 在网上搜索以"保护环境"为主题的视频片断,进行屏幕录制作为素材使用,使用"剪映"软件将录制的视频素材制作成一段环保主题的短视频,保存为"ZHJG5-3-1 保护环境.mp4"。

操作提示:

(1) 利用 360 浏览器,搜索环保主题的网络视频,录屏 30 秒。

(2) 使用"剪映"将其拆分为若干段,各片段间设置转场特效,并适当添加特效。

(3) 给拆分出的第 1 段视频添加文字描述"保护环境,人人有责",时长为 8 秒。

(4) 将影片保存为"ZHJG5-3-1 保护环境.mp4",分辨率为 640×480(480 P),并上传分享。

2. 用手机拍摄视频,并利用"剪映"软件制作一段关于自己大学生活的短视频,保存为"ZHJG5-3-2 大学生活.mp4"。

操作提示:

(1) 用手机拍摄一段或几段自己大学生活的视频。

(2) 在电脑或者手机上使用"剪映"软件对拍摄的视频进行编辑(添加滤镜、音乐、字幕、画质、马赛克、装饰、画中画等)。

(3) 将影片保存为"ZHJG5-3-2 大学生活.mp4",并上传分享。

第 6 章

数字媒体的集成与应用

本章概要

当信息传播的载体从简单的文字变成电信号,从纸质媒体变成有线或无线媒体;当智能设备已经成为人们生活中重要的组成部分,信息的表达也随之有更多的形式了。对图形、图像、声音、视频的处理是为了将它们更好地整合在一起,以多元化的形式表达人们的思想。本章主要介绍数字媒体多元化整合的方法以及更多的表达形式和渠道。

学习目标

通过本章学习,要求达到以下目标。
1. 理解 HTML 是如何把各种数字媒体集成到网页中,通过浏览器展示出来的。
2. 能通过 Dreamweaver 工具,制作出简单的多媒体网页。
3. 知道在创建网页之前建立站点的重要性。
4. 能使用表格和 DIV 进行网页的简单布局。
5. 能建立个人的微信公众号。
6. 对微信小程序有基本的认识和了解。
7. 能使用网上的数字媒体集成平台,完成跨平台数字媒体的发布。

本章导览

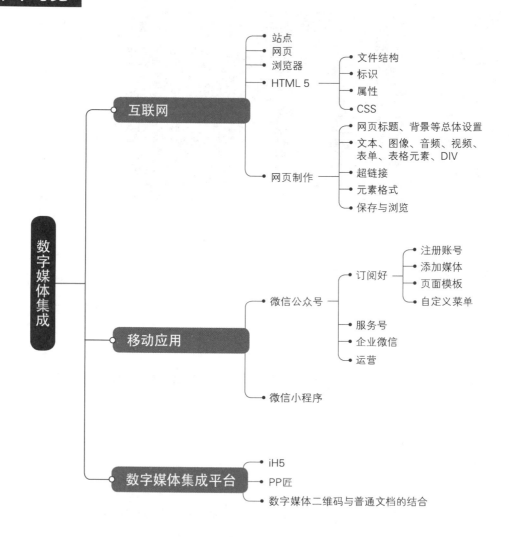

6.1 数字媒体集成基础

目前数字媒体在人们日常生活、工作中随处可见,网页、微信、各种 App、图像、音频、视频无处不在,各种网络购物平台和广告更是以高品质的画面和音频吸引大众的眼球。

❖ 6.1.1 数字媒体集成的方法

图像、视频、声音、文本在多个领域都是集成在一起出现的,并且通过各种媒体的相互补充、相互支持,展现的效果比单一媒体会更有冲击力,更有说服力。这也是当今新媒体时代,无数新媒体通过互联网、移动互联网展示在人们所用的各种计算机、平板、手机等设备上的形式。

集成各种数字媒体的方法有多种,简单的如演示文稿软件、文字处理软件,但集成起来的内容比较单调,交互功能也不强。用类似于 Java 这样的程序设计语言,可以实现功能丰富、带有强大交互功能,并且能跨平台的数字媒体集成作品,但作为没有程序设计基础的非计算机专业学生来说,无法轻易上手尝试。同样是跨平台的形式,网页以 HTML 为基础,可以集成各种数字媒体,使页面丰富多彩并具有交互特色,如果在其中嵌入脚本语言,还可以实现更强大的功能。因此,本课程引入基本的网页制作,使用可视化网页制作方法,建立集成多种数字媒体的交互式网站作品,同时也为将来基于 HTML 的程序开发学习打下基础。

❖ 6.1.2 网页中的数字媒体集成

互联网已经是人们获取信息的重要渠道,使用浏览器打开网页,除了基本的文本和链接之外,精美的图片、动画更是琳琅满目,通过网页观看视频影片也很常见。渐渐地,家里的电视机也成了摆设。那么,网页中各种数字媒体是如何集成在一起的呢?

使用浏览器访问互联网上的信息是一件平常的事情,但浏览器窗口中看到的包含各种数字化媒体的丰富多彩的网页是怎样存储和保存的呢? 这可以利用浏览器中的"开发者工具"去查看,图 6-1-1。为在 360 浏览器中看到的百度主页,上边是页面显示效果,下边则是利用开发者工具中 Elements 选项页中看到的页面代码。在代码中,看到许多带< >的内容,这些是让浏览器识别的标记代码,这种用于表达网页的代码被称为 HTML(Hyper Text Markup Language,超文本标记语言)。

▲ 图 6-1-1　网页及其代码

在浏览器窗口中保存网页，观察资源管理器中的保存结果，可以看到除了扩展名为.html 的网页文件（如图 6-1-3(a)）之外，还有一个同主名的文件夹，该文件夹内有许多各种格式的文件，如图 6-1-3(b)所示。

小贴士：在浏览器右上角单击，可以打开如图 6-1-2 所示的菜单，从中可以找到所需要的命令。

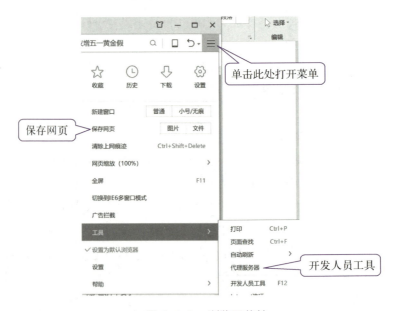

▲ 图 6-1-2　浏览器菜单

第 6 章 数字媒体的集成与应用

▲ 图 6-1-3　保存的网页

由此可见，网页中的 HTML 文件通过使用 < > 组成的标记，将 .html 网页文件中涉及的许多图片等数字媒体文件、定义格式的 .css 文件、设置交互的 .js 脚本文件连接在一起，让浏览器能知道去哪里取什么文件进行怎样的展示。由此可见，网页中的数字媒体元素是单独以文件形式存放，并通过 HTML 标记集成到一个文件中。HTML 是万维网联盟（W3C）1993 年发布的，至今已经发展到了 5.0 版本。

由于移动设备应用的日益广泛，HTML5 通过提供一些新的元素和属性，以使所设计的网页能将文字、图片、动画、视频和音频集成在一起，并在除了计算机的浏览器之外的移动设备上显示。

✤ 6.1.3　可视化集成工具

既然网页是由 HTML 标记构成的文本文件，使用记事本就可以编辑，但到底有哪些标记，它们的含义是什么，对于初学者来说，使用记事本是无法完成稍微复杂一些的网页编辑的。这里使用网页制作工具 Dreamweaver，通过可视化结合代码窗格的方法，了解最基本的 HTML 网页制作方法，认识基本的 HTML 标记，并使用相关标记完成网页的多种数字媒体集成。

Dreamweaver 是 Adobe 公司收购的可视化网页编辑工具，也是网站开发和管理的专业工具。其将代码编辑与可视化编辑有机结合，提高了网页制作效率。利用它可以制作出跨平台限制和跨浏览器限制的网页。

打开 Dreamweaver 之后，出现如图 6-1-4 所示的基本界面。单击画面中间左边区域的选项，可以看到相应的内容，目前的选择是"快速开始"，可以选择需要创建的文档类型模版。

本章将会涉及 HTML 文档的建立和 CSS 文档的介绍。

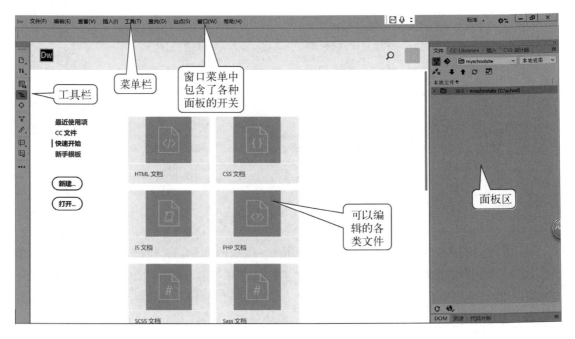

▲ 图 6-1-4　Dreamweaver 开始界面

❖ 6.1.4　HTML5 简介

　　HTML5 是 HTML 最新的修订版本，2014 年 10 月由 W3C 完成标准制定，目标是取代 1999 年所制定的 HTML 4.01 和 XHTML 1.0 标准，以期能在互联网应用迅速发展的时代，使网络标准足以匹配当代的网络需求。

　　HTML5 的设计目的是为了在移动设备上支持多媒体。标准提供了一些新的元素和属性，区别于之前例如<DIV>（块状元素）标签，新引入了一些语义化的标签，例如<nav>（导航）和<footer>（页脚）。这种标签将有利于搜索引擎的索引整理、特殊显示屏设备和视障人士使用。

　　语义化的同时为其他浏览要素提供了新的功能，通过一个标准接口，如<audio>（音频）、<video>（视频）、<canvas>（画布）标记，在 JavaScript 与 CSS3 的配合下可以在页面中显示 2D、3D 效果。

　　另外，取消了一些冗余的 HTML 4.01 标记，包括纯粹用作显示效果的标记，如<font>（字体样式）和<center>（居中），因为它们已经被 CSS（样式表）取代。

❖ 6.1.5　习题与实践

1. 简答题

　　（1）数字媒体的集成方法有哪些？

（2）网页上可以集成哪些种类的数字媒体？

（3）网页是如何将各种媒体集成在一起的？

（4）HTML5 与以往的 HTML 版本相比，有哪些新特点？

2. 实践题

找到三个不同的网页，观察它们的后台代码。

6.2 HTML 网页数字媒体集成

通过建立一个包含多个网页的数字媒体集成网站,学会使用 Dreamweaver 工具制作网页的基本方法,体验 HTML 标记是如何将各种数字媒体集成为一个整体的。

❖ 6.2.1 创建和管理站点

由于网页中的各种多媒体元素是以独立文件的形式存储在盘上,为了方便移动、复制和发布,在制作网页之前,可以先创建站点。站点对应着一个文件夹,这样便可以将相关文件都集中存放。接下来,以创建学校简介站点及相关网页为例,体验如何在网页中完成数字媒体集成。

例 6-1

创建 myschoolsite 站点,对应于 school 文件夹,并在站点中创建分别用于放置图片、视频、音频素材的 images、video、audio 等文件夹

① 可以在资源管理器中将所需要的文件夹建好,并存入相应的素材文件(如图 6-2-1 所示),然后再创建网站。也可以只创建一个作为网站根文件夹的 school 文件夹,在创建网站之后,用管理站点的方法创建其中的其他文件夹。

▲ 图 6-2-1 基本网站结构文件夹的建立

② 在完成站点根文件夹创建之后,启动 Dreamweaver(本例使用的是 CC2018 版),执行"站点/新键站点"命令,创建 myschoolsite 站点,如图 6-2-2 所示。

③ 创建好站点之后,在 Dreamweaver 右侧的面板中,可以看到站点文件夹,其根文件夹对应的硬盘文件夹,以及其下方的各级文件夹,如图 6-2-3 所示。右击文件夹后,出现菜单命令,可用于建立该站点中的文件夹。

▲ 图 6-2-2　在 Dreamweaver 中创建站点

▲ 图 6-2-3　创建后的站点

④ 关闭 Dreamweaver 窗口再次打开时，会默认进入上次创建的站点。若需要打开其他站点，可以从显示站点名称的下拉列表中单击其他站点名称，如图 6-2-4 所示。单击"管理站点"，还可以打开如图 6-2-5 所示对话框，进行站点的选择、新建、编辑、导出、复制、导入和删除等操作。

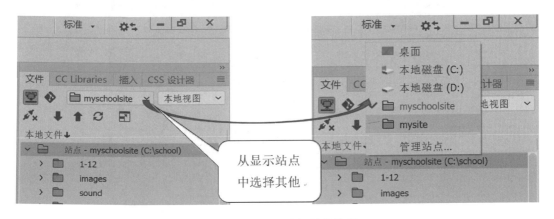

▲ 图 6-2-4　选择已有站点

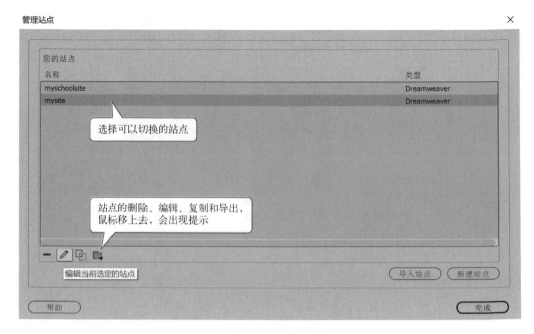

▲ 图 6-2-5　管理站点

✤ 6.2.2　创建主页和布局网页

主页是一个网站的封面,是网站中用户访问其他网页的入口,这个网页的文件名通常是 index.html 或 default.html,以便服务器默认会优先显示它们。

例 6-2

在 myschoolsite 中创建如图 6-2-6 所示的主页,先创建带表格布局的主页 index.html

① 在建立站点或打开站点之后,执行"文件/新建"命令,打开如图 6-2-7 所示的"新建文档"对话框,创建一个普通的 HTML5 网页文件,并将网页标题设置为"学校简介"。

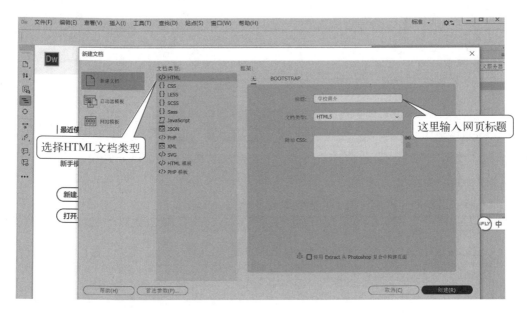

▲ 图 6-2-7　新建一个普通的 HTML5 网页文件

② 执行"文件/另存为"命令,将网页以 index.html 为文件名保存到网站根文件夹中。这时,Dreamweaver 网页编辑页面如图 6-2-8 所示。

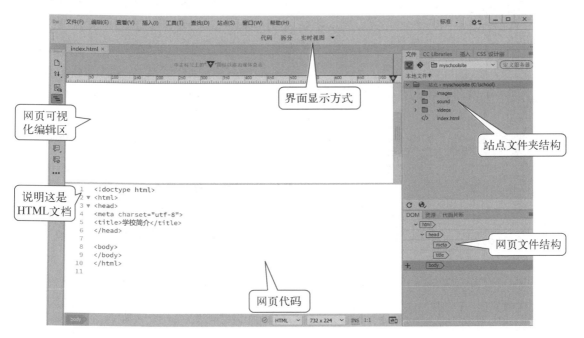

▲ 图 6-2-8　Dreamweaver 网页编辑基本界面

小贴士：图6-2-8所示为拆分界面的实时视图。这时，左上窗格中显示最终在浏览器中会看到的内容，左下窗格中显示 HTML 代码。可以单击实时视图右边的三角，选择设计视图，这时，左上窗口便可以以可视化方式进行编辑，输入文字、插入表格、图片、视频等各种数字媒体元素。

新建网页的页面内容是空的，但通过代码窗口，可以看到它还是对应着一些基本的代码：

<html></html>：告诉浏览器这是一个 HTML 文档。

<head></head>：表示这是文档的头部，这里的内容通常作为文档相关说明，不会直接显示在浏览器中。当前这个文件中，头部有两个标记，<meta charset="utf-8">标记和<title></title>。

<meta charset="utf-8">：通过对标记属性 charset 的定义说明了文档的编码是 utf-8 标准的。

<title></title>：定义网页标题，将在浏览器标题栏上显示出来。

<body></body>：定义网页上的内容，当前是空的。

HTML 的标记大部分首尾成对出现，可以嵌套表示，首标记中通过放置属性来设置相关具体内容的性质。

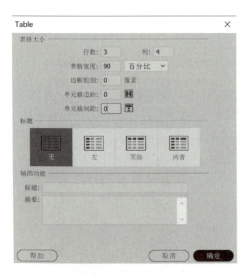

▲ 图6-2-9　Table 对话框

③ 将界面切换到设计视图之后，单击左上角窗口，使光标插入点出现在左上角，执行"插入/Table"命令，打开如图6-2-9所示的"Table"对话框。通过设置表格的行列数、宽度、边框粗细、单元格边距和单元格间距等，创建一个宽度为窗口90％、无边框线、单元格边距和间距都为0的3×4（3行4列）表格。

④ 插入表格之后，将表格第一行所有单元格选定，右击并执行快捷菜单中的"合并单元格"命令，表格完成合并，此时界面如图6-2-10所示。

从图中可以看到表格相关的标签分别如下。

<table></table>：定义了表格。

<tr></tr>：定义了行。

<td></td>：定义了行中的单元格。

<tbody></tbody>：表格内的分组标记，方便对表格不同区域定义不同的格式，这是 HTML5 中才出现的标记。

标记中用等号赋值的是属性，这些属性在不同的标记中表达的范围不同，如 width 属性，在<table>标记中，表示对表格设置宽度，在<td>标记中，则表示对单元格设置宽度。通过

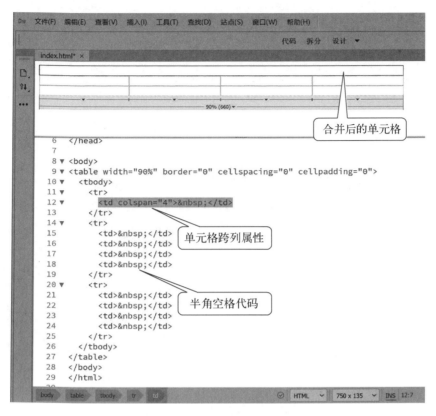

▲ 图 6-2-10　插入表格并合并了单元格

修改等号后面的参数,观察网页效果的变化,可以掌握其功能,并积累设置经验。本例中其他相关属性的含义如下：border 是边框线粗细；cellspacing 是单元格间距；cellpadding 是单元格边距；colspan 是跨列数；rowspan 是跨行数； 表示半角空格。

> **小贴士**：表格在网页中可以是实际显示内容的表格,但更多情况下,它是方便网页布局的工具。当作为布局页面使用时,通常将表格边框线宽度设置为0,以隐藏框线。

⑤ 根据最终网页内容的显示需要,可以通过右击插入、删除行和列,合并选定单元格,拆分单元格,最终使表格如图 6-2-11 所示。

▲ 图 6-2-11　最终的表格

> **小贴士**：除了表格可以用于布局网页之外,也可以使用 DIV 定位的方法设定对象需要插入网页的位置。

✤ 6.2.3　网页中的各种元素

网页中可以插入文本、图像、动画、视频、音频等各种数字媒体元素。

例 6-3

在 index.html 中添加标题、图片等元素，完成主页

① 将光标定位在表格第 1 行单元格中后，执行"插入/image"命令，将站点中 image 文件夹中的"logo.gif"图片插入，效果及对应 HTML 代码如图 6-2-12 所示。

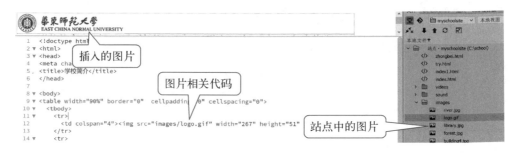

▲ 图 6-2-12　表格中插入图片

> **小贴士**：浏览器根据网页中 <img src = "/image/logo.gif"> 标记，来找到要插入的图片，并显示在浏览器中。

② 分别在第 2 行的四个单元格中输入"学校简介、院系机构、学生风采、招生就业"，并分别选定文字后执行"插入/标题/标题(2)"命令，利用"属性"面板设置文字在单元格中居中，完成后显示如图 6-2-13 所示的界面和代码。

▲ 图 6-2-13　插入文字并设置格式

小贴士：文字内容可以设置为"标题1"—"标题6"的不同大小格式，分别对应着<H1>—<H6>标记。如果需要更改字体、文字大小、文字颜色，则需要创建CSS规则进行定义。

③ 在表格第3行左边单元格中，输入文字"闵行校区"，回车后插入网站"images"文件夹中的"library.jpg"图片，并使用"属性"面板将图片设置为400×266像素；在右边单元格中输入文字"中北校区"，回车后插入网站"images"文件夹中的"building.jpg"图片，大小与左边图片相一致。结果如图6-2-14所示。

▲ 图6-2-14　分段插入文字与图片

小贴士：第3行的单元格中，文字与图片分两段，代码中可以看到<img>标记的外面套了<p></p>，表示独立的段落。

④ 在第4行合并后的单元格中，执行"插入/HTML/水平线"命令，插入一根水平线，并利用"属性"面板设置其为居中，可以看到代码中出现了<hr align="center">的内容，与图片标记一样。水平线标记<hr>也是独立的标记，没有结束标记。

⑤ 按Tab键在表格中插入一行，新插入的行也只有一个单元格。执行"插入/footer"命令，在最后一个单元格中插入footer区域（设计视图中看不出变化，只有代码中出现了<footer></footer>标记，这是HTML5的标记，表示定义页脚区域）。然后在该区域输入"版权所有"及版权符号，版权符号可以通过执行"插入/HTML/字符/版权"命令插入，插入后按Shift+Enter组合键换行，在第二行输入"联系我们"，将两行文字都设置居中，结果如图6-2-15所示。

小贴士：按Shift+Enter组合键换行但没有分段，对应的标记是
，这也是一个独立的标记。

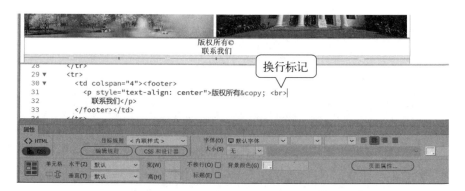

▲ 图 6-2-15　换行不分段插入文字

⑥ 将表格设置为在页面上居中，并为页面设置浅灰色（#CCCCCC）背景。单击表格左上角选定整个表格，在属性面板中设置 align 为居中，如图 6-2-16 所示；在表格外面单击后，在"属性"面板中单击"页面属性"按钮，打开如图 6-2-17 所示的对话框，设置网页背景色。设置后的页面以及代码如图 6-2-18 所示。

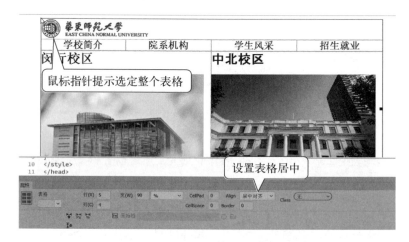

▲ 图 6-2-16　设置整个表格居中

▲ 图 6-2-17　设置网页背景色

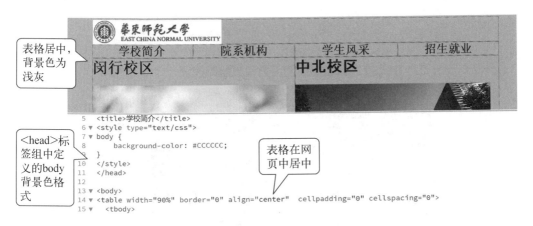

▲ 图 6-2-18　设置网页背景色和表格居中后的代码

> **小贴士**：CSS（Cascading Style Sheets）为层叠样式表，是一种用来表现 HTML 等文件样式的计算机语言，能够对网页中元素位置的排版进行像素级精确控制，支持几乎所有的字体字号样式，使浏览器按某种格式显示网页。使用 CSS 方式定义网页元素格式时，其格式设置代码可以直接或以链接外部 CSS 文件的方式出现在<head></head>标记组中间，格式定义的名称则出现在<body></body>组中进行应用。

⑦ 将网页上的学校 Logo 图片背景设置为透明。选定 Logo 图片后，在"属性"面板中单击"编辑图像设置"按钮，打开"图像优化"对话框，选定"透明度"复选框，如图 6-2-19 所示。保存网页后，可以在浏览器中看到图 6-2-6 所示效果。

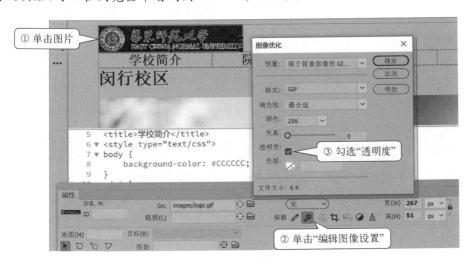

▲ 图 6-2-19　将图片背景设置为透明

例 6-4

制作带有背景图片和视频的中北校区网页 zhongbei.html，浏览效果如图 6-2-20 所示。

▲ 图 6-2-20　带有视频的网页

① 新建网页后以"zhongbei.html"为文件名保存在站点根文件夹中。然后单击"页面属性"按扭,打开如图 6-2-21 所示的对话框,设置网页标题为"中北校区"。网页标题将出现在代码的<title></title>标记中间。

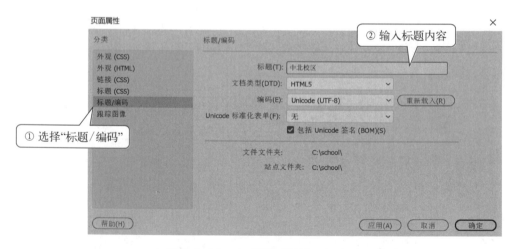

▲ 图 6-2-21　在"页面属性"对话框中设置网页标题

② 建立一个用于放置文本和视频的 DIV 区域,并通过 CSS 设置该区域中的文字字体为微软雅黑、24 px、加粗为 400、normal 字形。光标定位在网页左上角后,执行"插入/DIV"命令,打开"插入 DIV"对话框,单击其中的"新建 CSS 规则"按钮,打开"新建 CSS 规则"对话框(如图 6-2-22 所示),在对话框中输入所新建的 CSS 规则选择器名称".nr"后单击"确定"按钮。这时打开所设置的对象的 CSS 规则定义对话框(如图 6-2-23 所示),可以定义该 DIV 区域对象的各种格式。完成 CSS 规则设置后,回到"插入 DIV"对话框中,从 Class 下拉列表中,选择刚才定义的选择器名称".nr",并单击"确定"按钮。

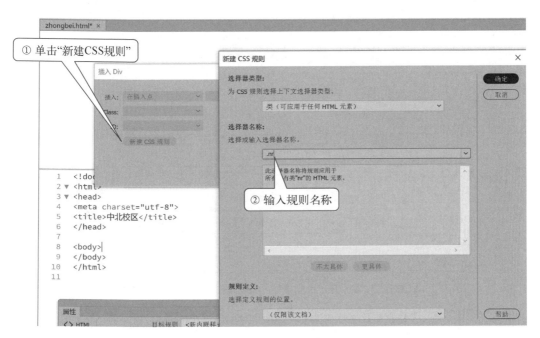

▲ 图 6-2-22　通过建立 CSS 规则为 DIV 区域设置格式

▲ 图 6-2-23　设置 DIV 区域文字的格式

③ 在 DIV 区域中输入文本"中北校区历史悠久景色优美",并居中,完成后如图 6-2-24 所示。

④ 在文字下方段落中,插入网站 videos 文件夹中的"zb.mp4"。将视频设置为 800×450 像素大小,带有控件,若用户的浏览器无法播放视频,应给予"您的浏览器不支持视频播放"的提示。执行"插入/HTML/HTML5 Video(V)"命令(如图 6-2-25 所示),单击所插入的代表视频的对象,使用"属性"面板设置相关参数后,完成视频插入。图 6-2-26 所示为对应的属性面板设置,以及插入后对应的代码,为了能在网页本地播放,可以将视频位置设置为相对路径:

中北校区历史悠久景色优美

```
 1  <!doctype html>
 2 ▼ <html>
 3 ▼ <head>
 4    <meta charset="utf-8">
 5    <title>中北校区</title>
 6 ▼  <style type="text/css">
 7 ▼  .nr {
 8        font-family: "微软雅黑";
 9        font-size: 24px;
10        font-style: normal;
11        font-weight: 400;
12        text-align: center;
13    }
14    </style>
15   </head>
16
17 ▼ <body>
18 ▼  <div class="nr">
19      <p>中北校区历史悠久景色优美</p>
20      <p> </p>
21    </div>
22   </body>
```

定义的CSS规则在<head></head>中

DIV对象中使用所定义的CSS格式

▲ 图 6-2-24　在"页面属性"对话框中设置网页标题

▲ 图 6-2-25　插入视频

< video width = "800" height = "450" title = "校园风景" controls = "controls" >

 < source src = "videos/zb. mp4" type = "video/mp4">

  < p> 您的浏览器不支持视频播放</ p>

</ video>

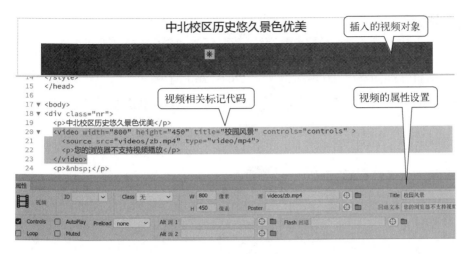

▲ 图 6-2-26　设置视频属性

⑤ 保存文件后,在浏览器中打开"zhongshan.html"后,变可以看到如图 6-2-20 所示的内容。单击视频控制上的按钮,可以播放、停止、控制音量、放大、全屏播放视频。

⑥ 单击 DIV 区域之外,然后在"属性"面板中单击"页面属性"按钮,打开"页面属性"对话框。选择"外观(CSS)",单击"浏览"按钮找到站点中的背景图像"bj.jpg",并将图像路径修改为相对路径,如图 6-2-27 所示。完成后保存网页,可以看到网页背景和代码的变化,如图 6-2-28 所示。

▲ 图 6-2-27　在"页面属性"对话框中设置网页背景图像

例 6-5

在首页上添加自动播放不带控制的背景音乐，并设置超链接，使单击中北校区图片后，能在新窗口中打开如图 6-2-20 所示的 zhongbei.html 网页。

① 在 Dreamweaver 右边的"文件"面板中双击 index.html 主页文件，打开该文件的编辑窗口。

② 执行"插入/HTML/HTML5Audio(A)"命令，插入音频对象，并在"属性"面板中选择音频文件和设置相关格式，如图 6-2-29 所示。

▲ 图 6-2-29　设置背景音乐属性

完成后可以在代码窗口中看到如下代码，在浏览器中播放时便能听到背景音乐。

< audio autoplay = "autoplay" loop = "loop" >
 < source src = "sound/bjmusic.mp3" type = "audio/mp3">
 < p>您的浏览器不支持音频播放</p>
</audio>

③ 在网页上选定"中北校区"下方的图片，在"属性"面板的"链接"文本框中输入链接目标文件的名称，在"目标"下拉列表中，选择"_blank"，使链接目标的页面能在新窗口中打开显示，如图 6-2-30 所示。设置后可以看到代码区在图片标记的两边增加了 < a href = "zhongbei.html" target = "_blank"> 和</a>。

▲ 图 6-2-30　设置超级链接属性

④ 保存网页，并在浏览器中浏览。单击图片，应能打开第二个窗口看到中北校区网页。

❖ 6.2.4 网页内容及格式

文本与图片是一个网页中最基本的元素,辅助以表格、DIV 等定位工具,配合 CSS 格式设置,可使界面更美观。

例 6-6

为学校创建校情简介网页(如图 6-2-31 所示),其中网页标题设置为"校情简介",网页内容的宽度为浏览器页面宽度的 90%,各种图片、文字的对齐形式如图基本一致,第 2 行文字为深灰色♯535353 背景下的白色文字、微软雅黑、normal 格式,保存为 xiaoqing.html

▲ 图 6-2-31 例 6-6 的最终效果

① 在站点中新建网页,并另存为 xiaoqing.html。

② 参见例 6-4,将网页标题设置为"校情简介"。

③ 参见例 6-2,创建一个 4 行 8 列,宽度为 90%,边框粗细、单元格边距、单元格间距都为 0 的表格,并设置表格在页面中水平居中,将表格的第 1、3 和 4 行都合并为一个单元格。

④ 参见例 6-2,在表格第 1 行的单元格中插入站点 image 文件夹中的图片"logo.png"。

⑤ 分别将"学校概况"等 8 组文字复制到表格第 2 行的 8 个单元格中,并设置单元格内容居中,如图 6-2-32 所示。可以从素材的 text 文件夹中找到"校情简介.txt",复制需要的文字。

⑥ 选定表格第 2 行,在"属性"面板中将背景颜色设置为深灰色♯535353,文字设置为白色、微软雅黑、normal 格式,如图 6-2-32 所示。

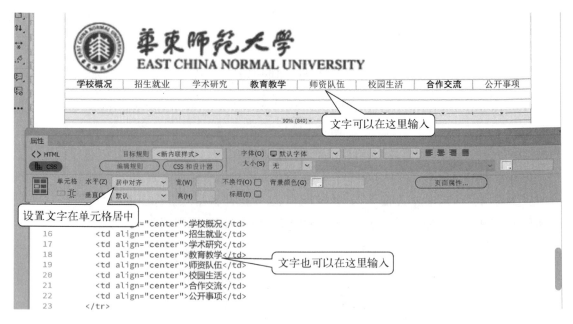

▲ 图 6-2-32　输入第 2 行文字内容并设置居中

▲ 图 6-2-33　设置第 2 行文字格式

> **小贴士**：对单元格设置的格式以"属性名＝属性值"的形式出现在＜td＞标记中，属性值需要带半角双引号。Align 的属性是对齐，bgcolor 的属性对应了单元格背景，style 属性可以包含多个具体的属性定义，本例中涉及文字的颜色，font-family 对应着字体，设置为微软雅黑，font-style 和 font-weight 都设置为 normal。可以通过尝试修改这些格式，观看效果了解具体格式的含义。

⑦ 在第3行的单元格中,插入站点文件夹 image 中的图像"002.Jpg"。

⑧ 在第4行的单元格中,输入文字"您的位置:首页-校情简介"(校情简介.txt 中有)。可以在文字前面添加半角空格,使其与"学校概括"文字的左边基本对齐。

⑨ 使用 Ctrl+S 快捷键保存文件,按 F12 键在浏览器中预览,如果发现图片无法显示,可以删除代码中图像路径前自动加入的 /preview/app/index.html/,如图 6-2-34 所示,然后再保存和预览(选定图像,在代码视图中可以快速找到对应代码)。

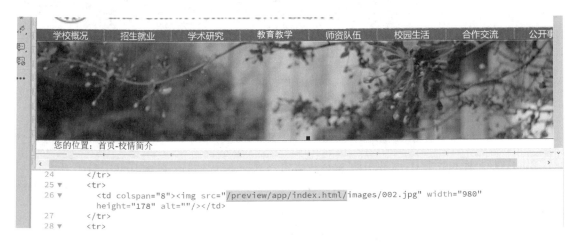

▲ 图 6-2-34 编辑图像路径

⑩ 在浏览器中调节窗口宽度,会发现图片的大小是固定的,不符合要求。此时可以回到 DW 中,将图片宽度设置为 100%。保存后再到浏览器中观察,改变浏览器宽度,画面应保持一致。

▲ 图 6-2-35 设置图像宽度

⑪ 将光标放在前面所完成的表格右边,按回车,在下方继续插入一个1行2列,宽度为

置该表格中左右单元格分别占 80%和 20%，如图 6-2-36 所示。

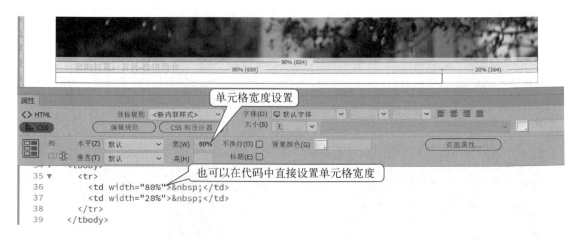

▲ 图 6-2-36　插入新表格并设置表内单元格宽度

⑫ 为了使放入左边单元格中的文本两边有对称的空隙，需要在左边单元格中再插入一个 1 行 1 列，宽度为 90%，边框粗细、单元格边距、单元格间距都为 0 的表格，并设置表格在页面中水平居中。然后在内部表格中，将"校情简介.txt"中的第 1 段文字复制进去。

⑬ 将所插入的文字设置为楷体。选定文字后，在"属性"面板的"字体"下拉列表中如果没有找到需要的字体，可以选择"管理字体"，并在打开的对话框中选择所需要的字体，完成字体添加，如图 6-2-37 所示。添加后，再从"属性"面板的"字体"下拉列表中选择新添加的字体。

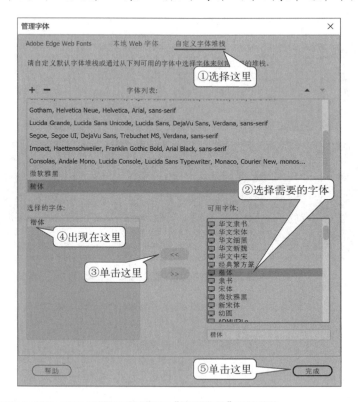

⑭ 在插入的文本段落开头输入半角空格,如果无法输入,可以单击"编辑/首选项"菜单命令,打开如图 6-2-38 所示的对话框,进行设置后再输入。

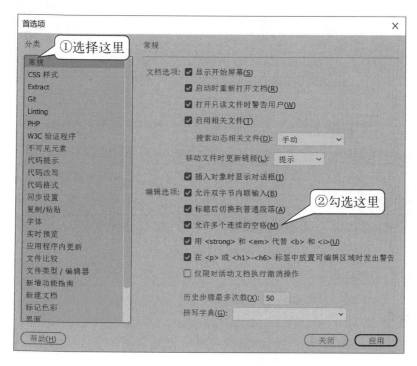

▲ 图 6-2-38 "首选项"对话框

⑮ 在外层表格的右边列,需要插入图片。为了方便图片的定位,可以先插入一个 DIV,在 DIV 中插入图片。光标定位在下方外层表格右边单元格后,执行"插入/DIV"命令,若出现如图 6-2-39 所示的提示,则选择"嵌套",然后将光标定位在所插入的 DIV 框内部,执行"插入/image"命令,选择素材中的"001.jpg"图片插入其中。

▲ 图 6-2-39 以嵌套方式插入 DIV 和图

⑯ 图片插入后如果无法正常显示,需要删除代码中自动生成的"/preview/app/index.html/",然后将图片所在 DIV 对应的单元格的垂直对齐设置为"顶端",如图 6-2-40 所示。

⑰ 在 Dreamweaver 编辑窗口中单击"实时视图"按钮,或者按 F12 键到浏览器中预览,就可以看到如图 6-2-31 所示的效果。

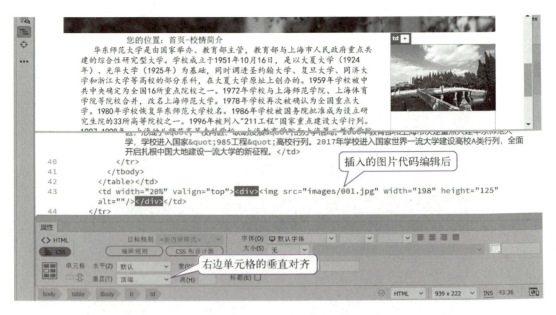

▲ 图 6-2-40　插入右侧图片后的设置

例 6-7

在 xiaoqing.html 网页的下方添加蓝色水平线，宽度设置为页面的 90%，粗细为 3 像素；在水平线的下方添加页脚，内容为居中的 East China Normal University 和版权符号，以及"联系我们"，字体为微软雅黑、12px、深灰色；单击"联系我们"，可以向 ECNU@ECNU.EDU.CN 发送邮件。最终效果如图 6-2-41 所示，保存为 xiaoqingwz.html；然后将 index.

▲ 图 6-2-41　本例完成后的最终效果

html 中的"学校简介"文字链接到 xiaoqingwz.html 中,并能在新窗口中打开,超级链接文本的颜色设置为红色,已链接文本的颜色设置为橙色,活动链接的颜色设置为绿色

① 将光标定位在上面所做的表格下方,执行"插入/HTML/水平线"命令,可以看到设计视图中出现水平线,代码中出现<hr>标记。选定水平线后,"属性"面板如图 6-2-42 所示。设置该水平线的宽度为 90%像素,高度为 3 像素,水平居中对齐。

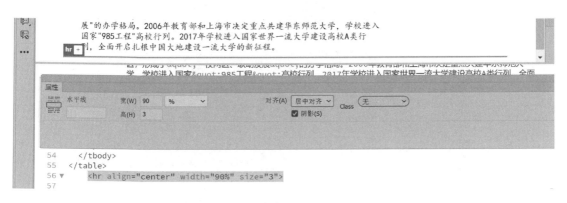

▲ 图 6-2-42 水平线设置

② 在代码窗格的<hr>标记内 size = "3"的后面单击插入光标,按空格后,自动出现菜单,选择 color,并输入 = "♯,这时会出现用于选择颜色的命令,单击后出现如图 6-2-43 所示的面板,可以选取需要的颜色。本例中需要设置的是纯蓝色,可以直接输入 color = "blue"。

▲ 图 6-2-43 水平线颜色的设置

③ 在水平线标记下方定位光标后,执行"插入/footer"命令,插入页脚,然后在页脚输入文字 East China Normal University,然后执行"插入/HTML/字符/版权 C"命令插入版权符号,回车后输入文字"联系我们"。

④ 将页脚的 class 命名为 footer,通过新建 CSS,打开如图 6-2-44 所示的对话框,设置文字格式和文字颜色。完成后,可以看到页脚的 HTML 标记代码如图 6-2-45 所示,而页脚对应的格式设置出现在<head></head>中,对应的 CSS 代码如图 6-2-46 所示。

输入链接文本框的内容为"mailto：ECNU@ECNU.EDU.CN"，单击确定即可。

⑥ 按 Ctrl＋S 组合键保存网页后，在 Dreamweaver 编辑窗口中单击"实时视图"按钮，或者按 F12 键到浏览器中预览，就可以看到如图 6-2-41 所示的效果。

▲ 图 6-2-44　为 footer 设置文字格式

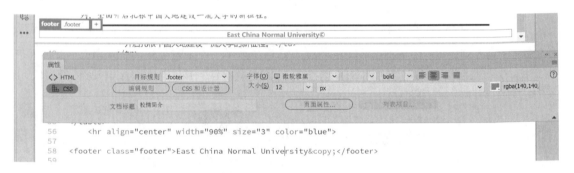

▲ 图 6-2-45　页脚的 HTML 标记

```
1   <!doctype html>
2 ▼ <html>
3 ▼ <head>
4   <meta charset="utf-8">
5   <title>校情简介</title>
6
7 ▼ <style type="text/css">
8 ▼ .footer {
9       font-family: "微软雅黑";
10      font-size: 12px;
11      font-weight: bold;
12      color: rgba(140,140,140,1);
13      text-align: center;
14  }
15  </style>
16  </head>
```

▲ 图 6-2-46　页脚的 CSS 格式定义内容

> 小贴士：<footer></footer>是 HTML5 的代码，所以如果使用低版本的 IE 浏览器，可能会看不到效果，建议使用 Windows10 自带的 Microsoft Edge 浏览器浏览，可以执行"文件/实时预览"命令找到它。

⑦ 关闭 xiaoqingwz.html 文件，打开 index.html，选定"学校简介"文字后，执行"插入/Hyperlink"命令，选择"嵌套"，在打开的对话框中输入链接目标，如图 6-2-47 所示。单击确定后，如果页面上有多余的文字，可以删除。

▲ 图 6-2-47　设置文字超级链接

⑧ 在"属性"面板上单击"页面设置"按钮打开如图 6-2-48 所示对话框，选择分类为"链接(CSS)"，设置超级链接文字的颜色。

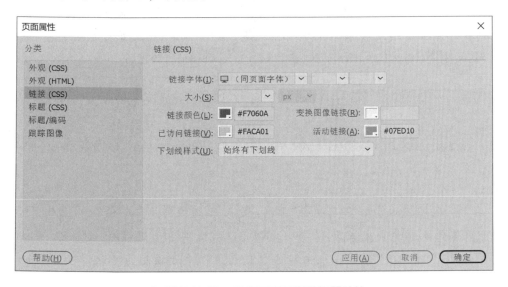

▲ 图 6-2-48　设置文字超级链接的颜色

⑨ 保存网页后，使用实时视图或者到浏览器中预览，可以看到超级链接效果，用鼠标单击超级链接，可以看到 xiaoqingwz.html 网页在独立窗口中打开。

> **小贴士**：如果"属性"面板上没有"页面设置"按钮，可以在代码窗口中选定<body>标记。

例 6-8

新建如图 6-2-49 所示的 biaodan.html 网页，网页标题为"表单"，第 1 行文字格式为 30px、微软雅黑、加粗，其他各行文字都为 14px、默认字体。可以使用表格对网页内容进行布局

① 新建网页并命名为 biaodan.html，将网页标题设置为"表单"。

② 插入一个 2 行 1 列的表格，表格宽度为 500 像素，边框、边距、间距等都设置为 0，将表格设置为居中。在第 1 行输入文字"基本信息"，并设置文字格式。

③ 在表格第 2 行中执行"插入/表单/表单"命令插入表单，并在表单中插入一个 7 行 2 列的表格，表格宽度为 80%，边框为 2，单元格边距为 3，单元格间距 0，表格设置居中。将表格最后一行合并列，设置所有行的高度为 60，左边列宽度为 30%。表格中第 1—6 行设置左对齐，第 7 行设置居中对齐。然后按图 6-2-49 在表格左列输入文字。

▲ 图 6-2-49 表单网页的内容

④ 将光标定位在"姓名"右边的单元格后，执行"插入/表单/文本"命令，删除出现的"Text Field:"文本。选定其右边的文本框，在"属性"面板中设置自动焦点（勾选 Auto Focus）、最大宽度（Max Length）为 20、必填（勾选 Required），如图 6-2-50 所示。

▲ 图 6-2-50 表单中的文本框设置

⑤ 在"性别"右边的单元格中，执行"插入/表单/单选按钮组"命令，在如图 6-2-51 所示对话框中设置性别信息。完成后，在单元格中编辑，使单选项显示在一行中。然后，选中"男"前面的单选按钮，在"属性"面板中勾选"Checked"，表示该项为默认选项，如图 6-2-52 所示。

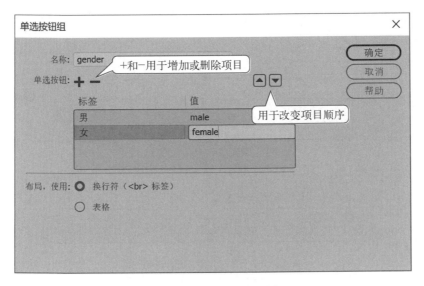

▲ 图 6-2-51　表单中的文本框设置

▲ 图 6-2-52　表单中的单选按钮设置

⑥ 在"兴趣爱好"右边的单元格中,执行"插入/表单/复选框"命令,出现如图 6-2-53 所示的复选框和复选框属性面板。将复选框右边的文字改为"阅读",在"属性"面板中将 Name 改为 Checkbox1,Value 改为 reading。然后再用同样的方法按样张插入另外的复选框,Name 分别改为 Checkbox2 和 Checkbox3,Value 分别改为 sport 和 music。

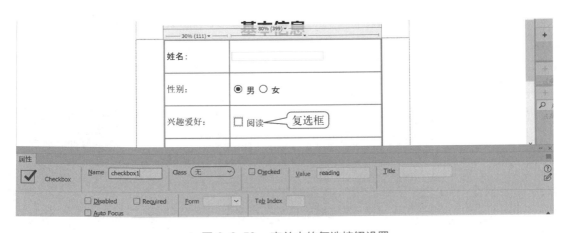

▲ 图 6-2-53　表单中的复选按钮设置

⑦ 在"学历"右边的单元格中,执行"插入/表单/选择"命令,插入选择列表,删除不需要的文字后,选定该列表对象,在"属性"面板中单击"列表值"按钮,出现如图 6-2-54 所示

的"列表值"对话框,输入提供选择的列表内容,单击确定后,在如图6-2-55所示的"属性"面板中,选择默认值为"本科"。

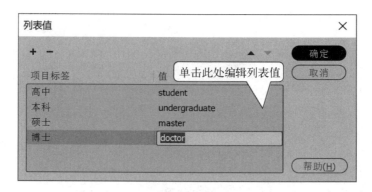

▲ 图6-2-54 表单中的选择设置

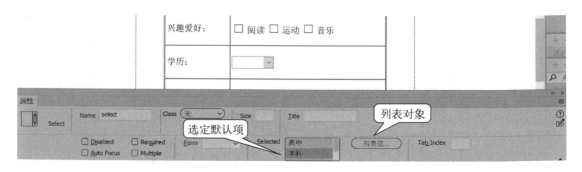

▲ 图6-2-55 选择属性面板

⑧ 在"个人经历"右边的单元格中,执行"插入/表单/文件"命令,删除不需要的文字后,完成给用户提交文件的项目。

⑨ 在"其他说明"右边的单元格中,执行"插入/表单/文本区域"命令,删除不需要的文字后,在"属性"面板中设置该文本区域的宽度和高度,如图6-2-56所示。

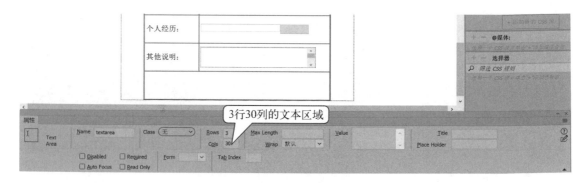

▲ 图6-2-56 文本区域属性面板

⑩ 在最后一行的单元格中,执行"插入/表单/'提交'按钮"命令和"插入/表单/'重置'按

钮"命令,选定"重置"按钮对象后,在"属性"面板中将 Value 修改为"清除",如图 6-2-57 所示。

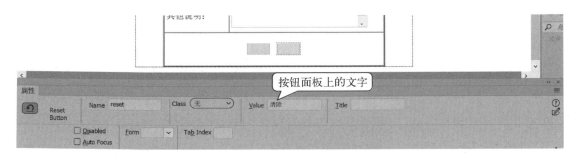

▲ 图 6-2-57　重置按钮属性面板

⑪ 保存文件后在浏览器中预览,可以看到如图 6-2-49 所示的结果,尝试在表单中填入内容,单击"清除"按钮,可以复原,表示表单建立成功。

⑫ 将 index.html 中的"招生就业"链接到 biaodan.html。

> 小贴士:表单是网页与用户交流的窗口,提交按钮单击后,需要执行处理表单的程序,才能将用户填写的表单内容保存起来,因此提交和重置的按钮与表单中的其他元素应都放置在同一个表单中才能起作用。完成表单后观察对应的代码,可以发现表单对应着 <form></form> 的标记,表单元素用 <input> 标记表示,需要都放置在 <form> </form> 的标记中。

❖ 6.2.5　习题与实践

1. 简答题

(1) 网页中的图像、视频等数字媒体素材与网页之间的关系是什么?

(2) 在网页中,什么标记可以设置超级链接?

(3) HTML 文件是一种什么性质的文件?

2. 实践题

(1) 仿照本文所举例子,收集同学们学习、娱乐的照片和视频,完成学生风采网页的制作,具体要求如下。

① 网页标题为"学生风采",文件名为"SYJG6-1-1.html"。

② 使用表格进行布局,至少安排 3 张不同活动的照片和一段 1 分钟以内的视频。

③ 有对活动进行介绍的文字,并对文字设置合适的字体、大小、颜色。

④ 利用互联网搜索合适的背景图片。

⑤ 将本例中的主页 index.html 中的文字"学生风采"超级链接到"SYJG6-1-1.html"。

并能在独立窗口中打开。

（2）自己设计和制作"院系机构"网页，介绍所在学校的部分院系特色，具体内容和形式自定，要求至少包含 3 个网页，一个主页、一个院系介绍、一个以调查问卷形式呈现的院系招生页，问卷内容自定，需要包含至少 7 种表单元素，并能单击按钮清除表单内容。

6.3 移动终端中的数字媒体应用

随着移动网络速度的不断提高和移动终端的普及,各种移动App像雨后春笋般出现,令人应接不暇。这些应用的功能、目标各异,但一般都会将图像、声音、视频与文字整合在一起,给用户耳目一新的感觉,吸引用户使用。本节将以微信公众号和微信小程序为例,介绍移动终端中的数字媒体应用。

❖ 6.3.1 微信公众号

作为微信的用户,或多或少会关注一些微信公众号,每天都会收到一些公众号推送的文章。公众号对于微信用户来说,已经是再熟悉不过的了。通过公众号,可以注册某个品牌的会员,或是预定某个餐厅的座位,或是查看一些资料……微信公众号的用途已经非常广泛。

在微信这个用户众多的开放性移动社交平台上,微信公众号的出现,不仅给用户带来了全新的体验,也给商家企业提供了新的内部管理方式以及便捷高效的对外宣传方式。通过公众号,商家可通过图文以及音视频与目标群体进行全方位的互动。简单来说,微信公众号就是进行一对多的媒体性行为活动,形成了一种主流的线上线下微信互动营销方式。

1. 微信公众号的类型

微信公众号分为订阅号、服务号、企业微信。订阅号是为媒体和个人提供一种新的信息传播方式,偏向于为用户传达资讯,每天只可以群发一条消息,适用于个人和组织。微信把订阅号归类到"订阅号"的一个栏目中,如图6-3-1所示。

服务号主要用于服务交互,提供服务查询的需求(类似银行等),如图6-3-2所示,每月可群发4条消息。服务号不适用于个人,多适用于一些大型企业。服务号推送的消息,都是在好友列表里展现的,就是相当于接到了微信好友的消息,相比订阅号来说更加直观,用户体验度更好。企业微信一般是企业内部使用,用于管理员工通讯等,一般不用来对外宣传推广。如果想简单地发送消息,达到宣传效果,选择订阅号;如果想用公众号获得更多的功能,例如开通微信支付等,建议选择服务号;如果想用来管理内部企业员工、团队,对内使用,可选择申请企业微信,如图6-3-3所示。

2. 个人微信公众订阅号的主题

在创建个人微信公众号之前,首先要选择主题。一般可以基于自己擅长的或是感兴趣

▲ 图 6-3-1　微信订阅号

▲ 图 6-3-2　微信服务号

▲ 图 6-3-3　企业微信

的方面。如常见的公众号的主题主要有以下类型。

① 热点话题评论：例如对当下热门电影、社会事实等热点话题进行评论。不能人云亦云，要有自己独特的见解。

② 日常实用性推荐：例如美食推荐、商场优惠打折、旅行目的地推荐、热门游戏等日常衣食住行游玩方面的推荐分享。

③ 情感娱乐等文学类：推送一些情感方面或者搞笑段子文章，或者自己撰写的连载小说等。

④ 行业分析：对自己特别擅长某一专业领域，推送一些行业前景分析、技术介绍等文章。

⑤ 学习考试类：针对学生、考研、考证等目标人群，分享一些考试经历、复习技巧等。

相对来说，主题②、③的受众更广，在文章的撰写方面较容易，而主题①、④则更专业化。公众号的主题当然不仅仅是以上五类，同学们可以为自己的公众号定位一个创新的、令人耳目一新的主题。

主题确定后，便可以进行相关内容的建设，围绕主题内容进行组稿、编辑和发布。公众号的名字要直接反应主题，一目了然，这样才能最快吸引相应的读者。

3. 注册登录微信公众号

微信公众号的运营者可以分为政府、媒体、企业、个人、其他组织等。创建一个公众号非常简单,只需拥有一个邮箱号和手机号。根据以下步骤,便可以创建属于自己的微信公众号。

在浏览器中输入网址"https://mp.weixin.qq.com",或在手机微信上搜索微信公众平台。网页上的界面如图 6-3-4 所示,单击"立即注册"按钮可以进行注册,按步骤依次填写完成后,即可注册成功。

▲ 图 6-3-4　微信公众号注册登录界面

完成注册后便可以登录微信公众号后台,建立自己的微信公众号内容。注意,为了账户安全,登录时系统会要求使用注册时的手机微信扫描系统所生成的二维码,然后才能正常登录。图 6-3-5 为登录"计算机基础学习与交流"微信公众号所显示的后台界面。

▲ 图 6-3-5　微信公众号后台管理界面

在微信公众号后台,滚动左侧的菜单栏,可以看到微信提供了多种管理功能,包括消息管理、用户管理、媒体素材管理等,还有推广和数据统计分析的功能。

4. 建立数字媒体页面

在管理平台左侧执行"素材管理"命令,右侧便可以看到素材管理相关界面,如图6-3-6所示。可以先单击"图片""语音""视频",分别创建相关资源,然后使用"图文消息"选项卡,创建图文并茂的文档。图6-3-7为"图片"管理界面。

▲ 图6-3-6　微信公众号的素材管理界面

▲ 图6-3-7　微信公众号的图片管理界面

选择"视频"选项卡后,可以看到"添加"按钮,用于添加视频。单击后,出现如图6-3-8所示的视频上传及信息添加界面,这里将上一章制作好的校园风景视频片段上传进去。

在视频上传后,还需等待微信后台人员的审核,通过审核才能在图文内容中使用和发布。图6-3-10所示为视频上传后进入列表界面,从状态中可以看到当前视频处于转码、审核等阶段。

▲ 图 6-3-8　微信公众号的视频上传界面　　▲ 图 6-3-9　微信公众号所支持的视频上传格式

▲ 图 6-3-10　微信公众号中上传的视频列表

当图像、音频、视频等素材都准备好后，可以再次回到如图 6-3-6 所示的"素材管理"界面。单击"新键图文素材"按钮，可以添加图文并茂的内容，还可以在文章中添加视频、音频、投票，甚至微信小程序，如图 6-3-11 所示。也可以转载其他微信公众号中的文章。

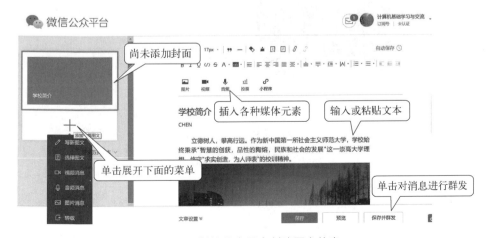

当图文信息添加并保存后，会出现进行选择和裁剪封面的画面，如图 6-3-12 所示。设置封面后回到编辑界面进行留言管理，对于比较长的文章，还可以设置原创（此功能需要在使用微信公众号一段时间，上传素材文章到达一定数量后才会开通）。

▲ 图 6-3-12　为图文信息添加封面

完成封面等编辑后，单击"保存并群发"按钮，可以进入如图 6-3-13 所示的预览和群发界面。可以预览群发效果，并设置群发范围后进行群发。订阅号每天只允许群发一条信息。

▲ 图 6-3-13　图文信息的预览和群发界面

5. 页面模版

当公众号中信息与日俱增，并使用了一段时间之后，微信平台还提供页面模板供选择使用。单击页面左侧"功能/页面模版"命令，可以进入如图 6-3-14 所示的页面模版选择界面，选择某种模板后添加事先创建好的图文信息，然后以模板形式发布。

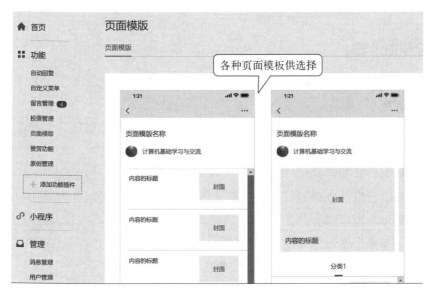

▲ 图 6-3-14　选择页面模板放入图文信息

6. 自定义菜单

随着公众号中资源的增加，以适当的形式整理和展示，可以方便用户阅读和找到所需要的信息。公众号平台提供了自定义菜单的功能，可以方便地以菜单形式将资源分门别类组织起来，方便用户查询。

在公众号管理界面左侧执行"功能/自定义菜单"命令，右侧可以看到如图 6-3-15 所示的

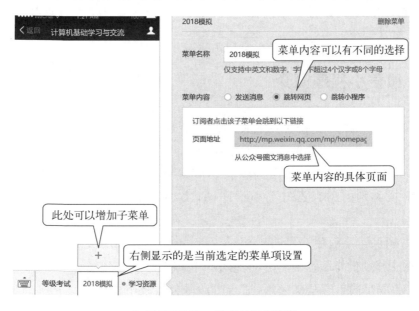

界面。可以单击"+"号按扭添加子菜单,也可以在选择菜单后,在右侧设置相关菜单内容、链接目标等,如图 6-3-15 中设置菜单名称为"2018 模拟",用户单击该菜单后,会跳转到链接地址指定的页面。

7. 公众号的运营

如果想长久运营公众号,吸引更多的用户,应注意以下几点。

(1)内容的规划

内容规划非常重要,最好能提前把之后一段时间的推送都规划好。这样也会使公众号的文章内容连贯有序,而不是杂乱无章。

(2)内容表现形式要差异化

要适当增加语音推送、视频推送等,长期干巴巴的文字内容推送会容易引起读者视觉疲劳而导致关注减少。可以试着用语音或者视频的展现形式来组织内容,如果能做成互动游戏的形式更好。如果根据内容规划,可以采用分批推送的形式,内容一旦激发了用户探索答案的欲望,会让用户产生深入阅读的兴趣和冲动。

(3)注重互动

调动用户的积极性,形成互动,比如在文中鼓励用户留言、讨论,增加话题的争议性,直接发问求回答等,同时也要积极回复用户评论。偶尔策划一些活动也是与粉丝互动的常用手段。

(4)关注后台数据

关注后台用户阅读数量以及订阅数量的变化程度,特别要关注异常数据,思考产生异常的原因,进而做出相应的改变,也是使订阅号稳定而增加吸引力的方法。

公众号刚起步是比较艰难的阶段,只有少量的关注和阅读量,要去尝试各种推广渠道,让用户自然增长。运营一个公众号贵在坚持,用心写文章,考虑读者的需求,才能将公众号运营好。

6.3.2 微信小程序简介

小程序是一种不需要下载和安装即可使用的应用,用户仅需扫一扫或者搜一下即可打开应用,大大节约了硬件的限制,用户无需关心是否安装太多应用的问题。微信小程序顾名思义是在微信中运行的小程序。2017 年首次由腾讯提出,2018 年逐渐进入公众的生活中。同类别的还有支付宝小程序、百度小程序等。下文中的小程序泛指微信小程序。

对于开发者而言,小程序开发门槛相对较低,难度不及移动应用,一次开发即可在 iOS 和 Android 两个移动操作系统中使用,节约了开发成本。

小程序能够满足简单的基础应用,适合生活服务类线下商铺以及非刚需低频应用的转换。小程序能够实现消息通知、线下扫码、公众号关联等七大功能。其中,通过微信公众号关联，用户可以实现公众号与小程序之间相互跳转，图 6-3-14 所示的微信公众号管理后台左侧的菜单中可以看到"小程序"命令，用于实现两者的关联。

微信小程序实质是 Hybrid 技术的应用，Hybrid App（混合模式移动应用）是指介于 Web-App、Native-App 这两者之间的 App，兼具 Native App 良好用户交互体验的优势和 Web App 跨平台开发的优势。小程序不仅能够将图像、视频、音频、文字等各种数字媒体集成到一个应用中，还可以更多地调用手机本身的功能，如位置信息、摄像头等。

通过微信小程序的官方网站（https：//developers.weixin.qq.com/miniprogram/dev/index.html），可以比较全面地了解如何开发微信小程序，图 6-3-16 为该网站主页内容。

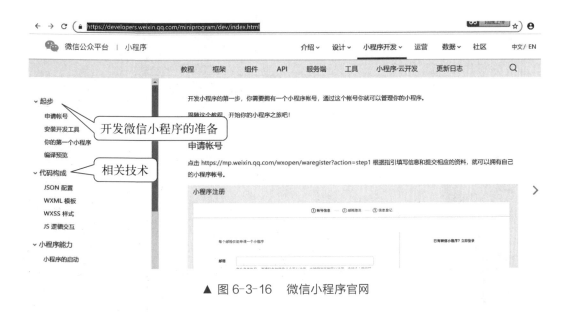

▲ 图 6-3-16　微信小程序官网

在开发微信小程序之前，需要先通过官网注册账号并登录，并从官网上下载和安装开发工具。

在前面所介绍的网页制作中，使用 HTML + CSS，可以让用户看到集成了各种数字媒体元素的网页，如果结合 JavaScript，就可以使网页产生更多的交互。开发微信小程序类似于网页制作，主要技术为 WXML + WXSS + JS，其中 WXML 相当于 HTML5，用于将各种数字媒体元素集成起来；WXSS（WeiXin Style Sheet，微信样式表）相当于 CSS，用于定义各种元素的位置、颜色等格式信息；JS 则可以定义用户控制和交互。

WXML 中提供了大量的用于处理多种数字媒体的组件，如图 6-3-17 所示。利用这些组件，可以方便地将存储在指定位置的媒体元素集成到一个微信小程序中展示出来。图 6-3-18 所示为一个简单的集成了多种数字媒体元素的微信小程序代码，该程序运行后，可以通过画面上的按钮选择显示一张图片、观看一段视频，或者听一段音乐。

▲ 图 6-3-17　WXML 中的各种数字媒体组件

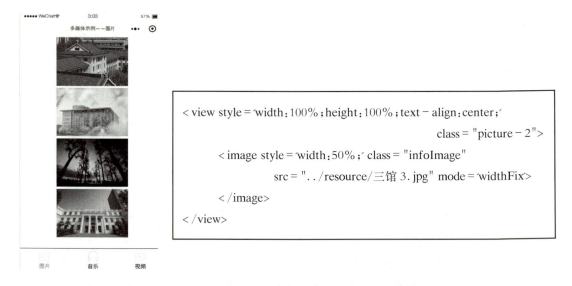

▲ 图 6-3-18　图片展示及相关 WXML 代码的一部分

✦ 6.3.3　习题与实践

1. 简答题

（1）移动领域中，数字媒体有哪些用武之地？

（2）选择一款你比较喜欢的手机 App，向同学们介绍其功能、作用，以及数字媒体在这款 App 中所起的作用是什么。

（3）说明微信公众号存在的社会意义有哪些。

（4）说明微信小程序与微信公众号的区别与联系。

2. 实践题

(1) 分小组,选择主题,尝试制作和发布一个微信公众号。

(2) 访问同学发布的微信公众号内容,并进行评论和交流。

6.4 数字媒体集成平台

互联网上有许多现成的 HTML5 页面制作平台,例如 iH5、秀米、MAKA 等。通过这些平台,能够以类似制作 PPT 的方式可视化组合页面,还能套用模板创作、拖拽各种控件等。在制作完成后还可以生成链接或者二维码分享到微信、微博等社交平台。

◆ 6.4.1 使用 iH5 平台制作交互式跨平台 H5 网页

这里以使用 iH5 平台创作数字媒体集成网页为例,体验一下使用工具将各种数字媒体集成到网页中进行创作、发布和展示的过程。

1. iH5 简介及制作准备

iH5 是一款可视化设计工具,虽然看上去像前端 HTML5 的开发工具,但事实上是一款 SaaS(软件即服务)产品,集成了前后端所需的强大功能。通过使用 iH5 制作各种营销场景、游戏、App、网站等,几乎不需要有任何代码基础,只需要学习 iH5 可视化在线编辑工具就可以完成 Web 及 App 前端和服务器后端的所有制作。

iH5 是一个"云计算平台",具有平台特性,可以根据用户的实际需求,动态分配计算、存储、数据库、带宽资源,保证数据安全性的同时,满足各种突发流量暴增的需求。

(1) 注册账号

使用 iH5 云平台进行在线创作之前,先要注册一个 iH5 账号。访问 iH5 官网 https://www.ih5.cn,单击"注册"按钮,输入手机号、密码、个人昵称和接收到的短信验证码,完成注册。账户分个人用户和企业用户,建议学习者注册个人用户。

(2) 登录和创建作品

启动浏览器,在地址栏输入 https://www.ih5.cn,进入 iH5 互动大师云平台官网首页。单击首页右上角的"登录"按钮进行登录,如图 6-4-1 所示。登录后,再单击官网右上角"+创建作品"按钮,出现"新建作品"对话框,选择版本为"新版工具",单击"创建作品"按钮。此时会弹出对话框示意通过 Demo(示例)进行研究,这里只需单击"关闭"按钮,直接进入 iH5 互动大师超级编辑器。

▲ 图 6-4-1 登录界面

(3) iH5 云平台编辑器工作界面

iH5 云平台编辑器工作界面主要由四个部分组成：工具栏、属性/事件面板、舞台和对象树。

工具栏提供了创作 H5 App 的各种组件，分为素材类、容器类、动画/时间类、数据库类、微信类、全景和 3D 类、直播类等。

- 属性/事件面板用来设置组件的各种参数和对交互事件进行定义。
- 舞台是创作和演示作品的场所。
- 对象树展示了作品的整体结构和各种对象之间的层级关系。

典型的 iH5 云平台编辑器工作界面如图 6-4-2 所示。

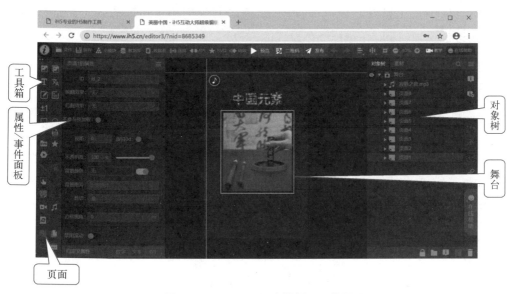

▲ 图 6-4-2　iH5 云平台编辑器工作界面

2. 作品构思与整体结构

例 6-6

用 iH5 云平台编辑器设计"美丽中国"交互式 H5 App 作品

作品由三个部分组成，第一部分"中国元素"占据前 6 个页面，向上滑动翻页。第二部分"美丽中国"占一页，以水平滑动的导览形式欣赏美景。第三部分"诗画中国"占一页，播放一段 70 秒短视频。作品整体结构如图 6-4-3 所示。

▲ 图 6-4-3　作品整

3. 作品设计

(1) 舞台的设置

在 iH5 互动大师超级编辑器中，单击对象树的根节点"舞台"，在舞台属性面板中设置舞台大小(W：640 px, H：1 040 px)、舞台颜色(♯4A0E17)、滑动翻页("上")，其他属性默认。

(2) 页面1的设计

① 前6个页面是作品的第一部分(中国元素)，页面中包含矩形框、标题和图片。选中对象树的根节点"舞台"，单击工具栏中的"页面"工具(如图6-4-2中所示)，对象树中"舞台"下方立即出现"页面1"对象。

② 选中"页面1"对象，使用工具栏中的"矩形"工具在编辑器中央的舞台上绘制一个矩形，此时对象树中的"页面1"下方出现"矩形1"对象。

③ 选中对象树中"矩形1"对象，设置矩形属性：位置(X：90 px, Y：235 px)、宽高(W：462 px, H：524 px)、注册点("左上")、填充颜色("无"，把颜色值删除即可)、边框颜色(♯FFC2D2)、边框粗细(4 px，在边框颜色设置的右边)。

④ 重新选中对象树中"页面1"对象，单击编辑器上方菜单栏中的"小模块"，在下拉列表中选择"艺术字"类别的"文字效果1"组件，此时对象树中"页面1"下方出现"文字效果1-1"对象。选中"文字效果1-1"对象，设置其属性：位置(X：68 px, Y：55 px)、宽高(W：506 px, H：176 px)、字体大小(90 px)、颜色(♯FFDC52)、文本内容("中国元素")。

⑤ 重新选中对象树中"页面1"对象，单击工具栏中的"图片"工具，在编辑器中央的舞台上拖拽出一个矩形区域，此时会自动弹出选择图片的对话框，选择配套资源中的"L6-1-1.png"，对象树中"页面1"下方出现图片对象(图片对象的名称同图片文件的主名)。

⑥ 选中对象树中的图片对象，设置图片属性：位置(X：106 px, Y：251 px)、宽高(W：431 px, H：491 px 需断开 W 与 H 之间的链接)、注册点("左上")，并为其添加菜单栏中的"动效/淡入"效果。

▲ 图6-4-4 页面1的结构设计

对象树中页面1的结构设计如图6-4-4所示。

(3) 页面2至页面6的设计

① 前6个页面的结构是完全相同的，在对象树中单击"页面1"对象，按 Ctrl + C 键进行复制，单击对象树的根节点"舞台"，按 Ctrl + V 键进行粘贴，此时对象树中"舞台"下方出现"页面2"对象。

② 单击对象树中"页面2"对象左侧的三角形，展开页面2的结构，双击其中的图片对象，在弹出的对话框中选择配套素材"L6-1-2.png"，实现图片的替换。

以此类推，完成页面3到页面6的设计。多个页面中图片为适应 431×491 的宽高导致比例失调，可事先用图像处理工具对素材进行处理，这样作品更美观。

(4) 页面7的设计

① 选中对象树的根节点"舞台"，单击"页面"工具创建"页面7"对象。

② 选中"页面7"对象，单击工具栏中的"中文字体"工具，在编辑器中央的舞台上拖拽出

一个矩形区域,弹出对话框输入文本内容"美丽中国"。

③ 选中对象树中的中文字体对象,设置属性:位置(X:166 px,Y:113 px)、宽高(W:326 px,H:74 px)、字体(方正黑体简体)、文字大小(40 px)、字体颜色(♯FFECF4)、文本居中对齐,为其添加菜单栏中的"动效/中心弹入"效果。

④ 重新选中对象树中"页面7"对象,单击菜单栏中的"小模块",在下拉列表中选择"图文展示"类别的"图文轮播4"组件,此时对象树中"页面7"下方出现"图文轮播4-1"对象。

⑤ 选中"图文轮播4-1"对象,设置属性:位置(X:0 px,Y:192 px)、宽高(W:640 px,H:676 px)。

⑥ 单击属性面板中的"编辑图文数据"按钮,弹出"编辑数据"对话框。在"第一列"栏目中删除原来的图片,并通过对话框下方的"+"按钮,依次加载配套资源"第6章\旅游胜地"文件夹中的图片。在"第二列"栏目中输入相应的风景名称,"第三列"中设置文字的背景色,如图6-4-5所示。关闭对话框完成轮播图文的设置。(原始图片可以事先统一处理成640×676大小后再插入,会更美观)

页面7的结构设计如图6-4-6所示。

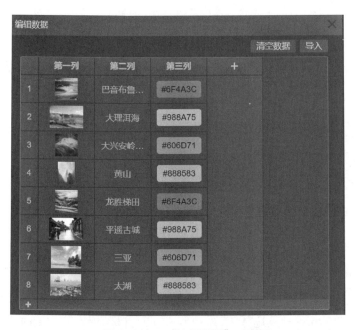

▲ 图6-4-5　"编辑数据"对话框

▲ 图6-4-6　页面7的结构设计

(5) 页面8的设计

① 选中对象树的根节点"舞台",单击"页面"工具创建"页面8"对象。

② 将页面1中的矩形对象复制到页面8中,并修改矩形属性:位置(X:28 px,Y:193 px)、宽高(W:586 px,H:452 px)。

③ 将页面7中的中文字体对象复制到页面8中,内容改为"诗画中国"。

④ 在页面8中添加视频对象,内容取自"配套资源\第6章\诗画中国.mp4",设置

▲ 图 6-4-7　页面 8 的结构设计

视频属性：位置（X：46 px，Y：211 px）、宽高（W：552 px，H：418 px）、注册点（"左上"）、开启循环播放。

⑤ 在页面 8 中添加 SVG 形状（位于菜单栏中），选择"首页"图形。位置（X：280 px，Y：690 px）、宽高（W：80 px，H：74 px）、填充颜色（♯ECDBE2）。

页面 8 的结构设计如图 6-4-7 所示。

（6）添加背景音乐

① 单击对象树的根节点"舞台"，添加音频对象，内容取自"配套资源\第 6 章\寂静之音.mp3"，设置其自动播放和循环播放。

② 选中对象树中的音频对象"寂静之音.mp3"，单击菜单栏中的"小模块"，在下拉列表中选择"音乐控制"类别的"音乐控制 6"组件，此时对象树中"寂静之音.mp3"下方出现"音乐控制 6-1"对象。设置其属性：位置（X：0 px，Y：0 px）、宽高（W：100 px，H：100 px）。

（7）设置交互事件

事件由四个要素构成：触发对象、触发条件、目标对象、目标动作。

① 设置音乐的启停事件：选中对象树中的"音乐控制 6-1"对象（对应舞台左上角的音符图标），单击对象树右侧的"事件"按钮，为其添加交互事件。触发对象就是"音乐控制 6-1"这个对象，触发条件选择"点击"，目标对象选择"寂静之音.mp3"，目标动作选择"交替播放/暂停"，如图 6-4-8 所示。

▲ 图 6-4-8　设置交互事件

② 设置返回首页事件：选择页面 8 的"返回首页"对象为触发对象，单击对象树右侧的"事件"按钮，为其添加交互事件。触发条件选择"点击"，目标对象选择"舞台"，目标动作选择"跳转到页面"，并设置目标为页面 1。在事件窗口中单击目标对象下面的"＋"按钮，为"返回首页"对象继续添加第 2 个事件，目标对象选择"音乐控制 6-1"，目标动作选择"播放"。为"返回首页"对象添加第 3 个事件，目标对象选择"音乐控制 6-1"，目标动作选择"显示"。为"返回首页"对象添加第 4 个事件，目标对象选择"寂静之音.mp3"，目标动作选择"播放"。"返回首页"对象的四个事件如图 6-4-9 所示。

③ 为视频添加三个事件：选择页面 8 的"诗画中国.mp4"视频对象为触发对象，单击对象树右侧的"事件"按钮，为其添加交互事件。触发条件选择"点击"，目标对象选择"诗画中国.mp4"，目标动作选择"交替播放/暂停"。为视频添加第 2 个事件，目标对象选择"寂静之音.mp3"，目标动作选择"暂停"。为视频添加第 3 个事件，目标对象选择"音乐控制 6-1"，

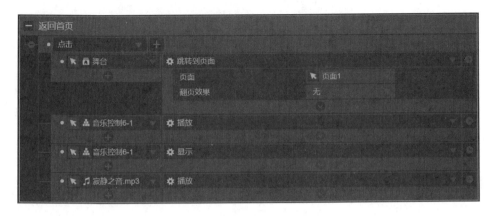

▲ 图 6-4-9　设置返回首页

▲ 图 6-4-10　视频的三个事件

目标动作选择"隐藏"。视频的三个事件如图 6-4-10 所示。

④ 为页面 7 添加三个事件；触发条件为"显示"。第 1 个事件中，目标对象为"音乐控制 6-1"，目标动作为"播放"。第 2 个事件中，目标对象为"音乐控制 6-1"，目标动作为"显示"。第 3 个事件中，目标对象为"寂静之音.mp3"，目标动作为"播放"。页面 7 的三个事件如图 6-4-11 所示。

▲ 图 6-4-11　页面 7 的三个事件

4. 作品的保存、发布与分享

（1）作品保存

单击菜单栏中的"保存"，将作品保存在云服务器中。

(2) 作品发布与分享

单击菜单栏中的"发布"(实名认证才能发布),在弹出的"发布作品"对话框中设置标题为"美丽中国",介绍为"中国元素",优化方式为"完美优化"。完成"发布"后,会弹出"分享二维码"对话框,同时提供作品的二维码和访问链接,如图6-4-12所示(只供参考,也可访问下方链接地址,或者访问自己作品的链接),可在手机端用微信扫码观看,十分方便。

6.4.2 数字媒体的跨平台发布

除了直接利用网上平台制作HTML5进行数字媒体集成之外,将传统文档转换成可以跨平台播放的集成媒体的平台和工具也层出不穷。

1. 包含数字媒体的跨平台立体文档

现在很多平台都可以在分享所存储的媒体时生成二维码,可以将这类二维码与以往普通的文档,甚至纸质文档结合在一起,建立包含各种数字媒体的立体文档。

例如,可以使用百度网盘分享图像、视频、音频等数字媒体,网盘会自动产生二维码,如图6-4-13所示。可以将这样的二维码放置在传统的文档中,文档就具备了动态的效果。图6-4-14所示为一篇普通的文档,用手机微信扫描其中的二维码,可以看到对应的图像、视频,听到音频。

▲ 图6-4-13 百度网盘分享媒体时产生二维码

我的学校

我的学校成立于 1951 年 10 月 16 日，主要基础是创建于 1924 年的大夏大学和创建于 1925 年的光华大学。2006 年，学校被确定为国家"985 工程"重点建设的高水平研究型大学。

学校秉承大夏大学、光华大学等前身学校"自强不息"、"格致诚正"的精神和学思结合、中外汇通的传统，追求"智慧的创获，品性的陶熔，民族和社会的发展"的大学理想，恪守"求实创造，为人师表"的校训规范，发扬教师教育和教育研究等传统学科优势，致力于建设世界知名高水平研究型大学。

▲ 图 6-4-14　跨平台数字媒体文档举例

2. 跨平台的演示文稿

PowerPoint 是办公软件中可用于集成多种数字媒体并进行展示的工具。传统的演示文稿仅能在电脑端进行播放，借助于"PP 匠"平台，可以将其转换成可以通过微信扫描后在手机播放的效果。

首先制作好一份图文并茂，可以带有视频、动画、音频等数字媒体的演示文稿文档，然后在浏览器地址栏输入 http：//ppj.io/访问 PP 匠平台，显示如图 6-4-15 所示的界面。单击"立即使用"按钮，进入登录界面，如果是第一次使用，则需要先注册，即输入自己的手机号码，并设置自己的登录密码。

▲ 图 6-4-15　PP 匠平台主界面

▲ 图 6-4-16　登录之后的界面

登录之后，可以看到如图 6-4-16 所示的界面，单击"新建项目"按钮，可以显示如图 6-4-17 所示的界面。单击"选择上传"按钮后，可以从自己的设备上传准备好的演示文稿文件。上传过程中，系统以进度条进行提示。完成上传之后，会出现如图 6-4-18 所示的界面，提示正在转换格式。如果演示文稿的内容比较多，则转换时间比较长，需要耐心等待。

完成转换之后，出现如图 6-4-19 所示的界面，可以添加相关设置，并保存。对于免费用户来说，只能享受 7 小时临时存储的待遇，扫描界面左边的二维码，可以在手机中观看演示文

▲ 图 6-4-17　上传事先制作好的演示文稿文件

▲ 图 6-4-18　格式转化界面

▲ 图 6-4-19　为上传的演示文稿添加设置和保存

❖ 6.4.3　习题与实践

1. 简答题

（1）除了 iH5 之外，还有哪些数字媒体集成平台？

（2）请介绍一款本书中未提及的，你认为比较好用的数字媒体集成平台。

2. 实践题

（1）自选主题，利用 iH5 集成平台，发布一个你认为需要介绍的内容，如节气、中国传统文化的某一方面等。

（2）使用 PowerPoint 制作一段小动画，然后利用 PP 匠进行发布和交流。

6.5 综合练习

❖ 一、单选题

1. 以下不是属于 HTML 文档内容的是_____。
   A. 带< >的标记　　　　　　　　　B. 网页上显示的文字
   C. 网页上的图片　　　　　　　　　D. 图片属性如大小

2. 以下关于站点的叙述错误的是_____。
   A. 站点创建之后只能存储文件
   B. 站点对应着一个文件夹
   C. 站点创建之后，可以在里面添加文件夹
   D. 使用站点可以方便地管理各种数字媒体文件

3. 以下 HTML 标记中，只有单个标记的是_____。
   A. < p>　　　　B. < br>　　　　C. < h1>　　　　D. < table>

4. 以下代表表格单元格的标记是_____。
   A. < tr>　　　　B. < colspan>　　　　C. < tb>　　　　D. < tbody>

5. 在表格中合并同一列中的若干单元格后，以下属性数值变成 1 以上的是_____。
   A. tr　　　　B. tb　　　　C. colspan　　　　D. rowspan

6. 以下用于指定网页中多媒体元素实际存储位置的属性是_____。
   A. href　　　　B. rhef　　　　C. rsc　　　　D. src

7. 以下不属于微信公众号的类型是_____。
   A. 服务号　　　　B. 个人号　　　　C. 企业号　　　　D. 订阅号

8. 以下关于微信小程序的说法中，正确的是_____。
   A. 微信小程序属于微信公众号
   B. 微信小程序的制作一定要登录微信，并通过 WXML 代码实现
   C. 微信小程序的开发技术是 WXML + WXSS + JS
   D. WXML 相当于 CSS

9. 以下不属于使用平台方式制作跨平台媒体的是_____。

　　A. iH5　　　　　　B. Dreamweaver　　　C. PP匠　　　　　　D. MAKA

10. 以下不能直接生成二维码的是_____。

　　A. Dreamweaver　　B. 百度网盘　　　　　C. PP匠　　　　　　D. 微信小程序

◆ 二、是非题

请在以下正确的说法前打√,错误的说法前打×。

1. 互联网上的网页是通过超文本标记语言,将文本和各种数字媒体集成在浏览器上的,该语言通常被简称为HTML。

2. <title>对标识会出现在<body>对标识内。

3. 网页中的图片是通过<image>标识的属性设置其链接的。

4. 在HTML5中引入了表示页脚的<footer>标识。

5. 无论是微信公众号还是微信小程序,开发之前,首先都需要注册。

◆ 三、实践题

利用wy文件夹下的素材(图片素材在wy\images文件夹下),按以下要求制作或编辑网页,结果保存在原文件夹下。样张如图6-5-1所示(由于浏览器差异,样张效果可能会有小差异)。

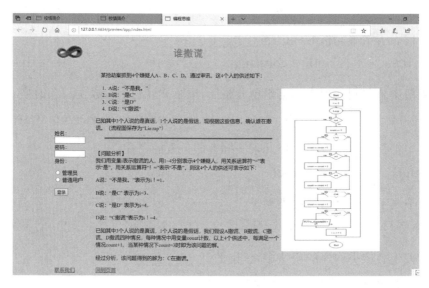

▲ 图6-5-1　网页样张

1. 打开主页index.html,设置网页标题为"编程思维",设置表格属性:居中对齐,表格的边框粗细、单元格边距和间距均设置为0,网页背景色为#CCD59B。

2. 设置单元格第 1 行第 2 列"谁撒谎"的格式：字体为华文细黑，字号为 30 像素，粗体，居中对齐，颜色为♯8372FA；在第 1 行第 1 列插入鼠标经过图像，原始图像为"bj1.jpg"，鼠标经过图像为"bj2.jpg"，按下时可跳转至 https://www.baidu.com，图像大小为 100 * 80（宽 * 高）。

提示：执行"插入/HTML/鼠标经过对象"命令，可以打开对话框设置原始图像和鼠标经过图像，并可以添加超级链接目标。

3. 按样张，在第 2 行第 2 列单元格中的文字前插入 4 个不换行空格（半角空格）；在"问题分析"之前插入水平线，宽度 90%，高度 2，颜色♯009900。为"问题分析"中的"A 说……D 说"这 4 行文本添加编号列表。合并第 2 行第 3 列和第 3 行第 3 列单元格，并插入图像"流程图.jpg"。在"流程图.jpg"上对"End"做圆形热点链接，指向 liucheng.html，并在新窗口中打开。

4. 按样张，在第 3 行第 1 列单元格中插入一个电子邮件链接"联系我们"，邮件地址为 admin@biancheng.com。在第 1 行第 2 列"谁撒谎"的左边添加 DIV，id 为 top。在第 3 行第 2 列单元格中插入文字"回到页首"，并超链接到 top。

提示：设置"回到页首"的超级链接时，将链接文本框的内容设置为♯top 即可。

5. 按样张，在第 2 行第 1 列单元格中的"姓名："后添加一个字符宽度为 10 的文本域。在"密码："后添加一个字符宽度为 10 的密码文本域。在"身份："后面另起一段，添加一组名为"RG"的单选按钮组，选择项为"管理员"和"普通用户"；将提交按钮的值改为"登录"。